全彩图说时间简史

楚丽萍　编著

中国华侨出版社

图书在版编目 (CIP) 数据

全彩图说时间简史 / 楚丽萍编著 . –– 北京：中国华侨出版社 , 2016.7

ISBN 978-7-5113-6143-1

Ⅰ . ①全… Ⅱ . ①楚… Ⅲ . ①宇宙学 – 图解 Ⅳ . ① P159–64

中国版本图书馆 CIP 数据核字（2016）第 162396 号

全彩图说时间简史

编　　著：楚丽萍

出 版 人：方　鸣

责任编辑：雪　珂

封面设计：韩立强

文字编辑：朱立春

美术编辑：李丹丹

经　　销：新华书店

开　　本：720mm×1020mm　1/16　印张：21　字数：490 千字

印　　刷：北京中振源印务有限公司

版　　次：2016 年 9 月第 1 版　2019 年 3 月第 2 次印刷

书　　号：ISBN 978-7-5113-6143-1

定　　价：59.00 元

中国华侨出版社　北京市朝阳区静安里 26 号通成达大厦 3 层　邮编：100028

法律顾问：陈鹰律师事务所

发 行 部：（010）56288244　　　传　真：（010）56288194

网　　址：www.oveaschin.com　　E-mail：oveaschin@sina.com

如果发现印装质量问题，影响阅读，请与印刷厂联系调换。

前　言

　　从古至今，人们一直致力于探究宇宙的本源和归宿：宇宙究竟是无限的还是有限的？它有一个开端吗？如果有的话，在此之前发生了什么？时间的本质是什么？它会到达一个终点吗？这些问题常让普通大众陷入没有出口的思考，同样也困扰着古往今来众多的科学家和哲学家。

　　目前，人们普遍接受的时间观念来自爱因斯坦的相对论。在相对论中，时间与空间一起组成四维时空，成为构成宇宙的基本结构。而史蒂芬·霍金在爱因斯坦之后通过对黑洞、红移及微波背景辐射等的研究，融合了量子理论，提出了他惊人的论断——宇宙是有限的，但无法找到边际；宇宙在大约 150 ～ 200 亿年前的大爆炸开端有一个奇点，这也是时间的起点，在此之前，时间毫无意义；空间—时间可看成一个有限无界的四维面，宇宙中的所有结构都可归结于量子力学的测不准原理所允许的最小起伏。

　　为了便于读者对宇宙学理论进行系统、全面的解读，我们组织编写了这本《全彩图说时间简史》。本书对于非科学专业的读者来说，是享受人类文明成果的好机会，而对于各领域的专家来说，无疑是他们宝贵灵感的源泉之一。书中整合了大量背景信息和理论资料，尽量将原著中一笔带过或不甚明了的知识点分解开、详细化地讲清楚。删除了纯粹技术性的概念，诸如混沌的边界条件的数学等。相反，包括相对论、弯曲空间以及

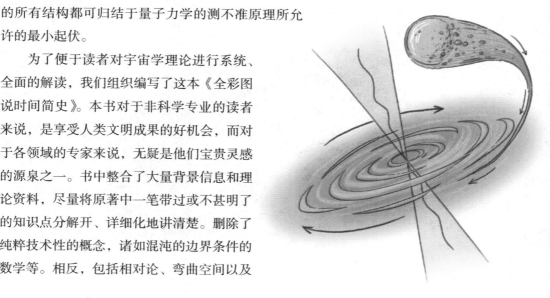

量子论的课题，则予以详细论述。

它带我们遨游到微观和宏观的奇异领域，带我们去认识遥远的星系、神秘的黑洞、基本粒子和自然的力、夸克、反物质，理解膨胀的宇宙、不确定性原理、时间箭头、时间旅行及大统一理论，揭示当日益膨胀的宇宙崩溃时，时间倒溯引起人们不安的可能性。在这个奇境里，粒子、膜和弦做十一维运动，黑洞最后蒸发并且和它携带的秘密同归于尽，而我们宇宙创生的种子只不过是一粒微小的"坚果"……

书中辅以大量照片、示意图和解析图，以更直观形象的方式阐述霍金那些惊人的观点，尤其是一些难懂的数学解析和理论模型，为读者更好地理解提供了捷径。

总之，本书力图将复杂高深的理论物理知识展现给普通人看，人类从古至今对时间的探索历程将在书中清晰展现，并在哲学层面理解科学成果，以科学成果烘托哲学理论。无论是广袤星际间的复杂关联，还是一个个的物理学概念的阐释，都变得更加引人入胜，使人遐想万千。

目 录

时间有没有开端，空间有没有边界？

第一章　我们的宇宙图像

第二章 空间和时间

第三章 膨胀的宇宙

第四章 不确定性原理

第五章　基本粒子和自然的力

第六章　黑洞到底黑不黑

第七章 宇宙的起源和命运

第八章 时间箭头

第九章 虫洞和时间旅行

第十章　物理学的统一

时间有没有开端，空间有没有边界？

轮椅上的"宇宙之王"：把世界装进脑袋的伟大科学家

霍金是谁？

一个神话？当今世界上最杰出的物理学家？探索宇宙和时空的巨人？身残志坚挑战命运的勇士？无论你用哪一个称号来称呼霍金，他都名副其实。

当然，从实际生活的角度来讲，霍金只是一个看起来不怎么幸运的普通人。由于患有罕见的"卢伽雷氏症"，即肌肉萎缩性脊髓侧索硬化症，他无法写字，除了两根手指和眼睑可以活动外，几乎全身瘫痪；无法说话，跟外界交流沟通的唯一方式是借助一台语音合成器；无法动弹，整个身体被禁锢在一把轮椅上达40多年……但就是这样一个只能坐在轮椅上的人，却以常人无法想象的艰苦工作证明了广义相对论的奇性定理和黑洞的面积定理，统一了20世纪世界物理学的两个基础理论——爱因斯坦的广义相对论和普朗克创立的量子力学，成为继爱因斯坦之后世界上最著名最杰出的理论物理学家。

这就是霍金，一个极富传奇性的人物，英国剑桥大学应用数学及理论物理学系教授，当今世界享誉国际的伟人之一，当代最重要的广义相对论和宇宙论科学家。与此同时，他还担任着剑桥大学有史以来最为崇高的教授

▶史蒂芬·霍金是当代享有国际盛誉的伟人之一，最重要的广义相对论和宇宙论科学家，被誉为继爱因斯坦之后世界最杰出的理论物理学家。他因患肌肉萎缩性脊髓侧索硬化症，禁锢在一张轮椅上达40年之久。他的魅力不仅在于他是一个充满传奇色彩的物理天才，还因为他是一个令人折服的生活强者。

职务——卢卡斯数学教授，那是牛顿和狄拉克也曾担任过的职务。

霍金曾说："如果一个人的身体有了残疾，绝不能让心灵也有残疾。"也许正是凭借这样的信念，在21岁就被查出患上绝症、生命只剩两年的情况下，霍金依然极其顽强地工作和生活着，并在自己所钟爱的物理学领域取得了辉煌的成就。

20世纪70年代初，霍金和彭罗斯合作发表论文，证明了著名的奇点定理，为此他们获得了1988年的沃尔夫物理奖。此外，他还证明了黑洞的面积定理，即随着时间的增加黑洞的表面积不会减小。随后，霍金结合量子力学及广义相对论，提出黑洞会发出一种能量，最终导致黑洞蒸发，该能量后来被命名为霍金辐射。这个发现引起了全球物理学家的重视，因为它将引力、量子力学和热力学统一在了一起，而那正是物理学家们一直想做成的事情。1974年以后，霍金将研究方向转向了量子引力论，开创了引力热力学。1983年，霍金和吉姆·和特勒提出了"宇宙无边界"，改变了当时科学家对宇宙的看法。虽然身体被禁锢在轮椅上，但霍金的思想却穿过茫茫宇宙，窥探到了许多宇宙之谜。正因为如此，人们才称呼他为轮椅上的"宇宙之王"！

当然，在《时间简史》出现之前，世界上很多人都不知道霍金这个名字，但在这之后，一切都改变了。人们不但认识了这个坐着轮椅、模样怪异的科学家，更认识了

▲太空真的是空的吗？

他那颗与命运抗争勇于进取的心。如今，霍金依然那么"无助"地坐在轮椅上，保持着他那看似"怪异"的表情，但我们都知道，在这个蜷缩着的身体中，蕴藏着巨大的能量，他的大脑正跨越广袤的太空，寻找终极的宇宙谜题！

霍金生平大事记

1942 年	1月8日出生于英国牛津，出生当天刚好是伽利略逝世300年忌日。
1962 年	在牛津大学完成物理学位课程后，搬到剑桥大学攻读研究生。
1963 年	被诊断患有肌肉萎缩症，全身只有两个手指可以动。
1965 年	获得理论物理学博士学位，他的研究表明，用来解释黑洞崩溃的数学方程式，也可以解释从一个点开始膨胀的宇宙。
1970 年	研究黑洞的特性并预言，来自黑洞的射线辐射及黑洞的表面积永远不会减少。
1974 年	被选为皇家学会会员，继续证明黑洞有温度、发出热辐射及气化导致质量减少。
1975~1976 年	获得了包括伦敦皇家天文学会的埃丁顿勋章、梵蒂冈教皇科学会十一世勋章在内的6项大奖。
1978 年	获得物理学界最有威望的大奖——阿尔伯特·爱因斯坦奖。
1979 年	被任命为曾一度为牛顿和狄拉克所任的剑桥大学卢卡斯数学教授。
1988 年	出版《时间简史》。该书成为关于量子物理学与相对论的最畅销的书。
2000 年初	在美国白宫作演讲，克林顿总统亲切会见并向他表示祝贺。
2001 年	出版《时间简史》的续篇《果壳中的宇宙》。
1996 年至今	在剑桥大学工作。

无与伦比的贡献：奇点定理 + 黑洞不黑

奇点定理和黑洞不黑，是霍金给当代物理学界贡献的最重要的两个理论。

时间是什么？空间又是什么？在爱因斯坦之前的古典物理学家们看来，时间和空间是相互独立存在的。空间像一个可以让物体在里面自由移动的大容器，时间则是物体得以在其中表现持续或变化的东西，空间和时间只是所有物体背后的大框架，无论物体怎么变化，甚至消亡，时空都会独立而完好地存在着。

当然，在1915年爱因斯坦相对论出现之后，这种观念被完全颠覆了。相对论提

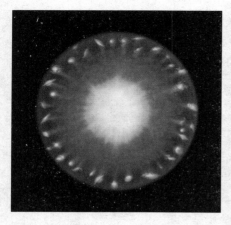

◀科学家能够探测到太空中的背景辐射，它们可能是宇宙大爆炸时遗留下来的。20世纪20年代，天文学家埃德温·哈勃发现，除了银河系之外还有别的星系。地球和每一个星系之间的距离都以不可思议的速度在增大。

出，时间和空间并不绝对，并不是独立于事件的背景，而是随着事物的变化一起变化的一个整体。这之后不久，哈勃用天文望远镜发现，几乎所有的星星都在远离银河系。他由此得出结论：宇宙在膨胀。整个宇宙空间在随着时间而膨胀！对此现象，一些科学家提出了稳恒态理论，认为宇宙会穿梭于扩张和收缩两种状态，但并没有开端；另一些科学家则提出，物质如果没有严格对称的收缩最终一定会反弹，而密度保持有限，这也避免了宇宙有开端的说法。

霍金并不认同这些说法，于是，他联同当时已经研究奇点的彭罗斯一起发展了一套数学公式，证明了宇宙不能反弹。他们提出，如果广义相对论是正确的，那么通过

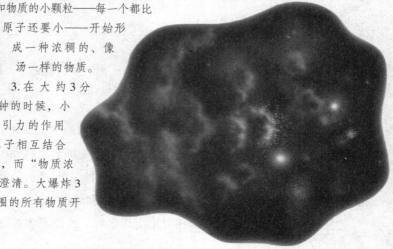

"宇宙大爆炸"理论

1.最初，宇宙只是一个比原子还小的灼热小球，它的温度比现在任何恒星的温度都要高。随着一声爆炸，宇宙诞生了。然后它开始急速膨胀，其膨胀的速度远远超过光速，在最初的几微秒里就膨胀到了一个星系的大小。

2.随着宇宙继续膨胀，它的温度开始下降，于是能量和物质的小颗粒——每一个都比原子还要小——开始形成一种浓稠的、像汤一样的物质。

3.在大约3分钟的时候，小颗粒在引力的作用下开始聚集到一起。原子相互结合形成氢气和氦气等气体，而"物质浓汤"则开始变得稀薄和澄清。大爆炸3分钟以后，现在我们周围的所有物质开始慢慢形成。

4.随着时间推移，新生的宇宙不断地膨胀变大，宇宙中的气体逐渐聚成星云。在数百万年以后，恒星和星体开始在星云中诞生。

广义相对论将宇宙的膨胀进行时间反演，则可得出宇宙在过去有限的时间之前曾经处于一个密度和温度都无限高的状态，这一状态被称为奇点。随后不久，人们就发现了散布于空间的微波背景辐射，这表明，宇宙早期非常热，而随着宇宙的膨胀，辐射持续冷却，最终出现了这些微波背景。这个学说进一步确认了宇宙早期曾经出现过一个大爆炸。

宇宙大爆炸，是 20 世纪科学界最重要的学说之一，而霍金和彭罗斯证明的奇点定理无疑在其中起到了重要的作用。在这之后，霍金又提出了另一个对物理学界来说举足轻重的理论——黑洞不黑。

据说，黑洞不黑的伟大构想来自一个闪念。当时，霍金正一边慢慢爬上床一边思考黑洞问题，他忽然想到，黑洞应该是有温度的，这样它就能释放辐射。也就是说，黑洞其实没那么黑。当然，在此之前，科学家一直相信黑洞只吸不吐，因此四周"漆黑"一片，吸收更多的物质时，其质量就随之上升。但在那个灵感闪现之后，霍金提出了一个新的理论，即"黑洞蒸发论"。他认为黑洞并非真的黑，而是存在温度，有温度的物质自然会释放辐射，因此黑洞其实是会发出辐射的。当然，辐射是一种能量，因此黑洞最终会因能量耗尽而消失。这个辐射现在被叫作"霍金辐射"。

黑洞会像热体一样辐射出 X 光、γ 射线等，并不是真的那么黑！霍金的这个新发现，被认为是多年来理论物理学最重要的进展，他的关于黑洞不黑的论文更被称为"物理学史上最深刻的论文之一"。

1988 年，霍金因其在物理学上的卓越贡献，和彭罗斯一起被授予沃尔夫物理奖。2006 年 11 月，他更是获得了英国皇家学会颁授的科普利奖章，跟爱因斯坦和达尔文齐名。虽然，霍金只是个常年坐在轮椅上的残疾人，但他对人类所生存的世界的贡献超过了许多人。我们期待，在未来的日子里，他能提出更多理论，给我们揭开更多的宇宙之谜。

▲上图是一个正在释放能量的黑洞。天文学家测定了该黑洞周围的能量，并证实它比预想的要大得多。额外的能量被认为是一种旋转能，由于黑洞边缘（事件穹界）电磁场的扭转，造成黑洞旋转速度的减慢，从而产生旋转能。

绝对正牌的"科普作家"：从《时间简史》到《大设计》

如果你以为霍金只是一位治学严谨、思考宇宙的古板物理学家，那你就大错特错了。除了物理学家，他还有一个"兼职身份"——科普作家。

"有位年轻小姐名叫怀特，她能行走得比光还快。她以相对性的方式，在当天刚刚出发，却已在前晚到达。"

前天就到达了　　　　　　　　今天出发　　　　　时间线

你能相信，这样富有幽默感的话语出自霍金之口吗？事实恰恰如此。1988年，霍金出版了他的第一本科普著作《时间简史》。在这本探索时间本质和宇宙最前沿的通俗读物中，霍金以其丰富的想象、宏伟瑰丽的构思和优美风趣的语言解释了诸如"我们从何而来、宇宙为何是这样的、时间有没有开端、空间有没有边界"等重大又深奥的问题，使人们对自身生存的世界和整个宇宙时空有了更科学的了解。

在《时间简史》最初出版时，霍金曾表示："有人告诉我，我在书中每写一个方程式，都将使销量减半，于是我决定不写什么方程式。不过在书的末尾，我还是写进了一个方程式，即爱因斯坦的著名方程 $E=mc^2$。我希望此举不致吓跑一半我的潜在读者。"当然，事实证明霍金的担心完全是多余的，迄今为止，《时间简史》已经被翻译成40种语言，全世界累计发行2500万册，创造了科普出版史上的神话。

书籍的超高销量不但使霍金在世界范围内家喻户晓，更让人们认识到，他不只是个只会思考宇宙时空的古板科学家，更是一个名副其实、绝对"正牌"的科普作家。从那以后，霍金又陆续出版了多部解析宇宙时空的科普著作，将深奥复杂的科学知识用通俗易懂的语言讲述出来，让人们跟随他一起遨游太空、探索宇宙。

2001年，作为《时间简史》的姐妹篇，霍金另一部重要著作《果壳中的宇宙》问世。在这本书中，霍金再次把我们带到理论物理的最前沿，向我们阐释宇宙内核的万物理论，从超对称到超引力，从量子理论到 M 理论，从全息论到对偶论。霍金在书中告诉我们：我们生活的宇宙具有多重历史，每一个历史都是由微小的坚果确定的。同时他还预期了"我们的未来"。

▲果壳中的宇宙

"宇宙的诞生不需要上帝。"2012 年 9 月，霍金的新书《大设计》问世，他力图在其中解释生命、宇宙和万物的终极问题。"由于存在万有引力等定律，因此宇宙能够从无

霍金主要科普作品

1988 年《时间简史》 优秀的天文学科普作品，从研究黑洞出发，探索了宇宙的起源和归宿，包括什么是宇宙、宇宙的起源和命运、黑洞和时间旅行等。1992 年，同名电影问世。

1993 年《黑洞、婴儿宇宙及其他》 霍金在 1976 ~ 1992 年间所写文章和演讲稿共 13 篇集结而成。书中讨论了虚时间、由黑洞引起的婴儿宇宙的诞生及科学家寻求完全统一理论的努力，并对自由意志、生活价值和死亡发表了独到见解。

2001 年《果壳中的宇宙》《时间简史》的姐妹篇，以相对简化的手法及大量图解诉说了宇宙起源。

2005 年《时间简史》(普及版) 以更通俗易懂的方式展现《时间简史》的内容，并增加了一些最新的科学观测和发现。

2008 年《乔治开启宇宙的秘密钥匙》 霍金写给孩子们的启蒙巨著，霍金"儿童"时期"科普三部曲"之一。书中，霍金以童心和真知带领我们进入探索时间和神秘宇宙的奇幻旅程，其中论黑洞等很多内容都简述了霍金的新想法。

2010 年《大设计》 霍金对宇宙和统一理论的新思考及对未来的展望。书中霍金再次阐述宇宙可以无中生有，自我创造。

到有自己创造了自己。自然发生说是有物而非无物存在的原因，是宇宙和人类存在的原因。没必要借助上帝引燃蓝色导火线，让宇宙诞生。"在《大设计》中，霍金向西方传统宗教信仰发起挑战，认为宇宙并非上帝创造，而是在物理定律的作用下，引发大爆炸而形成的。霍金认为，无边界量子宇宙学已经把造物主或者上帝从宇宙创生的场景中去除，而这种新方法在某种意义上又将人类自身推上了万物之灵的宝座。

迄今为止，霍金已经有多部作品问世，他作品中呈现出的通俗性和趣味性一直深受人们喜爱。虽然他是一位严谨深邃、高居世界科学殿堂的科学家，但对大部分普通人来说，他更像一位有趣而深邃的老师，用他那趣味十足又通俗易懂的语言给我们讲述最复杂深奥的宇宙知识，让我们对自己生存的世界产生疑问和思考。因此，我们期待，在不久的将来能看到他的新作，再次进入他那趣味十足的"科学讲堂"，跟他一起探究生命和宇宙的起源和未来。

宇宙的"前世今生"：霍金脑中的宇宙诞生及未来

大约在150亿年前，宇宙中所有的物质都高度密集在一点，有着极高的温度，从而发生了巨大的爆炸。大爆炸之后，物质开始向外大膨胀，最终形成了今天我们看到的宇宙！

如今，作为描述宇宙起源的学说，大爆炸模型已经得到了科学研究和观测最广泛且最精确的支持。用宇宙学家的话来说就是：宇宙在过去有限的时间之前，由一个密度极大且温度极高的太初状态演变而来，并且经过不断膨胀到达今天的状态。不过，看似完美的大爆炸模型并没有解决第一推动力的问题，即到底是什么外力推动了大爆炸的发生。

霍金提出了一种解决第一推动力的理论，即封闭宇宙的量子论。在这个理论中，霍金认为宇宙的诞生来自一个欧式空间向洛氏时空的量子转变，这就实现了宇宙的无中生有思想。欧式空间是一个四维球，在四维球转变成洛氏时空的最初阶段，时空是处于暴胀阶段的。这之后，暴胀减缓，接下来的过程就可以用大爆炸模型来描述。在这个宇宙模型中，空间是有限但无边界的，因此被称作封闭的宇宙模型。

自从霍金1982年提出封闭宇宙的量子论之后，几乎所有的量子宇宙学研究都围绕这个模型展开。当然，霍金也一直试图按照这个理论来推测宇宙的未来发展。在一次演讲中，他提到了宇宙未来的两种命运：如果宇宙的平均密度小于临界值，那么宇宙将永远膨胀下去；如果宇宙的平均密度大于临界值，宇宙则将收缩以至于缩成一个点。当然，我们知道，无论膨胀还是收缩，现在确定宇宙的未来都为时过早。

"我确信人类终将殖民太空，在火星及太阳系的其他星球上建立自给自足的殖民地，不过这大概要到100年以后。"除了宇宙的"前世今生"，霍金对人类世界的未来发展也提出了一些预言，星际移民即是其一。2012年1月8日，在英国广播电台举行的《问问霍金》电台节目中，霍金表示，人类有可能会绝种，核战和全球暖化之类的大灾难几乎不可避免地会在1000年内降临地球，但我们不必为此害怕，因为科技的进步会将人类带出太阳系，到达宇宙的远方。

外星人不仅是吸引普通人的话题，更是吸引科学家的话题，霍金就曾发表过关于外星人的预言。2010年4月，霍金在一部纪录片中表示，外星人存在的可能性很大，但人类不应该主动寻找他们，而应当尽一切努力避免与他们接触。在霍金看来，宇宙中有超过1000亿个星系，每个星系中又包含大量星球，因此几乎可以断定外星生命肯定存在。只不过，霍金认为，这些外星人很可能已经成为游牧民族，企图征服并向所有他们到达的星球殖民。因此，人类主动与外星人接触的行为实在是有些冒险。

虽然，霍金所作出的这些预言并不一定都能实现，但我们依然能从中感受到他对宇宙未来及人类未来的深深关注和不懈探索。接下来，就让我们带着对霍金的崇高敬意，开始这一段宇宙时空之旅，走进霍金的"脑中世界"。

▶开放宇宙不具有足够的物质以产生足以终止空间膨胀的引力，于是开放宇宙将永远膨胀下去。尽管膨胀将受到其包含的物质的引力的影响而减慢，但这一过程不可能停止甚至倒转。宇宙在内部的所有物体都达到相同的温度时将发生"热寂"，达到这一状态的时间量级大约为10^{12}年。在10^{30}年时，在所有的死亡星系残余都成为超星系黑洞后，质子开始衰变成为电子和正电子，所有的物质也都将发生相同的变化。

1

▲宇宙中物质的量决定了时空连续体弯曲的方式，因而决定了宇宙的将来。很多观测指出，宇宙是平坦的。但是宇宙是完全平坦的情况几乎是不可能的，因此这些观测也就成了所谓的平坦度问题。一种精练的大爆炸理论为解释这一现象作出了尝试，它被称为宇宙暴胀论，它提出在大爆炸以后的很短时间内，宇宙以指数倍的速率膨胀。因此，不论宇宙的真正曲率是怎么样的，在我们看来它始终是平坦的。这与地球看起来是平坦的而实际上是一个球体的情况一样。

1. 大爆炸
2. 星系开始形成
3. 星系开始分离
4. 星系随着恒星死亡而萎缩
5. 星系持续分离
6. 星系间最大的分离
7. 星系开始聚集到一起
8. 星系开始合并
9. 大坍缩

▲平坦宇宙是开放宇宙和闭合宇宙之间的分界线。在平坦宇宙中，宇宙的膨胀将在无限量的时间后停止，除非宇宙中充满了暗能量，在这一情况下，膨胀将永远加速下去。平坦宇宙将受制于质子的衰变和热寂，就和开放宇宙一样。

▲"闭合的"宇宙是其内部包含的物质产生的引力足以终止宇宙的膨胀并将它重新拉到一起的宇宙。随着星系的相互靠近，宇宙温度再次上升，直到不可避免地变成一个火球——大坍缩，这类似于但又不同于大爆炸的逆过程。有些可能的闭合宇宙能够存在很长时间，从而开放宇宙中的所有过程，例如质子的衰变和热寂等都能在它整体崩塌回去之后仍然发生。

11

宇宙的年龄及人类的诞生

宇宙膨胀的现象给我们测定宇宙的年龄提供了时间尺度。最近的统计结果显示，宇宙大爆炸起源于约150亿年前。下面，我们将宇宙150亿的年龄折算成一年，以图表方式表现生命在其中出现的时间和发展速度。

1月	2	3	4	5	6	7	8	9	10	11	12

1年

大爆炸　　形成银河系　　形成太阳系　形成地球　出现生命　寒武纪　哺乳期

第1天	10	20	30	31

12月

空气中出现氧气　产生浮游生物　产生爬虫类　产生灵长类　产生人类

11:59	10秒	20秒	30秒	40秒	12:00

12月31日最后一分钟

出现壁画　农业开始　出现文字　释迦牟尼诞生

第一章

我们的宇宙图像

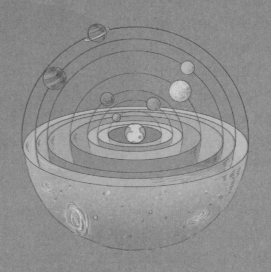

人类认识宇宙，从"看星星"开始

宇宙认识的开端：与生产生活密切相关的天象观测

"天地混沌如鸡子，盘古生其中。"在古老的中国人看来，整个宇宙，也就是我们生活的世界，不过是一个混沌的类似于鸡蛋的东西，盘古生在其中，创造了人类文明。当然，除了这种"混天说"，早期中国人还提出了关于世界的"盖天说"，即"天圆地方说"。"天似穹庐，笼罩四野。天苍苍，野茫茫，风吹草低见牛羊。"穹隆状的天覆盖在呈正方形的平直大地上，天地宛如一座顶部为圆形的凉亭。

当然，受科技水平和自身居住环境的限制，早期中国人对世界的这些认知基本上都是通过"看天"的活动得来的，且仅仅局限在他们所能看到的地球上。同样，西方人最开始对宇宙的认知也局限在自身生活的世界——地球上。他们把高山大海当作宇宙的尽头，认为高山围起了大地，而天空高高地悬挂在高山之上。每天，太阳会横穿过天空，并在夜晚来临时潜入地下隧道，等第二天又重新从东方升起。

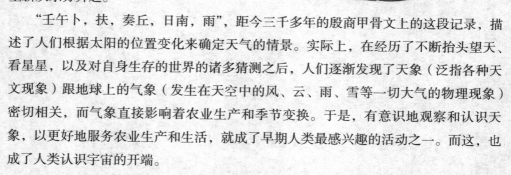

"壬午卜，扶，奏丘，日南，雨"，距今三千多年的殷商甲骨文上的这段记录，描述了人们根据太阳的位置变化来确定天气的情景。实际上，在经历了不断抬头望天、看星星，以及对自身生存的世界的诸多猜测之后，人们逐渐发现了天象（泛指各种天文现象）跟地球上的气象（发生在天空中的风、云、雨、雪等一切大气的物理现象）密切相关，而气象直接影响着农业生产和季节变换。于是，有意识地观察和认识天象，以更好地服务农业生产和生活，就成了早期人类最感兴趣的活动之一。而这，也成了人类认识宇宙的开端。

"斗柄东指，天下皆春，斗柄南指，天下皆夏，斗柄西指，天下皆秋，斗柄北指，

▲北斗七星的指极星正在坚守岗位，"指示"着北极星。

天下皆冬。"距今 2000 多年的战国古书《鹖冠子》中的这段内容，描述了人们根据黄昏时分观测到的北斗七星的位置来判断季节的情况。实际上，经过不断观测天象，人们逐渐从日月星辰的升降隐现中总结出了日、月、年的概念，并由此制定出了简单的历法。据记载，中国在殷商时期就制定出了阴阳历，年有平年、闰年之分，平年 12 个月，闰年 13 个月，闰月置于年终，称十三月。但在甲骨卜辞中还偶有十四月甚至十五月出现，这说明当时人们还不能很好地把握年月之间的长度关系。此外，古埃及人很早就意识到了季节的变换，并有专门的人负责观测天象。经过长期的观测，古埃及人产生了"季节"的概念，把一年定为 365 天。我们现在用的阳历，就来源于古埃及的历法。

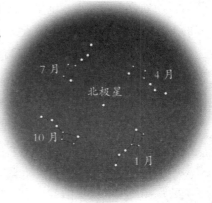

▲北斗七星转呀转，一圈又一圈。如果你在北半球向北走得足够远的话，就能看到图中的情景。这是一年之中某个特定时节晚上 8 时左右的图像。图中左侧为西北方向，右侧是东北方向。

就这样，立足于农业生产和生活，人们开始了天象观测活动，并根据天象逐渐总结制定出了系统的历法。而这些天象观测，无疑为人类认识宇宙打开了大门。接下来，在继续观测天象的过程中，人们逐渐发现了天体（宇宙中各种实体如恒星、行星的统称）运行的规律，并开始有意识地研究这些规律从而重新认识自身生存的世界。

古代人类的宇宙学说：从星占学家到球形大地

"天象垂，见吉凶，圣人象之。"距今三千多年的《周易·系辞上》上的这句话，体现出古代人类利用天象来预测吉凶的情况。实际上，在通过观测天象制定出历法、分出时节之后，人们从天体运行中发现了另一个颇有意思的东西——星辰的变化预示着人世间的兴亡更替。于是，基于天文观测的星占学说出现了，它给人类观测研究天体运行、进一步认识宇宙奠定了坚实的基础。

"紫微星下凡"是古代中国人熟知的一句话。在他们眼中，紫微意味着紫禁城，是人间皇帝住的地方，因此紫微星就是"真命天子"。"每逢乱世，紫微星就会下凡，拯救世间苍生，而他身边总是跟着二十八个人。"这样的说法听来很玄妙，却是当时天文观测成就的体现，紫微星和其身边的二十八个人，其实就来自中国古代的天文图——二十八星宿。二十八星宿，又称二十八舍或二十八星，是古人为观测日、月、星运行而划分出的二十八个星区，用来说明日、月、星运行所到的位置。我们现在熟知的五行八卦中的四大神兽"青龙、白虎、朱雀、玄武"就来自二十八星宿。

同样地，西方世界的天文观测成就也体现在星占学上。公元前2000多年的美索不达米亚文明中的苏美尔人就建造了七级神庙，每一级代表一个天体，即月亮、太阳、水星、金星、火星、木星和土星。他们认为，这七颗天体可以为祭师们铺平通向神的路。此外，他们还制定了自己的星座，并把天空分成三部分。

在蓬勃兴起的星占学的刺激下，古代的天文观测取得了卓越的成就，而星占学家对太阳、月亮和行星的研究，给整个天体运动研究提供了重大的驱动力。借助于这些系统的观测结果和天文图，人们开始从科学层面重新认识自身生活的世界，并有意识地建立关于世界本质的宇宙模型。

我们知道的第一个宇宙学家是来自古希腊的泰勒斯。有"科学和哲学之祖"之称的泰勒斯，是古希腊第一个提出"什么是万物本原"问题的人。他认为，水是世界初始的基本元素，大地一开始从海底升起，地面漂浮在海面上。随后，泰勒斯的门生阿那克西曼德提出了新的学说，他试图在这个学说中解析天体的形成。他认为，太阳是天上最高的天体，其下是月亮，再下是"固定的"恒星，最后是行星。他同时相信，大地是一个圆柱体，人类就生活在圆柱体的一端。

公元前 340 年，古希腊哲学家亚里士多德的著作《论天》的出版，把人们带入了认识宇宙的新阶段。在《论天》中，亚里士多德用绝对的事实论证了地球是球形的。首先，他发现月食的产生是地球运行到太阳和月球之间引起的，此时地球把它的影子投射在月球上，导致了月食发生。由于地球的影子总是圆的，因此可以肯定，地球是一个圆球。另外，从地平线驶来的航船，一开始总是一个看不清特征的小点，当它越来越近，你会看到更多细节。在这个过程中，人们总是先看到船帆，之后才会看到船身。高耸在船身上的桅杆首先露出地平线，这也说明地球是球形的。

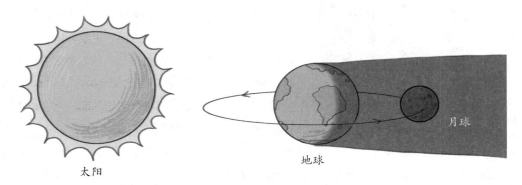

太阳　　　　　　　　　　　地球　　　　　　　　　月球

从亚里士多德的"球形大地"开始，西方世界逐渐进入了系统而科学地研究宇宙本质规律的时期。而在中国，虽然人们很早就进行天象观测并取得了非凡的成就，但因为封建集权的限制，这种研究并没有形成体系。因此，在亚里士多德球形大地的基础上，西方世界进入了建立宇宙模型的阶段，并由此带领人类迈入了宇宙认知的新篇章。

宇宙地心说：静止不动的地球，是宇宙的中心

据说，最早提出"地心说"观点的人是古希腊学者欧多克斯。在这之后，"地心说"经亚里士多德完善，并最终由托勒密发展成为"地球是宇宙的中心"的宇宙模型。

在亚里士多德论证地球是球形的同时，他就表达了"地球是宇宙中心"的观点。他认为，宇宙是一个有限的球体，分为天地两层，地球是静止的，位于宇宙的中心。在地球之外，有 9 个等距离的天层，从里到外依次是月球天、水星天、金星天、太阳天、火星天、木星天、土星天、恒星天和原动力天，此外就空无一物。上帝推动了恒星天层，从而带动所有天层运动。此外，亚里士多德还提出了构成物质的"五种元素"，即地球上的物质是由水、气、火、土四种元素组成，而天体则由第五种元素"以太"组成。

▲托勒密

有人说，亚里士多德之所以认为地球是宇宙的中心，是出于一些神秘的原因。不过，尽管他的"地心说"模型有模有样，但随着对行星观测的不断发展，人们发现它无法很好地解释行星的"不规则"运行。于是，公元2世纪，另一位天才的希腊天文学家托勒密在亚里士多德理论的基础上，提出了更为完善的"地心说"。

在托勒密看来，要解决行星的不规则运行，如某些时候行星会出现"逆行"现象，向着反方向运行，势必要在原本绕地球运行的轨道之外，给行星再加一个运行轨道。因此，他提出了"本轮"和"均轮"的理论，即各行星都绕着一个较小的圆周运动，而每个圆周的圆心都在以地球为中心的圆周上运动，每个小圆周叫作"本轮"，绕地球的圆周叫作"均轮"。

在本轮和均轮的基础上，托勒密提出了他的地心说宇宙模型。宇宙是一个套着一个的大圆球，地球位于圆球的中心，在地球周围是8个旋转的圆球，上面依次承载着月球、水星、金星、太阳、火星、木星、土星和恒星。

对宇宙而言，最外面的圆球即是某种边界或容器，而圆球之外为何物，还没有人弄得清。在最外层圆球上，恒星占据着固定的位置，因此当圆球旋转时，恒星间的相对位置不变，圆球和恒星作为一个整体一起旋转着穿越天穹；内部的圆球携带着行星，这些行星除了在圆球上运行外，还会绕着本轮的小圆周运行，因此相对于地球，它们的轨道就显得复杂，这就导致了它们的运行有时候不规则。

相对于亚里士多德的地心说模型，托勒密的更为复杂，当然也能更好地解释行星的运行。与此同时，他还提供了一种非常合理的精确系统，可以用来预测天体在天空中的位置。但是，为了正确地预测这些位置，托勒密不得不假设月球沿着一条特殊的轨道前进，即在这条轨道上，月亮和地球的距离有时是其他时刻的一半，

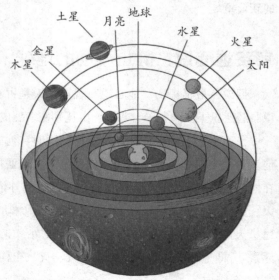

▲托勒密的宇宙模型

这意味着月亮在某些时刻看起来应当是其他时刻的 2 倍！这无疑是个瑕疵，但在当时，由于托勒密地心说模型给恒星之外的天堂和地狱留下了大量的空间，因此天主教教会接纳它为世界观的"正统理论"，人们也开始普遍接受它。

科学发展最终证明，"地心说"是错误的。但由于以地球为稳定中心，其他一切都围绕着地球运动的观念是如此令人信服，以至于好几个世纪之内托勒密的地心说模型都占据统治地位。但是，真理的殿堂从来都是不断否定不断建立新理论的过程，1300 年后，终于有人大胆地反抗这一理论，并以大无畏的精神提出了全新的宇宙模型，这个人就是哥白尼！

日心说出炉：哥白尼"抗议"——太阳才是宇宙的中心

跟"地心说"一样，最早提出"日心说"的人并不是家喻户晓的哥白尼，而是古希腊最伟大的天文学家、数学家阿里斯塔克斯。

阿里斯塔克斯出生于大约公元前 310 年，是人类历史上有记载的首位提倡日心说的天文学者。他将太阳而不是地球放置在整个已知宇宙的中心，认为太阳与固定的恒星不会运动，而地球绕着太阳运动。

不幸的是，由于阿里斯塔克斯的宇宙观和日心说理论远远走在了时代前面，因而

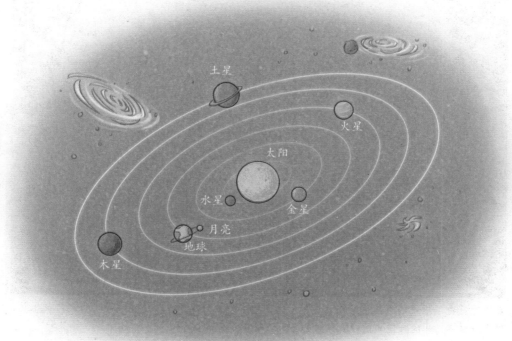

在当时并未得到公众的承认，甚至还险些被人以亵渎神明罪起诉。于是，这个超前的理论就像珍贵的戒指被扔入大海般消失得无影无踪，直到1800多年后哥白尼的出现。

1473年，哥白尼出生在当时属波兰王国普鲁士行省的小城托伦。在当时，天文学采用的是托勒密的地心说体系。在这个体系中，由于托勒密提出了本轮和均轮的复合，因此它可以预测日食、月食，也可以解释一些现象。但是，随着天文观测技术的进步，人们发现在托勒密的宇宙模型中，需要在行星轨道上附加太多本轮来调整轨道的周期，以适应观测的结果（在文艺复兴时期，托勒密提出的本轮和均轮数目就达到了80多个）。这种现象引发了哥白尼的怀疑，他认为，如果假设太阳是宇宙的中心，其他天体都围绕着太阳旋转，那么就不用人为地加上如此多的本轮了。但这样的观点在当时是万万不敢提出的，因为上帝是在位于宇宙中心的地球上创造了人类，如果说太阳是宇宙的中心，那无疑会被认为是异端邪说。

不过，哥白尼并未因外界的压力而放弃科学探索。1506年，在回国任教后不久，他就开始着手写作自己的天文学说著作《天体运行论》。1512年，哥白尼还把他任职

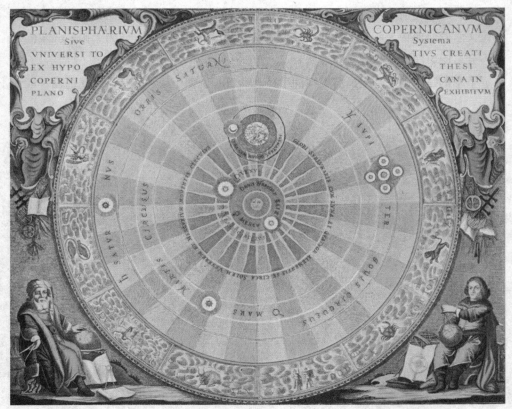

▲图为哥白尼描绘的天体运行图，这是以太阳为中心的行星系统。这在现今已得到广泛承认，但在哥白尼所处的时代却是一次科学史上的巨大革命。

地的城堡西北角的箭楼修建
为自己的小型天文台，用
自己研制的简陋仪器来进
行天文观测和计算。之后，
在 1514 年，由于害怕遭受
教会的迫害，哥白尼通过匿
名方式发表了自己的宇宙模
型，即"日心说"。

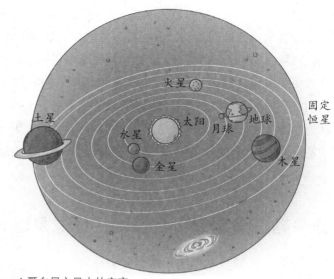

　　他的观念是：太阳静止
地位于宇宙的中心，地球和
行星都在围绕太阳做圆周
运动。

　　他指出，人类生存的地

▲哥白尼心目中的宇宙

球只是围绕太阳的一颗普通行星，地球每天自转一周，由此形成天穹的旋转，而月球
则在圆形轨道上绕地球转动。此外，太阳在天球上的周年运动是地球绕太阳公转运动
的结果，地球上人们观测到的行星的倒退或者靠近现象都是地球和行星共同绕日运动
产生的结果。当然，完整的日心体系在哥白尼 1543 年出版的《天体运行论》中得到
了详细阐述，这本书也被认为是现代天文学的起步点。

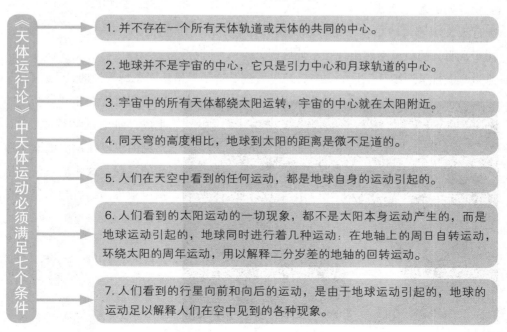

《天体运行论》中天体运动必须满足七个条件

1. 并不存在一个所有天体轨道或天体的共同的中心。

2. 地球并不是宇宙的中心，它只是引力中心和月球轨道的中心。

3. 宇宙中的所有天体都绕太阳运转，宇宙的中心就在太阳附近。

4. 同天穹的高度相比，地球到太阳的距离是微不足道的。

5. 人们在天空中看到的任何运动，都是地球自身的运动引起的。

6. 人们看到的太阳运动的一切现象，都不是太阳本身运动产生的，而是
地球运动引起的，地球同时进行着几种运动：在地轴上的周日自转运动，
环绕太阳的周年运动，用以解释二分岁差的地轴的回转运动。

7. 人们看到的行星向前和向后的运动，是由于地球运动引起的，地球的
运动足以解释人们在空中见到的各种现象。

大地是运动的，对古代人来说，这一观点是难以接受的。此外，"日心说"指出行星围绕太阳做圆周运动，但行星运动的观测结果并非完全符合圆周这一结论。因此，在哥白尼的《天体运行论》出版后半个多世纪里，日心说仍然很少受到关注，支持者更是寥寥。直到1609年，伽利略使用刚发明的望远镜观测木星时发现，在木星周围有几颗小的卫星在绕着木星做运动。这说明，天体并非都像亚里士多德和托勒密认为的那样直接绕着地球运动。几乎在同时，另一位天文学家开普勒改进了哥白尼的理论，使理论预言和观测一下子完全符合起来，由此彻底宣告了托勒密"地心说"体系的死亡。

开普勒三大定律：我证明，地球是围绕太阳运行的

说到开普勒三大定律，就不能不说丹麦天文学家第谷·布拉赫。正是由于参考了他的大量珍贵、精确的天文观测资料，开普勒才最终研究并发现了行星运动的三大定律，为牛顿万有引力定律的发现打下了基础。

作为一个天文爱好者，第谷从十几岁就开始查看星历表和天文学著作，并进行天文观测。1572年，第谷观测到一颗非常明亮的星星突然出现在了仙后座，

碎片膨胀　超新星爆炸

▲当一颗超新星爆炸时，其星流会直冲到太空中很远的地方。

他为此进行了连续几个月的观察，最终看到了这颗星星从明亮到消失的过程。后来，人们知道这并非一颗新星的生成，而是一颗暗到几乎看不见的恒星在消失前发生爆炸的过程，这颗被发现的星星也被称为第谷超新星。在

◀彗星是太阳系中的"流浪者"，它们会按时返回。这幅哈雷彗星的照片是1986年它最近一次靠近地球时被拍摄到的。这颗彗星每77年才能返回至近地位置（可视范围之内）一次。

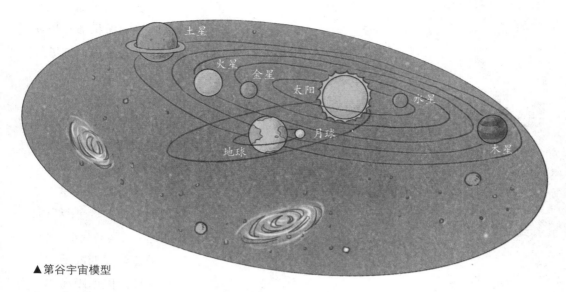

▲第谷宇宙模型

1577 年，一颗巨大的彗星出现在丹麦上空，第谷首次将彗星作为独立天体进行了观测。观测结果显示，彗星的轨道不可能是完美的圆周形，而应该是被拉长的，且由视差判断该彗星与地球的距离比地月的距离更远。

随后，第谷通过精确的星位测量，企图发现由地球运行而引起的恒星方位的改变，但结果一无所得。由此，他开始反对哥白尼的日心说，并在 1583 年出版的《论彗星》一书中提出一种介于地心说和日心说之间的理论，即地球是静止的中心，太阳围绕地球做圆周运动，除地球外的其他行星则围绕着太阳做圆周运动。这个理论曾一度被人接受，中国明朝就使用了主要依据第谷的观测结果而编制的时宪历。

虽然第谷的行星模型很快就被淘汰了，但他的天文观测对科学革命来说是个重大的贡献。在第谷去世之后，他的助手开普勒利用他多年积累的观测资料，仔细分析研究并提出了行星运动的三大定律，从而揭开了行星运动的秘密。

针对哥白尼的日心说体系，开普勒曾做过这样的设想，即如果行星都在围绕太阳而不是地球运动，同时运行轨道又都是椭圆形的，那么每个行星的轨道就都会是一直向前的，也就不需要再添加什么复杂的本轮来进行调节了。这样一来，行星的运动不但可以用非常简单、优雅的轨道来描述，还可以解释那些不符合圆周运动轨道的行星运动的观测结果。在这个假设的基础上，开普勒参考第谷的大量观测资料，最终提出了行星运动的三大定律。

开普勒第一定律，也叫椭圆定律、轨道定律：每一个行星都沿着各自的椭圆轨道绕太阳运行，而太阳则处在椭圆的一个焦点中。

开普勒第二定律，也叫等面积定律：在相同的时间内，太阳和运动着的行星的连

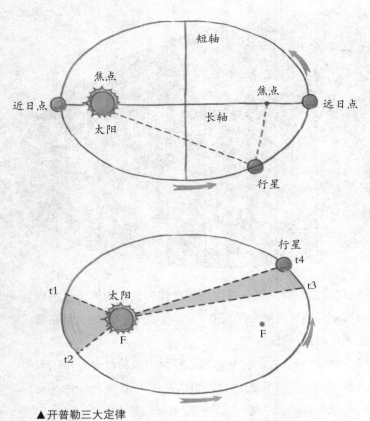

▲开普勒三大定律

线所扫过的面积都是相等的。这也就是说，行星与太阳的距离是时远时近的，在最接近太阳的地方，行星运行速度最快，在最远离太阳的地方，行星运行速度最慢。

开普勒第三定律，也叫周期定律：行星距离太阳越远，其运转周期越长，而它的运转周期的平方与它到太阳之间的距离的立方成正比。由这个定律可以导出，行星与太阳之间的引力与半径的平方成反比，这是牛顿万有引力定律的一个重要基础。

行星在椭圆轨道上绕太阳运动而不是以圆形轨道绕地球运动，这一结论直接印证了哥白尼的日心说理论，也说明了地球确确实实是围绕太阳运行的。而开普勒三大定律的提出，对行星绕太阳运动做了一个基本完整、正确的描述，解决了天文学的一个基本问题，也为接下来牛顿发现万有引力定律奠定了坚实的基础。牛顿曾说："如果说我比别人看得远些的话，是因为我站在巨人的肩膀上。"毫无疑问，开普勒就是他所指的巨人之一。

宇宙无限性理论：布鲁诺相信，宇宙没有中心

乔尔丹诺·布鲁诺，文艺复兴时期意大利著名的思想家、自然科学家和哲学家。作为哥白尼日心说的坚决拥护者，布鲁诺用自己的生命将日心说传遍了欧洲，成为人们眼中反教会、反经院哲学的无畏战士、捍卫真理的殉道者。

1548年，布鲁诺出生在意大利那不勒斯的一个小镇上，自幼靠神甫们抚养长大。9岁时，布鲁诺前往那不勒斯城学习人文科学、逻辑和辩论术，满15岁时，他进入当地的修道院做了一名修道士，并获得教名乔尔丹诺。在修道院，布鲁诺学习了亚里

士多德学派的哲学和托马斯·阿奎那的神学，并于 24 岁时被任命为神父。虽然已经成为一名神职人员，但年轻人勇敢无畏、怀疑一切的精神使布鲁诺在接触哥白尼《天体运行论》后不久就被吸引了，开始对宗教产生了怀疑。他认为，教会关于上帝具有"三位一体"的教义是不对的，据说他还因此把基督教圣徒的画像从自己的房中扔了出去。当然，这样离经叛道的行径激怒了教会，不久教会就革除了他的教籍。到 1576 年，为躲避宗教裁判所的追捕，28 岁的布鲁诺不得不逃出修道院，出国开始了长期漂流的生活。尽管如此，布鲁诺依然大力宣扬哥白尼的学说，并利用一切机会与官方经院哲学的陈腐教条展开激烈辩论。

其实，布鲁诺的专业既不是天文学也不是数学，他却以超人的预见性丰富和发展了哥白尼的日心说体系。在他的著作《论无限性宇宙及世界》、《论原因、本原和统一》中，他提出了宇宙无限的思想，即宇宙是统一的、物质的、无限和永恒的。他认为，宇宙没有中心，无论在空间还是时间上都是无限的，地球不是宇宙的中心，只是环绕太阳运转的一颗小行星；太阳也不是宇宙的中心，只是太阳系的中心。在无限的宇宙中，有千千万万颗像太阳那样巨大而又炽热的星辰，它们都以巨大的速度向四面八方疾驰不息，在它们周围，也有许多像地球这样的行星，行星周围又有许多卫星。此外，在无限的宇宙中，有无数个"世界"在产生和消灭，不过作为无限的宇宙本身，却是永恒存在的，生命不仅在地球上有，在那些看不见的遥远行星上也可能有。

▼布鲁诺的无限宇宙图像

当时，哥白尼的《天体运行论》虽然已经出版，但由于种种原因并未广为人知，而布鲁诺的大力宣扬无疑让整个欧洲都知道"日心说"体系。这对于宗教"上帝是在位于宇宙中心的地球上创造人类"的说法简直是公然反抗。与此同时，布鲁诺关于"宇宙无限"的种种学说，虽然现在看来无疑是那个时代最为超前的预见和理论，但在当时几乎无人理解，教会更直接斥责其为"骇人听闻"，他本人也被看作极端有害的异端和十恶不赦的敌人。1592 年，布鲁诺在威尼斯被捕入狱，之后被囚禁牢中达8 年之久。1600 年，宗教裁判所判处布鲁诺火刑。在罗马的百花广场，这个捍卫真理的殉道者被活活烧死。

宇宙在运动：牛顿引力理论表明，宇宙不可能静止

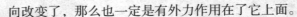

虽然开普勒发现了行星运动的三大定律，但有一件事一直让他很烦恼，那就是：是什么原因导致行星围绕太阳运行。他曾以为是磁力导致行星围绕太阳公转，但行星运行的椭圆轨道无法跟这一思想保持一致。事实上，直到 1687 年艾萨克·牛顿发表他的《自然哲学的数学原理》，这一问题才最终得以解决。

有人曾把牛顿称作"现代科学之父"，这一说法虽有些夸张，却并不为过。时至今日，人们依然认为《自然哲学的数学原理》的出版，可能是物理科学领域有史以来最重要的著作。在这本书中，牛顿提出物体如何在空间和时间中运动的理论，认为如果不受外力作用，任何物体都将保持匀速直线运动状态。也就是说，一旦物体静止下来，那么一定有一种外力阻止了它的运动，就像摩擦力和空气的阻力会使滚动的足球静止下来一样。同样的道理，如果一个物体做加速运动或者减速运动，或者是运动方向改变了，那么也一定是有外力作用在了它上面。

力的效应能够使物体运动或者改变物体的运动，这跟行星以椭圆轨道绕太阳运行有什么关系呢？事实上，正是在这个力和运动的关系的基础之上，牛顿在一个不慎掉落在其头上的苹果的启发下提出了万有引力定律：自然界中任何两个物体间都是相互吸引的，这个吸引力的大小与两物体的质量的乘积成正比，与两物体间距离的平方成反比。万有引力定律，揭开了行星绕日运行的真相。

在牛顿的理论中，自然界中的任何一个物体都用一个叫作引力的力吸引着其他的物体，一个大质

▲艾萨克·牛顿

量的物体能把另一个小质量的物体吸引到
自己身上来。正因为如此，我们看到成熟
的苹果总是落在地球的表面之上。事实上，
苹果对地球也有吸引力，但因为苹果的质
量跟地球相比相差太多，所以看起来苹果
就像只被引力吸到地面上一样。当然，引
力非常微弱，把两个同样大小的苹果放在
一块是不会吸引到一起的。

▼由于受到向着地心的引力影响，苹果总是落向地面！

　　不过，一旦引力作用在质量巨大的物体，
如太阳和行星之间，那影响就很大了。牛
顿设想，如果没有引力，天体一般会沿着某
个方向做直线运动，但如果某个天体对另一个天体，如太阳对地球施加了引力，而这个引
力又不足以大到让它们撞在一起，那么地球的运行轨道就会弯曲，变成绕太阳运行。

　　为此，牛顿提出一个方程式来表示这种关系，并将这些数学方程应用到开普勒的
椭圆轨道上去。结果表明，二者符合得非常好，用数学公式计算出的火星、木星、土
星的轨道跟实测的结果完全符合。由此，人们知道，哥白尼和开普勒是正确的，行星
是在引力的作用下在椭圆轨道上绕太阳运行的。

　　万有引力定律解释了行星的运动，也确定了地球的运动，是现代物理学、天文学
的开端。而它的提出，更是引发了天文学家们对宇宙状态的关注：根据引力理论，恒
星彼此间会相互吸引，这样一来它们几乎不可能保持所谓的静止状态。这也就是说，
宇宙不可能是完全静止不变的，它事实上是运动的。运动的宇宙？这是真的吗？在这
个观念的影响下，天文学家们开始了对宇宙状态和起源的推测。

宇宙从何开始：在某一个有限时刻，宇宙开端了

　　彼此相互吸引的恒星，会不会最终落到某处去呢？1691年，大科学家牛顿给当时
的另一位权威思想家理查德·本特利写了一封信。在这封信中，牛顿指出，如果宇宙中
仅仅有数目有限的恒星，那么由于相互之间的吸引力，这些恒星最终会落到一个中心点
上。但另一方面，如果恒星的数目是无穷大，并且大致均匀地分布在无限大的空间之内，
那么恒星就不可能落到一点上，因为此时对恒星来说根本不存在所谓的聚落中心点。

　　正确地考虑无穷数目恒星状态的办法其实也很容易。那就是先考虑有限的情况。
在一个有限的空间内，由于引力作用，恒星会被彼此吸引内落并集聚在一起。现在，

在上述有限区域外再加上一些恒星，且让它们也大体分布均匀，会发生什么变化？根据引力定律，后来补充的恒星依然会跟原来的恒星一样，接连不断地内落而集聚。依此类推，人们得出的结论就是，不可能构筑一个静态的无限宇宙模型，因为引力永远是一种吸引力。

宇宙在运动！由引力定律得出的这个结论让相信宇宙以不变状态永恒存在的人们大吃一惊。但更让人吃惊的事情还在后面。通常来讲，在一个无限静态的宇宙中，几乎每一条视线或每一条边，都会终止于某个恒星的表面。这样一来，人们将会看到整个天空像太阳一般明亮，即便夜晚也是如此。但事实并非如此。于是，为避免这种状况，就只能假设恒星并非永远在发光，它们只是在过去的某个时间才开始发光。那么问题来了：是什么原因导致恒星在最开始的位置上开始发光呢？

宇宙是否有一个开端？

当问题进展到这一步，人们不得不面对这个一直处于神学和玄学范围的问题。事实上，在宗教的早期传说中，有多种关于宇宙开端的观点都认为宇宙有一个开端。《创世记》一书中，圣奥古斯汀就设定宇宙的创生之时约为公元前 5000 年。而接下来，埃德温·哈勃的发现，终于为这一构想提供了科学依据。

1929 年，埃德温·哈勃完成了一项划时代的观测，即无论朝哪个方向看，

大爆炸

A

银河系

类星体A

银河系

▲ 被观测到的所有视界距离为 150 亿光年的空间区域都发出相同的温度的辐射。为什么它们温度相同并且发射出相同类型的辐射？在暴胀（1）前，空间被紧密压缩，因而所有区域都是相邻着的，因此存在着热平衡的状态。在宇宙以超过光速的速度短暂地"暴胀"（2）之后，类星体和星系等物体形成，它们都有自己的视界，由大爆炸后光所传播的距离决定。因此 A 和 B 就都位于对方的视界之外。在现代的宇宙（3）里，仍然存在着相同的几何关系——尽管宇宙额外的年龄意味着视界的扩张。在（2）和（3）阶段中，类星体 A 和 B 并不互相接触，因而不可能知道对方的存在，然而我们知道它们都存在是因为它们都会待在我们的视界里。

类星体A

▼在地球上，地平线是我们所能看到的最远点，这是因为我们世界的弯曲。在宇宙中，我们的视界就是我们所能看到的最远点，受到宇宙的年龄以及光的有限速度的限制。如果宇宙是150亿岁的话，那么我们的视界就是150亿光年。任何距离大于150亿光年的两个物体不能知道对方的存在，因为它们所发出的光线没有足够的时间到达对方。宇宙暴胀前，我们的视界以光速扩展。当暴胀发生时，宇宙的半径只有 10^{-35} 光秒。随着大统一力的分裂，宇宙内部的空间按指数函数膨胀。因此，宇宙变得比所能看到的部分要大得多。原来相接触的区域随着空间的膨胀被分离开来，而分离速度是光速的许多倍。

遥远的恒星都在快速地远离我们所在的银河系，也就是说宇宙在膨胀。这同时意味着，在过去的某个时间，天体是紧密地聚集在一起的。很快，关于大爆炸的学说兴起了，它提出，曾经存在一个称之为大爆炸的时刻，那时候宇宙无限小，密度无限大，大爆炸之后宇宙逐渐膨胀，成为今天我们见到的样子。在这个学说中，时间在大爆炸时有一个开端，即宇宙开始于某个时刻。哈勃的发现最终把宇宙开端的问题彻底纳入了科学的范畴，人们由此可以说，时间有一个起点，即大爆炸瞬间，这意味着在这之前的时间是完全不可定义的。当然，宗教人士依然可以相信，是上帝在大爆炸瞬间创造出了宇宙，上帝甚至可以在大爆炸之后的某个时刻创造宇宙，只不过创造的方式使之看上去像经历了大爆炸。但无论如何，设想宇宙创生于大爆炸之前是毫无意义的。大爆炸的宇宙并没有排斥造物主的存在，只不过对他何时从事这项工作加上了限制而已。从这一点上说，宗教和科学终于达成了一致。

星系是遍布宇宙的庞大星星"岛"

人类眼中的天河：神秘天河中藏着无数恒星

"晴夜高空，呈银白色带状，形如天河，所以称天河。"在久远的古代，当中国人发现天空中的那条银白色光带时，人们觉得那简直像是空中流淌的一条大河，因此叫它"天河"。而对世界各地的人们来说，空中的这条银白色光带一直都是美丽而神秘的，人们无法从科学角度解释它的存在，只能求助于形形色色的神话传说。

在古希腊，人们称这条天河为"奶路"。古希腊人认为，"奶路"是宙斯同他的情妇之一阿尔克墨涅所生的儿子——幼年的赫拉克勒斯——抓伤了

▲这是19世纪设计的北天星图所描绘的银河。

宙斯的正妻赫拉的乳房，把奶汁洒向天空而形成的。而在澳大利亚，人们普遍认为，天上的天河是造物主忙碌之后感到筋疲力尽时，在就寝前点燃的一堆营火所发出的烟。某些美洲印第安人的说法则更加神奇，他们认为天河是勇敢的战士死后进入天堂的道路，路边的明亮星星则是死者途中临时休息地的营火。

跟这些神话传说相比，古代中国关于银河的神话故事则更为浪漫感人。"纤云弄巧，飞星传恨，银汉迢迢暗度。"宋代词人秦观的这句词，形象地写出了牛郎织女被天河阻碍无法相见的景象。相传，天帝的女儿织女跟凡间的放牛郎相恋，却被天帝阻止。天帝一怒之下，用一条天河将织女与牛郎隔开，使他们隔河相望，难以相见。

自此，天空便有了这条天河，而每逢七月初七，好心的喜鹊就会在天河上架起一座鹊桥，让牛郎织女在桥上相会。

当然，神话传说能满足普通人对天河的猜测，却无法满足哲学家们的睿智头脑。亚里士多德就认为，天河纯粹是一种大气现象，是地球蒸发产生的水蒸气。而古希腊另一位有名的哲学家德谟克利特则提出，天河其实

▲牛郎织女鹊桥相会图

是由无数恒星构成的，只不过由于这些恒星太过暗淡、密集，只能表现为一条模糊的光带。

直到 1609 年，意大利天文学家伽利略的发现，最终揭开了这条神秘天河的真面目。借助于自制的望远镜，伽利略观测到了金牛座中有名的"七姐妹星团"，也就是中国古代说的"昴宿"，通常人的肉眼只能看到 6 颗星，但伽利略通过望远镜却看到了 36 颗星。之后，他又对那条光带进行了观测，发现在望远镜中这条天河呈现出无数颗密密麻麻的星星。于是，伽利略证实了德谟克利特的见解，即银河不是别的，而是会聚成群的无数恒星的大集合。

现在人们都知道，空中的天河其实就是我们地球所在的银河系，其中分布着很多明亮的或者暗淡的恒星。当然，在认识了银河的构成后，人们也随之发现了更多类似于银河系的、由无数恒星集合而成的光带。

透过望远镜，以前人们只能用肉眼看到一些明亮恒星的天空，迅速扩展为一大片一大片的星星聚合体。在这些星星聚合体中，除了明亮的恒星，还有其他许多较暗的恒星，它们密集地分布在一条条光带之中，呈现出一些特定的形状。那么，恒星在什么空间范围内是分布均匀的？远处的恒星

▲伽利略制成了自己的望远镜。

又是如何排列分布的呢？这个问题，便是我们接下来要讲的概念——星系。

星系"类型秀"：旋涡星系、椭圆星系和不规则星系

就像蓝色大海中点缀的一个个岛屿一样，在茫茫无边的宇宙中，点缀其中的是星罗棋布的星系。星系是宇宙中庞大的星星"岛屿"，也是宇宙中最大、最美丽的天体系统之一。

"星系"一词最初来源于希腊文中的galaxy。以我们所在的银河系为例，星系是一个包含恒星、气体的星际物质、宇宙尘和暗物质，并受重力束缚的大质量系统。典型的星系，从包含数千万颗恒星的矮星系到含有上兆颗恒星的椭圆星系，都围绕着质量中心运转。除了单独的恒星和稀薄的星际物质，多数星系都有数量庞大的多星系统、星团和各种不同的星云（由气体和尘埃组成的云雾状天体，最开始，所有在宇宙

河外星系的"发现史"

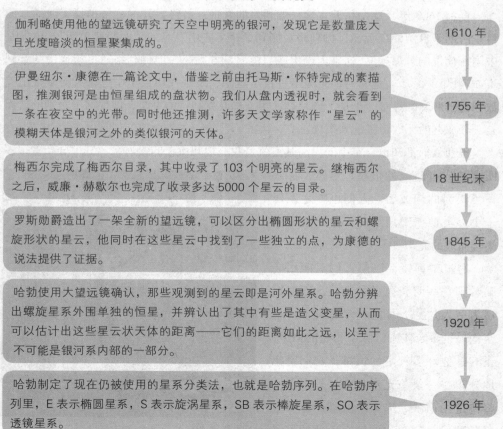

伽利略使用他的望远镜研究了天空中明亮的银河，发现它是数量庞大且光度暗淡的恒星聚集成的。

1610 年

伊曼纽尔·康德在一篇论文中，借鉴之前由托马斯·怀特完成的素描图，推测银河是由恒星组成的盘状物。我们从盘内透视时，就会看到一条在夜空中的光带。同时他还推测，许多天文学家称作"星云"的模糊天体是银河之外的类似银河的天体。

1755 年

梅西尔完成了梅西尔目录，其中收录了 103 个明亮的星云。继梅西尔之后，威廉·赫歇尔也完成了收录多达 5000 个星云的目录。

18 世纪末

罗斯勋爵造出了一架全新的望远镜，可以区分出椭圆形状的星云和螺旋形状的星云，他同时在这些星云中找到了一些独立的点，为康德的说法提供了证据。

1845 年

哈勃使用大望远镜确认，那些观测到的星云即是河外星系。哈勃分辨出螺旋星系外围单独的恒星，并辨认出了其中有些是造父变星，从而可以估计出这些星云状天体的距离——它们的距离如此之远，以至于不可能是银河系内部的一部分。

1920 年

哈勃制定了现在仍被使用的星系分类法，也就是哈勃序列。在哈勃序列里，E 表示椭圆星系，S 表示旋涡星系，SB 表示棒旋星系，SO 表示透镜星系。

1926 年

中的云雾状天体都被称作星云）。我们所居住的地球就身处一个巨大的星系——银河系中，而在银河系之外，还有上亿个像银河系这样的被称为河外星系的"太空巨岛"。

天文学家估算，在可观测到的宇宙中，星系的总数大概超过了1000亿个。它们中有些离我们较近，可以清楚地观测到结构，有些则非常遥远，最远的星系甚至离我们有将近150亿光年。

星系主要依据它们的视觉形状来分类。夏天的夜晚，很多时候空中会出现一条白色的"丝带"，那是银河。在星系世界中，有很多像银河一样的星系，它们外观呈螺旋结构，核心部分表现为球形隆起，也就是核球。这种核球的外观是薄薄的盘状结构，从星系盘的中央向外缠卷着数条长长的旋臂。这样的星系被称为旋涡星系。另外一些星系看起来是椭圆形或正圆形，没有旋涡的结构，被称为椭圆星系。在旋涡星系和椭圆星系之间，还有一些拥有明亮的核球和圆盘、没有旋臂、看起来像透镜的星系，它们被称作透镜星系。这三类星系之外，是一些形状不对称、无法辨认其核心、看起来甚至碎裂成几部分的星系，它们被称为不规则星系。

▲螺旋星系
猎犬座 NGC4414。

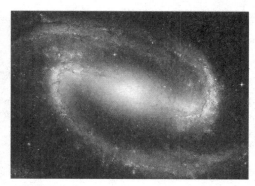

▲棒旋星系
波江座 NGC1300。

▲椭圆星系
室女座椭圆星系 M87。

▲不规则星系
大熊座 M82。

星系形态分类系统

不同的天文学家通常会根据自己的观察研究，把数量众多的河外星系按照不同的分类法进行分类，以便揭示星系间的内在联系以便观测研究。以下是几种主要的传统分类系统。

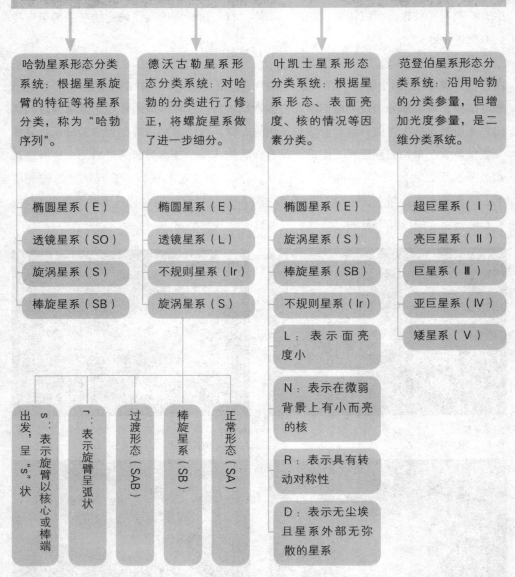

备注：光度是天体表面单位时间辐射的总能量，也就是天体真正的发光能力。范登伯发现星系旋臂的形态跟其亮度有关，即光度越高，旋臂越长、越舒展；反之，光度越暗，旋臂越不舒展。他据此在哈勃分类的基础上，增加了光度级作为第二个参量，将不同星系分为5个光度级，即Ⅰ、Ⅱ、Ⅲ、Ⅳ、Ⅴ。

通常，星系的大小差异很大。椭圆星系的直径约在 3300 光年到 49 万光年之间，旋涡星系的直径在 1.6 光年到 16 万光年之间，而不规则星系的直径约在 6500 光年到 2.9 万光年之间。拿太阳来类比，星系的质量一般是太阳质量的 100 万倍到 1 兆倍。星系内部的恒星都在运动，星系本身也在自转。天文学家认为星系自转时顺时针方向和逆时针方向的比率是相同的，但也有一些观测结果显示，逆时针旋转的星系更多一些。

在众多的河外星系中，只有很少一部分有专门的名字。小麦哲伦星系是以发现者的名字来命名的，猎犬座星系则以所在星座的名称来命名。除此之外，绝大多数的河外星系都以某个星云、星团表的号数来命名。大尺度上来看，星系的分布是接近均匀的，但从小尺度上来看则很不均匀，如大麦哲伦星系和小麦哲伦星系就组成了双重星系，而它们又和银河系组成了三重星系。

星系也有"高低档"：星系群——星系团——超星系团

天文观测数据显示，星系之间的平均距离是 200 万光年到 300 万光年，但并非所有的星系都以这个平均距离等间隔地分布。事实上，除了少数星系是单独存在的以外，多数星系都在万有引力的影响下呈"群居生活"趋势，从而构成更大的天体系统。

受引力影响，巨大的星系常会聚集在一起，构成星系群或星系团。星系团是比星系更大、更高一级的天体系统，星系在自成独立系统的同时，也会以一个成员星系的身份参加星系团的活动，就像人类世界中个体的人同时也是家庭、社会的一分子一样。通常，人们把包含超过 100 个星系的天体系统叫作星系团，而把包含 100 个星系以内的天体系统叫星系群。当然，星系团和星系群并没有本质的区别，它们都是星系以相互的引力关系聚集在一起的，唯一不同的是数量和规模上的差异。具体来说，人类生活其中的银河系，就属于一个以它为中心的星系群，叫作本星系群。本星系群包括仙女星系、麦哲伦星系和三角星系等大约 40 个星系，银河系和仙女星系是其中最大的两个星系。

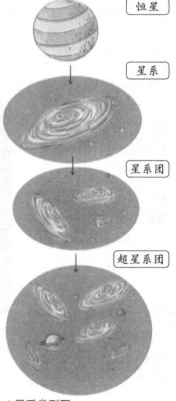

▲星系类型图

距离本星系群最近的一个星系团是室女星系团，它包含了超过 2500 个星系。

目前，已经观测到的星系团总数是 1 万个以上，离我们最远的星系团超过了 70 亿光年。一般来讲，各个星系团的大小相差不是很大，一般都是 1600 万光年上下，而在星系团内部，星系成员之间的距离约是百万光年或稍多一些。与此不同的是，各星系团中不同类型的星系所占的比例很不一样。研究发现，椭圆星系所占的比例与星系团的形态密切相关，如果一个星系团中椭圆星系占的比例很大，那么这个星系团的形状就比较规则和对称，如果椭圆星系占的比例比较小，该星系团的形状看起来就会不太规则。

除了星系群和星系团，在浩瀚无边的宇宙中，还有更高一级的天体系统存在，那就是超星系团。超星系团是巨大的集合体，其中包含星系群、星系团和一些孤单存在的星系，在超星系团尺度上，星系排列成薄片状和丝状围绕着巨大的空洞，如同巨大的蜘蛛网或神经网络。银河系所在的本星系群，就是以室女星系团为中心的、包含 50 个左右星系团和星系群的本超星系团的一个成员。观测显示，本超星系团的直径大约是 1 ～ 2 亿光年，其中的所有成员星系都围绕着本超星系团的中心做公转运动，银河系的公转周期大约是 1000 亿年。

在本质上，超星系团被认为是宇宙中最大的结构，它们可能跨过了数十亿光年的空间，超过了可见宇宙的 5%。据说，当美国一架飞机发现了一个延伸 20 亿光年空间的特大超星系团时，一位天文学家忍不住惊呼："宇宙在如此巨大的范围内还存在一定的结构，真令人拍案叫绝！"当然，也有人在此基础上设想：既然宇

▶银河系只是组成本星系群的可能的 20 多个星系之一。这个数字只是一个保守估计，因为几乎可以肯定存在着很多未被发现的昏暗星系。

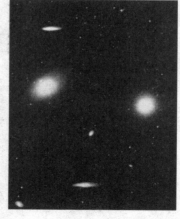

▲在室女座星系团的中心有一些距离本星系群最近的星系团。这里画出的巨大椭圆星系直径大约为 200 万光年，每个几乎都与本星系群中的星系同样大小。

▶本星系群是室女座超星系团的一部分，超星系团大约 20% 的成员星系来自于室女座星系团。这个星系团距离我们大约 5000 万光年，由大约 700 万光年大小的区域中的 1000 个星系组成。

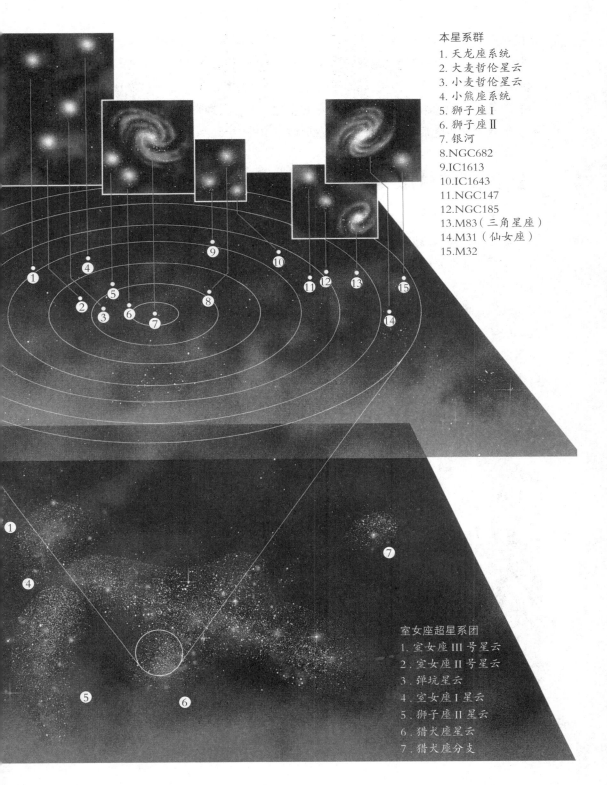

本星系群
1. 天龙座系统
2. 大麦哲伦星云
3. 小麦哲伦星云
4. 小熊座系统
5. 狮子座 I
6. 狮子座 II
7. 银河
8. NGC682
9. IC1613
10. IC1643
11. NGC147
12. NGC185
13. M83（三角星座）
14. M31（仙女座）
15. M32

室女座超星系团
1. 室女座 III 号星云
2. 室女座 II 号星云
3. 弹坑星云
4. 室女座 I 星云
5. 狮子座 II 星云
6. 猎犬座星云
7. 猎犬座分支

宙的结构分布可以从太阳系、银河系、星系团到超星系团，仿佛构成了一个又一个的阶梯，那么很可能在超星系团之上还有"超"超星系团、"超超"超星系团……不过，这些毕竟都只是猜测，迄今为止，还没有由超星系团组合成的集团被发现，是否存在比超星系团更大的结构也还在争辩之中。不过，有一点是天文学家大概可以告诉人们的，那就是，超星系团在宇宙中的数量应该有1000万个。

"云雾缭绕"的旋涡星系：美丽的仙女座和猎犬座星云

巨大的旋涡星系是宇宙中最优美的天体，它们以跨度10万光年以上的规模在太空中炫耀那一幅幅海贝般的螺旋图案，那由灿烂的蓝色恒星和气体尘埃云所镶嵌包围着的星系，就像笼罩云雾的巨大旋涡。而作为银河系所属的星系类型，旋涡星系的概念最早就来源于对仙女座和猎犬座这些"云雾缭绕"的星云的观测。

其实，早在人们制定出星座之时，人们就发现在仙女座的位置有一片笼罩着淡淡光晕的"云"。之后，在1758年，法国天文爱好者梅西耶在搜索彗星的天文观测中，忽然发现了一个在恒星之间没有位置变化的云雾状斑块。随后，他又发现了很多这样的斑块，由于不知道它们到底是什么，他只好将它们详细记录下来，并于1781年发表了这些不明天体记录，史称梅西耶星表。在这份星表中，梅西耶把位于猎犬座位置

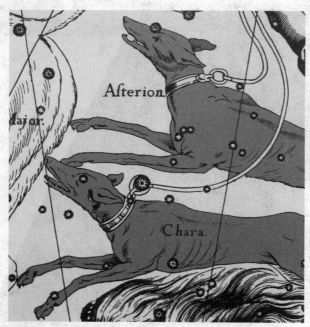

▲赫维留《星图学》中设计的猎犬图案

▲图中的"La Superba"星被19世纪"意大利之父"塞奇命名为"傲慢"，因为它发出超强的红光。它的星等变化很大，观察它将会很有趣，同时也可说明你那里的天空有多清澈。

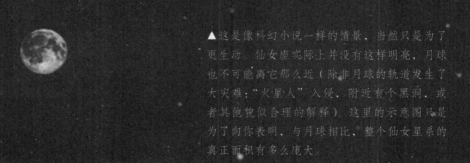

的云雾状斑块标记为 M51（M 是梅西耶名字的缩写字母），位于仙女座位置的斑块记录为 M31。

在发现猎犬座 M51 的 1773 年，梅西耶曾这样写道："这是一个双星云，每个部分都有一个明亮的核心，两个核心的'大气'相互连接，其中一个比另一个更暗。"当然，在这之后，爱尔兰天文学家罗斯爵士发现了这个云雾状星云的更多特征。1845 年，罗斯爵士用自制的巨大望远镜观测了这些星云，他不但发现了这些星云呈旋涡形，还发现了猎犬座 M51 的旋臂结构。据此，罗斯爵士绘制了一份非常细致和精确的素描，而猎犬座 M51 也被称为罗斯星云。当然，人们后来意识到这些星云其实属于星系，而这些"云雾缭绕"、外形呈旋涡形的星系，也开始被称为旋涡星系。

晴朗的夜空，在一些小镇、被隔绝的区域、离人口集中区域很远的地方，只受到轻度光污染的情况下，人们或许可以看到呈椭圆状小光斑的仙女座星系。通常，肉眼可见的仙女座星系表现为一片微弱的光，而透过高倍望远镜可以看到，仙女座星系的螺旋臂向外延伸出一连串的电离氢区，像极了一串珍珠。作为离银河系最近的星系，仙女座星系被认为是本星系群中最大的一个星系，也是人类肉眼可见的最远的深空天体。最新观测数据显示，仙女座星系距离我们大约 250 万光年，质量约是银河系质量的 2.12 倍，相当于 1.23 兆太阳质量，它包含着更多的恒星，与银河系一道主宰着本星系群。

跟仙女座星系相比，另一个旋涡星系——猎犬座星系显然离我们更远。猎犬座星系，即M51，距离银河系大约1400万光年，从拍摄的照片来看，它也有明显的旋臂，正做着旋转。天文观测显示，在猎犬座星系中，有一颗类似于太阳、距离地球26光年的恒星，其周围的行星看起来具备了一切生命和高级文明能够发展的先决条件。对此，一些天文学家认为，这些行星上可能存在地外智慧生命。不过，由于猎犬座星系离我们太过遥远，要弄清其中是否真有智慧生命存在，恐怕还需要一段时间。

中心视点

空中的巨大铁饼：扁平圆盘状的银河系

"飞流直下三千尺，疑是银河落九天。"一千多年前李白写的这句诗，表明人们对银河的认识由来已久。但是，真正认识到银河的本质，了解银河是一个包含我们生活的太阳系的旋涡星系，还是从近代开始的。

实际上，近代天文学家发现银河系的过程非常漫长。当伽利略首先用望远镜观测银河之后，人们就知道了银河是由恒星组成的。到1750年，英国人托马斯·赖特就提出了银河和所有的恒星构成一个巨大的扁平状系统的观点，这是对银河外形的首次描述。随后，德国哲学家康德于1755年指出，恒星和银河之间可能会组成一个巨大的

❻

猎户座旋臂视点

◀银河系中心位于射手座的方向上（如这里所示）。高密度的可见恒星说明了它们排列得十分紧密。我们对中心区域的视点被地球与星系中心之间星系盘上的大量尘埃所阻挡。但是，在不同于可见光的波长上，银河系的中心能被揭示出来。

◀在这张银河系风格化视角的照片中，展示了银河系的一些主要特征，说明为什么地球上不同的视角使得银河看起来外观不同。不管我们用何种方式去看，视野中旋臂始终是重叠的。当我们朝星系中心看时，银河看起来最稠密。其他的视角穿过了不同数量的恒星——有的多，有的少。

1. 太阳
2. 射手座旋臂
3. 半人马座旋臂
4. 猎户座旋臂
5. 英仙座旋臂
6. 天鹅座旋臂
7. 星系中心

▶像这样的长曝光照片显示了恒星的密度是如何变大的，而银河系的薄盘是如何扩展成被称为星系的椭圆状凸起的。这张图也展示了几条星系盘中的尘埃线。通过对这张照片的仔细分析，说明球状星团是围绕星系核区域中密度最大的天体。

天体系统。接下来的 1785 年，英国天文学家威廉·赫歇耳通过恒星计数得出，银河系中恒星分布的主要部分是一个扁平圆盘状的结构。他随后通过望远镜用目视方法计数了 117600 颗恒星，并根据观测结果首次确认了银河系为扁平状圆盘的假说。随后，美国天文学家沙普利经过 4 年的观测，于 1918 年提出太阳系不在银河系中心，而是处于银河系边缘的观点。他根据观测结果细致地研究了银河系的结构和大小，最终提出了一个银河系模型，即银河系是一个透镜状的恒星系统，太阳系并不在中心。这个模型后来被证明是正确的，沙普利的观测为人们进一步认识银河系奠定了基础。这之后，天文学家就把以银河为表现的恒星系统称为银河系。

现在我们知道，银河系是一个由 1000 ～ 4000 多亿颗恒星、数千个星团和星云组成的、直径大约为 10 万光年、中心厚度约为 1 万光年、包含太阳系的巨大旋涡星系（最新研究结果显示，银河系是一个棒旋星系而不仅是一个普通的旋涡星系）。从外形上看，银河系是一个中间厚、边缘薄的扁平圆盘状体，看起来就像是空中的一个巨大铁饼。从构成方面来讲，银河系大体上由银盘、核球、银晕和暗晕 4 个部分组成。银盘是银河系恒星分布的主体，呈扁平圆盘状，直径大约是 8.2 万光年；核球是银河系中恒星分布最为密集的区域，大约呈扁球状；银晕是一个由稀疏分布的恒星和星际物质组成的区域，大体呈球形地包围着银盘；在银晕之外，还有一个范围更大的物质分布区被称为暗晕，也叫作银冕，但其中的物质究竟是什么，目前还不得而知。

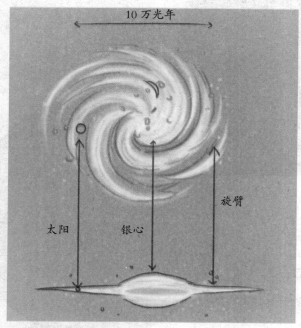

▲银河系简单轮廓图

以太阳做参照物，银河系的质量大约是太阳的 1 万亿倍，太阳处在与银河系中心距离大约 27700 光年的位置，以每秒 250 千米的速度围绕银河系的中心旋转，旋转一周大约需要 2.2 亿年。此外，银河系还有两个伴星系，分别是大麦哲伦星系和小麦哲伦星系。那么，银河系的年龄究竟是多大呢？目前的主流观点认为，银河系在宇宙大爆炸后不久就诞生了，由此推算，银河系的年龄不会低于 136 ± 8 亿岁。与之相比，地球生命的存在时间，真是不值得一提。

燃烧的恒星：广袤银河中，人类居住在太阳系

你知道地球上所有海滩和沙漠上的总沙粒数是多少吗？最新科学研究发现，宇宙中恒星的数目大概就是地球上这些沙粒的总数。而地球上所有生命现象所依赖的太阳，就是这广袤恒星群中的一员。

恒星是由炽热气体组成的能自己发光的球状或类球状天体。因此，作为银河系里众多炽热气体星球的一员，太阳看上去并没有明显的界限，如同一个燃烧着的大火球。天文观测和研究显示，太阳大约是于 47.5 亿年前在一个坍缩的氢分子云内部形成的。而现在，太阳已经是一个直径大约 139 万千米（相当于地球直径的 109 倍）、质量大约 2×10^{30} 千克（相当于地球质量的 33 万倍）、约占太阳系总质量 99.86% 的"大火球"。

在形状上，太阳接近于理想中的球体，但还稍有一些扁，估计扁率为 900 万分之一。此外，太阳本身是白色的，但由于在可见光的频谱中以黄绿色的部分表现得最为强烈，因此从地球表面观看时，大气层的

光球层，6000℃

太阳耀斑，1000000℃

色球层，10000℃

辐射区

核心区域 15000000℃

▲太阳剖面图

散射就让它看起来是黄色的，因此它也被非正式地称为"黄矮星"（矮星，光谱分类中光度级按照由强到弱顺序分在第五级的恒星，用罗马数字 V 表示）。由于一直在燃烧，所以太阳一直在发光。可太阳究竟靠燃烧什么来发光的呢？要知道，太阳 1 秒钟燃烧释放出的能量就相当于燃烧几百亿吨煤所产生的能量，如果它只是一个用普通燃料做成的球体，那么数千年之内它就会燃烧殆尽了。可实际上，太阳已经持续燃烧了数十亿年了。这个问题，直到 20 世纪中叶以后，人们才彻底弄懂。原来，太阳和恒

星的能量都来自核能的释放。从化学组成上来看，太阳质量的约 3/4 是氢，剩下的几乎都是氦，当氢在高温高压下聚变成氦时，就会释放出巨大的核能。因此，太阳才能在那么长时间内持续燃烧。

太阳是磁力非常活跃的恒星，它支撑着一个强大、年复一年不断变化的磁场。太阳磁场会导致很多影响，如太阳表面的太阳黑子、太阳耀斑、太阳风等，这些都被称为太阳活动。虽然太阳距地球的平均距离是 1.5 亿千米，但太阳活动还是会对地球人的生活造成影响，如扰乱无线电通信等。

以太阳为中心，太阳和它周围所有受到太阳引力约束的天体构成了一个集合体，这个集合体就是太阳系。目前，太阳系内主要有 8 颗行星，至少 165 颗已知的卫星，5 颗已经被辨认出来的矮行星和数以千计的太阳系小天体。这些小天体包括小行星、柯伊伯带的天体、彗星和星际尘埃。依照到太阳的距离，太阳系中的 8 大行星依次是水星、金星、地球、火星、木星、土星、天王星和海王星，其中的 6 颗行星有天然的卫星环绕着，在太阳系外侧的行星还被由尘埃和许多小颗粒构成的行星环环绕着。除了地球之外，在地球上肉眼可见的行星（水星，金星，火星，木星，土星）在中国都以五行为名，其余则与西方一样，以希腊和罗马神话故事中的神仙为名。此外，像地球的卫星是月球一样，太阳系中其他行星也有自己的卫星环绕，如木星的伽利略卫星木卫一（埃欧）、木卫二（欧罗巴）、木卫三（盖尼米德）、木卫四（卡利斯多）和土星的卫星土卫六（泰坦），以及海王星捕获的卫星海卫一（特里同）。

万物生长靠太阳。正是因为有了太阳的热量和光亮，地球上的一切才生机盎然，

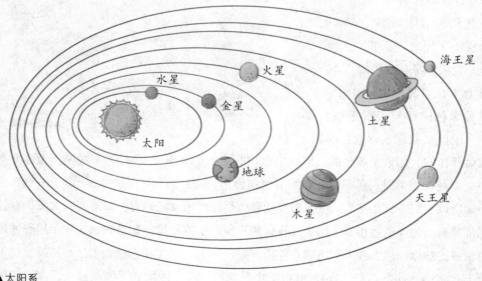

▲太阳系

人类文明才得以产生并延续。目前的科学技术让我们对太阳系有了基本了解，相信随着科学的迅猛发展，未来我们会发现更多关于太阳系的知识，并运用它们更好地为人类自身服务。

大质量恒星最终的"爆死"：超新星爆炸事件

"中平二年（185 年）十月癸亥，客星出南门中，大如半筵，五色喜怒，稍小，至后年六月消。"《后汉书·天文志》中的这段话描写了当时的人们发现夜空中一颗新星出现并照耀八个月之后又消失的事。这颗新星，现在被称为 SN 185，是人类有史以来发现的第一颗超新星。

超新星，是某些大质量恒星在演化接近末期的时候经历的一种剧烈爆炸，即恒星最终的"爆死"。通常，这种爆炸极其明亮，爆炸过程中突发的电磁辐射常常能够照亮其所在的整个星系，并持续几周至几个月才逐渐衰减变为不可见。在这段时

▲超新星

间内，一颗超新星所辐射的能量可以与太阳在其一生中辐射能量的总和相媲美。通过爆炸，恒星会将其大部分甚至所有的物质以高至 1/10 光速的速度向外抛散，同时向周围的星际物质辐射激波，这种激波会导致一个由膨胀的气体和尘埃构成的壳状结构的形成，这被称作超新星遗迹。历史上，人们曾多次观测到超新星爆炸事件，如中国宋朝周克明等人发现了周伯星（SN 1006）、丹麦天文学家第谷发现了仙后座的超新星、德国天文学家开普勒发现了蛇夫座的超新星等。

通常，恒星从中心开始冷却，由于没有足够的热量平衡中心的引力，结构上的失衡就会导致整个星体向中心坍缩，从而造成外部冷却而红色的层面变热。此时，如果恒星足够大，这些层面就会发生剧烈的爆炸，产生超新星。恒星爆发的结果一般有两种，一是恒星解体为一团向四周膨胀扩散的气体和尘埃的混合物，最后弥散为星际物质，结束恒星的演化史；二是恒星外层解体为向外膨胀的星云，中心遗留下部分物质坍缩为一颗高密度天体，进入恒星演化的晚期和终了阶段。一般认为，质量小于 9 倍太阳质量的恒星，在经历引力坍缩的过程后是无法形成超新星的。

◄船帆座超新星遗迹是由发光气体丝构成的大致圆形外壳。这张照片只展示了它的一部分。产生于这个星云的恒星被认为在 1.2 万年左右以前经历了超新星爆炸。在这层外壳的几乎正中心是脉冲星 0933-45，它被认为是爆炸恒星的残余部分。

根据天文学标准理论，宇宙大爆炸产生了氢和氦，可能还有少量锂，其他所有元素都是在恒星和超新星中合成的。超新星爆发令它周围的星际物质充满了金属（对天文学家来说，金属就是比氢重的所有元素）。这些金属丰富了形成恒星的分子云的元素的构成，所以每一代恒星及行星系的组成成分都有所不同。因此可以说，超新星是宇宙间将恒星核聚变中生成的较重元素重新分布的主要机制，而不同元素的分量对一颗恒星的生命，以至围绕它的行星的存在性都有很大的影响。此外，膨胀中的超新星遗迹的动能能够压缩凝聚附近的分子云，从而启动一颗恒星的形成。在太阳系附近的一颗超新星爆发中，借助其中半衰期较短的放射性同位素的衰变产物所提供的证据，人们了解到了 45 亿年前太阳系的元素组成。这些证据甚至显示，太阳系的形成可能是由这颗超新星爆发而启动的，随后，由超新星产生的重元素经过了和天文数字一样长的时间后，这些化学成分最终使地球上生命的诞生成为可能。

距离地球大约 100 光年以内，爆发的位置非常接近地球以至于能对地球的生物圈产生明显影响的超新星被称为近地超新星。超新星对类地行星产生的负面影响主要是 γ 射线：γ 射线能够在

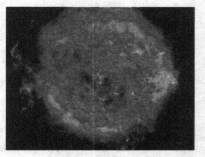

▲这是在 6 厘米波长下拍摄的仙后座 A 超新星遗迹。它大约在 300 年前爆炸，也是天空中最亮的无线电源之一。蓝色的区域表示辐射最为强烈。

高空大气层中引起化学反应，将氮分子转化为氮氧化物，破坏臭氧层，使地球表面暴露于对生物有害的太阳辐射与宇宙射线之下。科学家估算，在跟银河系一样大小的星系中，超新星爆发的概率大约是 50 年一次。科学家还推测，在距离太阳几百光年的范围内，确实有几颗主要的恒星有可能在一千年内成为超新星，如参宿四。不过，大多数人都认为，这些预测中的恒星即使真的爆发，也不会对地球产生任何影响。

河外星系的发现：地球离仙女座星系到底有多远

　　通过大望远镜，你会看到夜空中有许多像银河系一样但不在银河系范围内的，由一颗颗恒星组成的天体系统，它们是河外星系。关于河外星系的发现，还要追溯到 200 多年前。

　　17 世纪，人们陆续发现了一些朦胧的天体，它们被称为"星云"。这些星云有些是气体的，有些则被认为像银河系一样，是由许许多多的恒星组成的。当时，法国天文学家梅西耶根据自己的观测制定出了梅西耶星表，将当时观测到的很多呈旋涡状的不明天体记录了下来，其中包括仙女座大星云 M31。接下来，从 1885 年起，人们逐渐在仙女座大星云发现了许多

发现仙女座星云和我们的银河系的造父变星

发现相同的光变周期的造父变星，意味着它们有相同的绝对星等。

A、A1
B、B1
C、C1

测得它们的视星等，然后做比较。

A ＜ A1
B ＜ B1
C ＜ C1

新星，从而推断出仙女座星云并不是一团通常的、被动地反射光线的尘埃气体云，而是由许多恒星构成的天体系统。那么，地球离仙女座星云有多远呢？或者说，这些旋涡星云到底在银河系之内还是之外呢？

　　随后，针对仙女座星云究竟是在银河系之中还是更遥远的恒星集团这个问题，学术界分成两大阵营，展开了激烈的讨论。20 世纪初期，美国两大天文学家柯提斯和薛普利就进行了一场争论。薛普利认为仙女座星云是银河系内部的天体，柯提斯则认为仙女座星云是银河系之外的天体。当时，柯提斯研究了仙女座星云爆发的超新星，发现其亮度非常暗，由此认定仙女座星云离地球

使用这些数据，推测出仙女座与地球间的距离是 90 万光年，大于银河系的直径约 10 万光年。

仙女座星云是仙女座星系，是银河系以外的星系。

▲ 河外星系发现过程

▲哈勃发现了很多其他的星系，从而证明了宇宙比任何人想象的都要大。

的距离非常遥远。此外，他还测算出了仙女座星云离我们的距离，证明其远远大于银河系的直径。

　　直到 1924 年，关于仙女座星云归宿的争论才最终平息。那一年，哈勃用当时世界上最大的望远镜在仙女座大星云的边缘找到了被称为"量天尺"的造父变星，并利用造父变星的光变周期和光度的对应关系确定出了仙女座星云的准确距离。经计算，仙女座星云距离地球大约 90 万光年，而银河系的直径只有大约 10 万光年。

　　由此可以断定，仙女座星云确实身处银河系之外，是一个像银河系一样巨大、独立的河外星系。当然，仙女座星云的称呼也应该改为仙女座星系。随后，哈勃又对其他河外星系进行了观测，并于 1926 年发表了对河外星系的形态分类法，史称哈勃分类或哈勃序列。

　　哈勃的发现结束了天文学家关于旋涡星云是近距离天体还是银河系之外的天体系统的争论，确定了宇宙岛屿的假说。宇宙岛是从布鲁诺无限宇宙论开始时就存在的一种关于宇宙的假说，他认为如果把宇宙比作海洋，星系就是浩瀚海洋中的一个个岛屿，而除了我们生活的银河系这个岛屿外，宇宙中还有许许多多像银河系一样的岛屿。现在我们知道，确实存在很多这样的岛屿，它们就是河外星系。

　　河外星系，简称星系，是位于银河系以外由几十亿至几千亿颗恒星、星云和星际物质组成的天体系统。目前已经发现的河外星系达到 10 亿个，探索距离达到了 360 亿光年，其中最著名的河外星系有仙女座河外星系、猎犬座河外星系、大麦哲伦星系、小麦哲伦星系和室女座河外星系等。其中，大麦哲伦星系距离我们 16 万光年，小麦哲伦星系距离我们 19 万光年，它们是银河系的附属星系，在南半球才能看到。

以光年为标尺，量一量宇宙中的"超远"距离

丈量宇宙的标尺：光年

在宇宙中如何测量距离呢？宇宙中天体之间的距离非常遥远，如果用地球上常见的米、千米等长度单位来测量，就好比把从你家到单位的距离说成是几千万毫米一样，得到的结果往往会让人啼笑皆非。那么，要测量宇宙中天体的距离，该怎么办呢？

天文单位，是天文学上的长度单位，英文缩写为 AU，一天文单位约是 149597871 千米，相当于地球到太阳的平均距离。由于人们最早是从地球、太阳开始认识宇宙的，因此早在人们提出地心说之时，他们就试图测量地球到太阳之间的距离，并希望以此为标准单位来度量其他天体间的距离。古希腊天文学家阿里斯塔克斯提出日心说之时，就曾估算太阳到地球的距离是地月距离的 18 ～ 20 倍，但实际上这个数值是 390 倍。后来，托勒密在研究行星运动规律时，也曾推导出地球到太阳的距离大约是地球半径的 1210 倍。虽然从理论上来说，托勒密的计算方法是可行的，但按照他的计算方法，只要测量数据稍起一点变化，就会导致测得的距离变成无限大。

当然，由于地球和太阳之间的距离随时都在发生变化，因此只能取距离数值的平均值做一个天文单位。在 2012 年 8 月于中国北京举行的国际天文学大会（IAU）上，天文学家就以无记名投票的方式把天文单位固定为 149597870700 米。

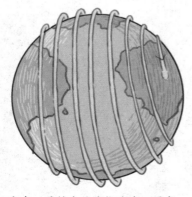

▲光在一秒钟内就能绕地球 7 周半。

▲飞机的速度可以达到 1 万千米 / 小时。

如果仅仅在太阳系中测量天体距离，天文单位作为一个度量是很合适的，但若将其应用到整个宇宙范畴中测量恒星间的距离，就会显得有些不足。例如，如果用天文单位来表示太阳和离它最近的恒星 α 星之间的距离，就是 270000 个天文单位，后面依然有好几个 0。因此，为了更方便地测量整个宇宙中的天体距离，天文学家定义了一个单位叫"光年"，即光在真空中行进一年的距离，用它来度量宇宙中更大范围的恒星间距。

光的传播速度是非常惊人的，在真空中大约每秒 30 万千米，一年中行进的距离达到 9.5 万亿千米。据说，目前人造的最快物体是 1970 年德国和美国合建并发射的 Helio 2 卫星，最高速度为 70.22 千米每秒，依照这样的速度，它飞跃一光年的距离大约需要 4000 年时间。而常见的客机，时速大约是每小时 885 千米，飞跃 1 光年则需要 1220330 年。由此可以想象，光年对于人类来说是多么庞大的尺度，这样的尺度足以应用到广袤的宇宙空间了。此外，由于光在真空中的传播速度是恒定不变的，因此光在一年时间里行进的距离也是恒定不变的，如此一来，天文学家就可以利用这把大尺子方便地测量宇宙中恒星间的距离。例如，太阳与 α 星之间的距离就大约是 4.22 光年，而所知的最远的恒星离太阳的距离要超过 100 亿光年。

需要注意的是，光年听起来像时间单位，但它其实是一个长度单位。在天文学中，由光年而来的还有另一个单位，叫秒差距。秒差距是天文学中另一个常用的单位，1 秒差距等于 3.26 光年。目前，我们所处的银河系的直径大约有 7 万光年，而整个天文观测的范围已经扩展到了 200 亿光年的广阔空间。依靠着光年这把在地球人看来庞大无比的"空间大标尺"，天文学家展开了对广袤宇宙的不断探索。

如何测量天体距离：宇宙"量天尺"——造父变星

宇宙中，在测量不知距离的星团、星系时，只要能观测到其中的造父变星，就可以利用周光关系将星团、星系的距离确定出来。因此，造父变星也被称为宇宙的"量天尺"。

变星，就是指亮度经常变化并且伴随着其他物理变化的恒星。通常，多数恒星在亮度上几乎都是固定的，以太阳来讲，其亮度在 11 年的太阳周期中，只有 0.1% 的变化。但其他许多恒星的亮度都有显著的变化，它们就属于我们所说的变星。

造父变星，是一类亮度随时间呈周期性变化的变星。1784 年，人们在仙王座发现了一颗变星，即仙王座的仙王座 δ 星，由于这是这种类型变星中被确认的第一颗，而中国古代又称其为造父一，因此被叫作造父变星。1908 ～ 1912 年，美国天文学家勒维特在研究大麦哲伦星系和小麦哲伦星系时，在小麦哲伦星系中发现了 25 颗变星，它们的亮度越大，光变周期越大，非常有规律。于是，科学家经过研究最终发现，造父变星的亮度变化与它们的变化周期之间存在着确定的关系，即光变周期越长，平均光度越大，他们把这叫作周光关系，并得到了周光关系曲线。

星等，是一个表示星体亮度的概念，其数值越大，说明星体越暗。据观测，造父一最亮时的星等是 3.5，最暗时星等是 4.4，它的光变周期非常准确，为 5 天 8 小时 47 分 28 秒。通常，造父变星的光变周期有长有短，

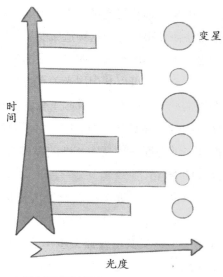

▲光变周期曲线图

但大多都处于 1 ~ 50 天之内，并且以 5 ~ 6 天最多，当然也有长达一两百天的。此外，造父变星都属于巨星、超巨星，一颗 30 天周期的造父变星就要比太阳明亮 4000 倍，1 天周期的也要比太阳明亮 100 倍，因此很容易利用它们的周光关系来测量其所在的星系的距离。

▼星等解析图

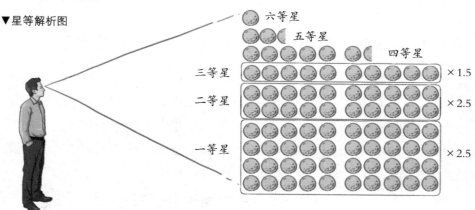

如果两颗造父变星的光变周期相同，则认为它们的光度就相同。此时，只要用其他方法测量出较近的这颗造父变星的距离，就可以由此知道周光关系的参数，进而测量出遥远天体的距离。而以后在测量不知距离的星团、星系时，只要能观测到其中的造父变星，就可以利用周光关系将星团、星系的距离确定出来。具体来说，假设有两颗周期相同、在地球上看起来亮度不同的造父变星，而且我们到看起来比较明亮的造父变星的距离是已知的。那么由于周期相同，两个变星的本来亮度就相同，如果较暗的变星的亮度是较亮的亮度的 1/100，就可以得出较暗的变星的距离是到较亮的变星距离的 10 倍。

目前，造父变星通常分为几个子类，表现出截然不同的质量、年龄和演化历史，即经典造父变星、第二型造父变星、异常造父变星和矮造父变星。经典造父变星，也称第一型造父变星或仙王座 δ 型变星，以几天至数个月的周期非常有规律地脉动，常被用来测量本星系群内和河外星系的距离。著名的北极星就是一颗经典造父变星，光变周期约为 4 天，亮度变化幅度约为 0.1 个星等。

由于造父变星本身亮度巨大，用它来测量遥远天体的距离非常方便。而除了造父变星，其他的测量遥远天体的方法还有利用天琴座 RR 型变星以及新星等方法。不过，天琴座亮度远小于造父变星，测量范围比造父变星还小得多，精确性也不如造父变星，因此比较少用。

星系大小和间距：百万光年？瞠目结舌的星系间距

目前，我们已经能测算出银河系本身的直径达 10 万光年，而在银河系之外，那些河外星系又有多大？它们之间的距离是多少呢？如何测定这么遥远的距离呢？

通常，如果知道星系的距离，并且能通过观测得出河外星系的角半径，天文学家就能计算出星系的半径。不过，由于星系的亮度都是从中间向外逐渐降低，其边缘很难和整片星空背景分开，因此要确定星系的边界有一些困难。

通常，各类型星系的大小相差悬殊，如最大的椭圆星系的直径超过了 30 万光年，而最小星系的直径则只有 300 ～ 3000 光年。除了大小，各类型星系的质量也大相径庭。一般认为，旋涡星系的质量大约是太阳质量的 10 亿～ 1000 亿万倍；不规则星系的质量比旋涡星系的质量要普遍小一些；椭圆星系的质量，则差别非常大，有些比旋涡星系质量还要大 100 ～ 10000 倍，有些则质量较小，或许只有太阳质量的百万倍，被称为矮星系。大小和质量之外，各类型星系的光度差别也很大。天文学上说的光度，表示的是物体每单位时间内辐射出的总能量。

▲星系的平均跨度大约为 10 万光年。M83 是一个位于长蛇座中的螺旋星系，它有两条明显的旋臂和一条相对较暗的旋臂。M83 位于离我们银河系大约 2700 万光年的地方，其直径大约为 3 万光年。

　　对于星系之间的距离测量，天文学家也想出了很多办法，上一节讲到的利用造父变星的周光关系测定出造父变星的距离，从而求出它所在的河外星系的距离是其一。不过，当星系离我们非常遥远时，造父变星看起来就会非常暗淡，再利用这个办法测量星系距离就不适合了。那么，新的测量远距离星系间距的办法是什么呢？

　　天文学家发现，利用 Ia 超新星可以测量遥远星系的距离。超新星的出现实际上就意味着发生了巨大的爆炸，也意味着大质量恒星生命的终极。而 Ia 超新星具有特征性的光度曲线，在爆炸发生后它的光度是时间的函数。而科学界普遍认为，那些由单一质量吸积形成的 Ia 超新星的光度曲线都具有一个相同的光度峰值。因此，它们可以被作为天文学上的一个标准烛光，用来测量它们宿主星系的距离。利用这种办法，科学家测量出的星系距离可以达到 820 万光年，而星系与星系之间的平均距离是二三百万光年。

　　百万光年？要知道，一光年就有 9.5 万亿千米，而百万光年对地球人来说，绝对是个让人瞠目结舌的距离。由此可见，在茫茫宇宙中，相比于数不清的巨大星系，地球，甚至太阳系、银河系都只是非常渺小的一员，我们人类更是渺小到不值一提。不过，相信随着科学技术的发展，人类会找出越来越多的科学方法，把浩渺宇宙中的秘密逐渐揭开。

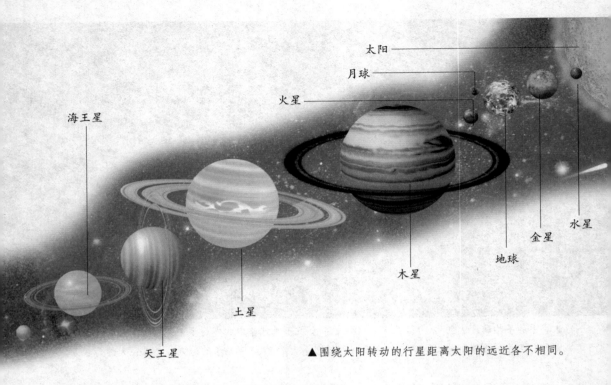

▲围绕太阳转动的行星距离太阳的远近各不相同。

太阳系究竟有多大：从太阳到比邻星

我们知道，广义上，太阳系的领域包括太阳，4颗像地球的内行星，由许多小岩石组成的小行星带，4颗充满气体的巨大外行星，充满冰冻的小岩石，被称为柯伊伯带的第二个小天体区。此外，在柯伊伯带之外还有黄道离散盘面和太阳圈，和依然属于假设的奥尔特云。那么，太阳系究竟有多大？它的尽头又在哪里呢？

天文学家有时会将除太阳之外的太阳系非正式地分为几个区域。

内太阳系：是类地行星和小行星带区域的总称，主要由硅酸盐和金属组成。这个区域挤在靠近太阳的范围内，包括水星、金星、地球、火星四颗内行星，及由岩石和不易挥发的物质组成的小行星带。

太阳系的中部地区是气体巨星和它们有如行星大小的卫星的家，这一区域偶尔会被纳入"外太阳系"中去。中太阳系的固体主要成分是"冰"（水、氨和甲烷），包括在外侧的木星、土星、天王星、海王星四颗行星，以及彗星和半人马群。外侧的四颗行星，也称为类木行星，几乎囊括了环绕太阳99%的已知质量。

海王星之外的区域被称为外太阳系或外海王星区，目前仍是未被探测的广大空间。这里似乎是太阳系小天体的世界，主要由岩石和冰组成，包括柯伊伯带、离散盘、日球顶层及奥尔特云。柯伊伯带是由冰组成的碎片与残骸构成的环带。离散盘与柯伊伯带相重叠，但向外延伸到更远的空间。此外，太阳会喷出高能量的带电粒子，称为"太阳风"。太阳风吹刮的范围一直达到冥王星轨道外面，形成了一个巨大的磁气圈，即"日圈"。在日圈外面，有星际风在吹刮，太阳风保护着太阳不受星际风的侵袭，并在交界的地方形成震波面。日圈的终极处叫作"日圈顶层"，是太阳所支配的最远端。当然，1950 年，天文学家奥尔特根据当时已经观测到的彗星轨道，发现多数周期彗星都是从距离太阳几万天文单位的地方飞来的。于是，他猜测可能存在一个球壳状包住太阳系的彗星巢存在，这个被假设的彗星巢叫作"奥尔特云"。

奥尔特云向外延伸的程度，大概不会超过 5 万天文单位，而太阳系的未知地区仍有可能被发现。不过，虽然无法确切知道太阳系的边缘与尽头，我们却可以通过离太阳最近的恒星来了解太阳系的大小。

目前，科学家发现的距离太阳最近的恒星被称为比邻星，学名是 α 星 C，它位于天空中的半人马座。α 星是半人马座中最明亮的星星，除了天狼星和老人星，它是天空中最亮的星。α 星是由 A、B、C 三颗子星组合而成的三合星，其中的 C 子星就是比邻星。观测计算结果显示，比邻星距离太阳大约 4.22 光年，是从太阳到冥王星距离的 7000 倍，就算乘坐目前最快的宇宙飞船，要达到比邻星也需要 17 万年的时间。

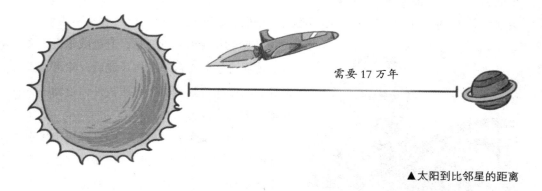

需要 17 万年

▲太阳到比邻星的距离

17 万年？又是一个恐怖数字，仅从这一点就可以看出，人类要飞出太阳系到达其他星系的道路还相当遥远。如果你把太阳想象成一颗苹果大小，那么地球就是只有 1 毫米直径的米粒大小，它们之间相距 10 米左右。然后，按照这个模型来计算，半人马座的 α 星到太阳的距离在 2000 千米以上，这两颗恒星就像是漂浮在太平洋的两颗苹果，中间隔着 2000 千米的距离，永远都不会碰撞在一起。

我们知道宇宙在膨胀，却弄不懂金字塔

哈勃的观测：星星正在飞离我们——宇宙在膨胀

我们现在所处的宇宙，是什么状态？

目前，科学界普遍认可的宇宙模型是大爆炸模型，也就是说宇宙正在膨胀。此外，他们还认为从大爆炸开始后，宇宙大约已经膨胀了 130 多亿年。这一重大问题的发现，得益于哈勃的观测。

爱德温·鲍威尔·哈勃，1889 年 11 月出生于美国密苏里州。1906 年，17 岁的哈勃高中毕业后获得芝加哥大学奖学金，前往芝加哥大学学习。大学期间，他深受天文学家海尔启发，开始对天文学产生浓厚兴趣，在该校时即获数学和天文学的校内学位。1910 年，21 岁的哈勃从芝加哥大学毕业后，前往英国牛津大学学习法律，并于 23 岁获文学学士学位。1913 年，哈勃在美国肯塔基州开业当律师，但由于对天文学的热爱，不久后他就放弃律师职业，于 1914 年返回芝加哥大学叶凯士天文台攻读研究生，并于 1918 年获得博士学位。随后，在获得天文学哲学博士学位和从军两年后，

▼爱德温·哈勃

1919 年哈勃接受海尔的邀请，赶赴威尔逊天文台（现属海尔天文台）工作。此后，除第二次世界大战期间曾到美国军队服役外，哈勃一直在威尔逊天文台工作。

当时的天文学界，虽然牛顿已经提出了引力理论，表明恒星之间因引力相互吸引，但没有人正式提出宇宙有可能在膨胀。甚至那些相信宇宙不可能静止的人，非但没有想到这一层，反而试图修正牛顿的理论，使引力在非常大的距离之下变成排斥的。这种做法，能够使无限分布的恒星保持一个平衡状态，即临近恒星之间的吸引力会被远距离外的恒星带来的斥力所

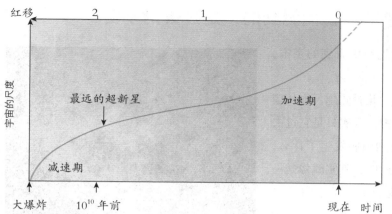

红移

2   1   0

宇宙的尺度

最远的超新星

加速期

减速期

大爆炸 10^{10} 年前   现在 时间

▶宇宙的膨胀速率在大爆炸以后变化了很多。最初，膨胀减速，正如大多数科学家认为应当的那样——因为引力作用。但是后来，一种新的力起主导作用并使宇宙膨胀加速。

平衡。但显而易见，这种平衡态是非常脆弱的，一旦某一区域内的恒星稍微相互靠近一些，它们之间的引力就会增强，当超过斥力的作用便会使这些恒星继续吸引到一块去。

简言之，由于长时间以来人们都习惯了相信永恒的真理，或者认为虽然人类会生老病死，但宇宙必须是不朽的不变的。所以，即便牛顿引力论表明宇宙不可能静止，且实际情况又表明宇宙中的恒星没有落到一处去，人们依然不愿意考虑宇宙正在膨胀。正是在这样的背景下，哈勃作出了一个里程碑式的观测。

20 世纪初，哈勃与其助手赫马森合作，在他本人所测定的星系距离以及斯莱弗的观测结果基础上，最终发现了遥远星系的现状，即无论你往哪个方向上看，远处的星系都在快速地飞离我们而去。这个结论直接表明了，宇宙正在膨胀。随后，哈勃又提出了星系的退行速度与距离成正比的哈勃定律。

哈勃的观测及哈勃定律的提出，为现代宇宙学中占据主导地位的宇宙膨胀模型提供了有利证据，有力地推动了现代宇宙学的发展。此外，哈勃还发现了河外星系的存在，是河外天文学的奠基人，并被天文学界尊称为"星系天文学之父"。为纪念哈勃，小行星2069、月球上的哈勃环形山及哈勃太空望远镜都以他的名字来命名。

▲哈勃太空望远镜重约 11 吨，有一个直径为 2.5 米的碟形盘。因 1990 年第一次发射时的镜片形状不当，不得不于 1994 年进行了更换。

望远镜中的宇宙：我们看到的，是过去的宇宙

我们现在从望远镜中看到的宇宙，就是这一时刻的宇宙景象吗？

答案是否定的。此时此刻，你从望远镜中观测到的宇宙，其实只是它过去的样子，至于它此刻到底发生了什么，我们无从知道。望远镜，其实就像是一台时间机器，将我们带入了宇宙的过去，我们观测得距离越遥远，看到的宇宙景象就越古老。

▲美丽的星空

试着想一下吧！宇宙中的长度单位是光年，在真空中光一年传播的距离可以达到9.5万亿千米。按照这个速度来看，从太阳到地球，光只需要走不到8分钟的时间。也就是说，如果此刻我们看到了太阳光，那么这束光其实是太阳8分钟之前就发出的。同样的道理，地球距离半人马座 α 星的距离是大约4.22光年，因此我们此刻看到的比邻星也是它4年多前的影像。如此一来，我们看到的，不就是过去的宇宙吗？

当然了，几年的时间，跟那么多恒星几百亿年的生命历程相比是微不足道的，宇宙中多得是距离我们几百万光年、几千万光年甚至是几亿光年的天体。当我们从望远

▼瑞典的欧洲50望远镜设计得几乎与自由女神像一样高，包含有分割的50米直径的镜片。这样的望远镜可使天文学家能够看到宇宙中最模糊的物体。

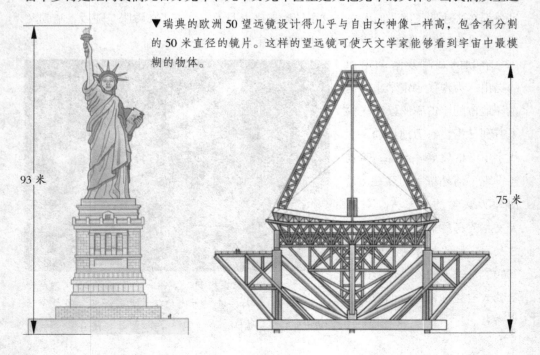

93 米

75 米

镜中看到它们的时候，事实上从它们发出的光线已经在宇宙中传播了几百万年、几千万年甚至几亿年。也就是说，我们现在从望远镜中看到的天体的景象，其实已经过去了很长很长的时间，甚至我们看到的一些恒星，很可能早就在茫茫宇宙中消亡了，但从它传出的光线还在浩瀚的宇宙中不断传播，远远没有到达地球。因此完全可以说，天体离我们的距离越远，我们看到的它们的影像就越古老。

对天文学家来说，找出协调所有科学理论的大统一理论，由此来推断宇宙的过去和未来，弄清楚生命起源和宇宙起源的奥秘，是一切科学理论的终极目标。而人的寿命不过区区数十年，人类文明史也不过区区几千年，跟已经存在了130多亿年的宇宙相比，甚至跟已经存在了几百万年、几千万年的恒星相比，简直不值一提。对地球上的人类来说，我们无法像观看春华秋实一样目睹、观察一颗恒星的完整生灭过程，更无法由此来得出更多有用的关于宇宙的信息。所以，观察这些离我们超级远的星星，甚至是已经消亡的星星，等同于在研究宇宙的过去，它可以帮助人类更好地探寻天体是如何进化的，并由此得出宇宙诞生之初的某些信息。

所以说，要了解宇宙的过去，只要观测更远的天体就可以了。当然，这一目标的实现要依赖于人类不断发展的科技水平，依赖于更加先进的望远镜。

金字塔之谜：外星文明的产物或上个世代的地球遗产

作为世界七大奇迹之一，埃及人建造的金字塔显示出了当时的人类令人惊异的天文知识，成为至今仍难以解开的谜团。

古埃及是世界上历史上最悠久的文明古国之一，而埃及人建造的金字塔，更以其精湛的建筑技术、精确的定位技术，成为让建筑技术发达的现代人都惊叹不已的大工程。作为古埃及法老的陵寝，金字塔建造于沙漠之中，大体分布在尼罗河两岸，结构精巧，外形宏伟，是埃及的象征。

在诸多埃及金字塔中，首都开罗郊外的胡夫金字塔，是最著名的。这不光是因为它是所有金字塔中最大的，还因为它包含了诸多丰富的天文知识和数学知识。例如，用胡夫金字塔的底部周长除以其高度的两倍，得到的商值是3.14159，也就是圆周率π，这个精确度超过了希腊人算出的圆周率3.1428；塔内部的直角三角形厅室，各边之比为3：4：5，体现了勾股定理的数值；塔总重约为6000万吨，若乘以10的15次方，刚好是地球的重量；塔高度的10亿倍，恰好是地球到太阳的距离；塔底边长230.36米，是361.31库比特（埃及度量单位），这大约是1年的天数；塔底面正方形的纵平分线延伸至无穷远处，刚好是地球的子午线，而且这条纵平分线不但把地球

▼埃及开罗胡夫金字塔

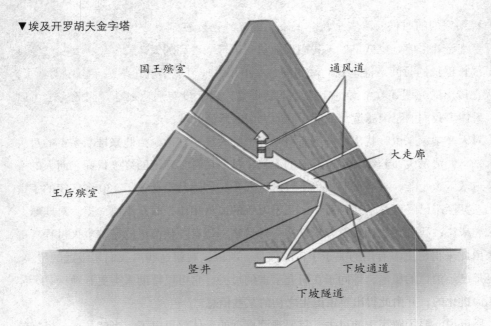

国王殡室　　　　　通风道

大走廊

王后殡室

竖井　　　　　　下坡通道

下坡隧道

上的陆地和海洋恰好分成了两半，也把尼罗河口三角洲平分成了两半；塔的中心刚好位于各大陆引力的中心。

　　对于胡夫金字塔内如此多面而又精确的数据，人们不仅奇怪：难道埃及人在远古时代就已经能够进行如此精确的天文与地理测量，拥有如此发达的天文学知识了吗？这样看来，金字塔是否可能是外星人遗留在地球上的建筑物，或者干脆就是上一个世代地球高度文明遗留的遗产？

　　当然，这些大胆浪漫的猜测并无确凿的根据，却给埃及金字塔蒙上了更多神秘的面纱，也更加剧了人们研究金字塔的热情。1862年，美国天文学家艾尔文·卡拉克用当时最大的望远镜发现了天狼星是甲、乙双星组成的，甲星是全天第一亮星，乙星一般被称为天狼星的伴星，是体积较小、无法被肉眼看到的白矮星。但人们在金字塔的经文中，竟然发现了对天狼星双星系统的记录。此外，1974年还有学者提出，美洲阿兹特克冥街上的金字塔和神庙等物刚好构成了一副迷你版的太阳系模型，在这副模型中，人们甚至可以看到直到1930年才发现的冥王星的轨道数据。

　　当然，关于埃及神秘的金字塔，一直众说纷纭。实际上，关于为什么建造金字塔、什么时候建造的、具体是如何建造的，以及其中为何包含那么多今天人们才观测到的宇宙数据，这些问题时至今日仍然是未解之谜。金字塔到底是外星人留在地球上的建筑物，还是上个世代地球文明的遗产，目前我们还不得而知。不过，相信终有一天，当我们的科技水平足够发达，天文知识越来越丰富，对宇宙的认知越来越清晰时，那些隐藏在金字塔数据中的"天文巧合"或许就能得到清晰的解答，金字塔也能最终揭开神秘的面纱。

宇宙未解之谜：虚空中的巨大空洞和宇宙长城

跟地球上的金字塔相比，宇宙中的未解之谜更加令人难以想象。随着人类不断探索宇宙的奥妙，人类的视野从地球扩展到太阳系、银河系、星团、超星系团，但我们依然无法了解宇宙的万分之一，未来的宇宙，将有更多的谜题等待我们解答。

1981 年，一个天文小组在牧夫座和大熊座之间，距离银河系大约 3 亿光年的地方，发现了一处直径大约 1.5 亿光年的空间，其中没有任何天体、星系，甚至也没有发现暗物质。这样的宇宙空间就被称为"空洞"。牧夫座空洞是迄今为止发现的最大的空洞之一，有时候它也被称为超级空洞。之后，科学家又在其他地方观测到了空洞的存在。这些几乎没有任何星系存在的区域使得宇宙看起来就像一个巨大的蜂巢。2007 年，美国天文学家在猎户座西南方向的波江星座中发现了一个巨大的空洞，其直径竟达 10 亿光年，这样的体积远远超过了以前发现的任何一个空洞，也大大超出了天文学家们的想象。对此，美国夏威夷大学天文学家布伦特·图里曾惊讶地说："那里就像是被人取走了东西，我们想也没想到会发现这么大的'空洞'。"

如今，在天文学上，空洞指的是纤维状结构之间的空间，它与纤维状结构一起是宇宙组成中最大尺度的结构。通常，空洞中只包含很少或者完全不包含任何星系，一些特别的、空间等同超星系团的大型空洞，也时常被称为超级空洞或超空洞。不过，宇宙间这些"空洞"到底是如何形成的、形成于何时，至今我们仍不得而知。

除了巨大的"空洞"，宇宙中还存在着许多不可思议的结构，令人类叹为观止又无法解释。1989 年，天文学家格勒和赫伽瑞领导的一个小组，在从星系地图上标注恒星系的分布时，赫然发现星系、星系团的分布即使在大尺度下也不是均匀的，反而连接成了条带状结构。这个结构长约 7.6 亿光年，宽度达 2 亿光年，厚度约 1500 万光年，就像一条宇宙版的万里长城。后来，人们就把这个条状结构称为"格勒－赫伽瑞长城"。此后，在 2003 年 10 月，以普林斯顿大学的天体物理学家 J. 理查德·格特为首的一组天文学家启动了一个名为斯隆数字天空观测计划的项目，对 1/4 片天空中的 100 万个星系相对地球的方位和距离进行了测绘，并把它们描绘在了一张宇宙地图上面。结果，运用最新的天文观测数据，人们从中绘出了一条长达 13.7 亿光年的、由星系组成的宇宙长城，这个后来被命名为"斯隆"的巨大无比的"长城"再一次让地球人目瞪口呆。

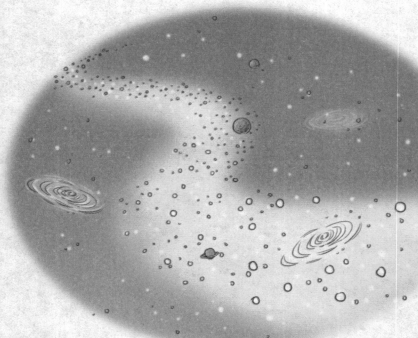

▲宇宙长城

　　现在人们知道，宇宙版的长城，实际上是由众多恒星构成的条带状结构。通过观测发现，宇宙中的大量星系都集中在这样一些特定的区域上，在这种极大的尺度结构上看去就像是长长的链条，因此叫宇宙长城。不过，宇宙长城究竟是如何形成的，是否有规律可循，是人类探索宇宙过程中的又一个谜题。

　　当然，除了宇宙空洞和宇宙长城，宇宙中还有很多谜题等待人类去解答。无论怎样，随着人类科技的迅猛发展，相信我们对宇宙的认知会越来越多，越来越清晰。

迈向明天的宇宙学：乘着技术革新之风，向宇宙尽头进发

　　宇宙究竟如何产生、发展，又将如何结束？宇宙的构造到底是怎样的？行星和星系系统究竟是如何演化的？在太阳系之外像人类所在的这种行星系统普遍存在吗？人类之外，是否还有智慧生命存在？这些问题，是人类一直困扰并迫切想知道的。而自古以来，正是人类对宇宙的这种强烈好奇心，促使天文技术不断进步，从而推动了宇宙学的发展，让人们对宇宙的观测和探索不断加深。

▼与望远镜同样重要的是它的底座以及安放它的穹顶。底座为望远镜提供了一个稳定的基础，使得它不发生晃动。穹顶为望远镜提供了全天候的保护。天体在天空中通过赤经和赤纬的坐标系统定位。赤经数值给出了望远镜围绕地平线需要转动多远距离的测量标准，而赤纬表示了它应指向多高的位置。望远镜同样需要一个驱动系统——一个用以抵消地球旋转影响的发动机。

▼大型望远镜很难建造：使大型镜片准确成型非常困难，镜片会由于过于沉重发生弯曲。为了克服这些，凯克望远镜采用了一种先进的系统，其中镜片被分为36块六角形，它们通过计算机控制机制排列，被准确地放置。这使得凯克望远镜能够支撑一个直径10米的主镜，并且成为世界上最大的望远镜。第二台MMT（多镜片望远镜）目前正在建造中。

几千年以来，人类一直都用肉眼观察天象，这无疑限制了人类对星空的探索。19世纪40年代，纽约的德雷柏成功完成了一张月亮的银版照相，首次将摄影技术应用到天文学研究中去，使人类摆脱了几千年肉眼的限制，看到了更美丽的"星星"世界。虽然，德雷柏当时得到的照片无法与现在的天体摄影照片相媲美，但他的做法是意义深远的。此后，摄影技术就开始被应用到天文学研究中去。天体摄影最大的优点在于，长时间的曝光，能够采集到更多的光，这样就能拍摄到从远处星系传来的微弱的光线。例如，很多时候一些星云即使从望远镜中人眼也观测不到，但在照片中能辨认出来。不过，要拍摄一个极其暗淡的天体，常需要若干小时的曝光才能得到较清晰的图像。此外，照相技术还能很好地保存观测结果，以便在下次需要的时候可以继续使用。

摄影技术应用到天文学上的同时，也推动了天文学的革命。以前，天文学家要想观测到更远的星系，只能增大望远镜的口径，如1908年美国制造的望远镜口径是1.5米，到1918年就增大到了2.5米，而到1946年又增大到了5米。这之后，除了直到1996年才制造出的口径为10米的大望远镜后，人们一直没有再制造出其他的大望远镜。这无疑是因为大望远镜非常重，要想支撑望远镜长时间正确地指向天体的方向，在技术上很难办到。所幸，到20世纪80年代，光电耦合器件CCD的应用让照相底片也成为历史。应用CCD照相机，天文学家可以拍摄到望远镜采集的光线的90%，这进一步推动了天文学的研究。

随着科技水平的不断发展，到20世纪后半叶，新的发现和新的成果不断涌现。伽马暴的发现，暗物质的进一步研究，大型计算机的应用，新的高能卫星的观测应用，大样本巡天观测，宇宙空洞以及宇宙长城的发现，类太阳系的发现等，都为天体物理的发展起到了巨大的推动作用。而进入21世纪，人类更将目光投向了外太空，各种新技术的研制、使用，先进的天文观测卫星的发射升空，以及各国在天文学研究上投入的大量人力、物力、财力，无疑让我们看到了人类全力探索宇宙、寻找宇宙奥秘的决心。明天的宇宙学，人类将乘着这股技术改革之风，向宇宙的尽头不断进发。

第二章

空间和时间

就算物质都毁灭，时间和空间依然相互独立存在

物体运动的速度由谁决定：羽毛和铁块为何同时落地

运动到底是怎样产生的？在伽利略和牛顿之前，人们关于物体运动的观念来自亚里士多德。

在亚里士多德看来，宇宙中所有物体都有其自然位置，也就是处在完美状态的位置，而物体通常都倾向于保持在完美状态的位置上。所以，一般情况下物体都固定于自然位置，一旦被移离其自然位置，物体就会倾向于返回其自然位置。他认为，这个自然位置即是静止状态。也就是说，物体通常情况下都保持静止，只有在受到力或者冲击下才会运动。很明显，在亚里士多德的观念中，力是维持物体运动的原因。

▲"它们看起来是同时落地的"，伽利略从比萨斜塔上丢下两个重量不同的铅球。图为伽利略在众人注视下演示的著名实验之一。

那么，从相同高度、同一时间抛下羽毛和铁块时，哪一个先落地？亚里士多德认为，一定是铁块先落地，因为重的物体受到的将其拉向地球的力更大。这一度成为人们信奉的"真理"，它看起来非常符合人们的直觉思维，即重物比轻物下落得更快。

在"重物下落得更快"的观点之外，亚里士多德还固执地认为，仅仅依靠纯粹的思维，人们就可以找出所有制约宇宙的定理，完全不需要用实践去检验。由于他的这个观点，很长一段时期内，没有人想到过要用实验来验证不同重量的物体是否确实以不同的速度下落，直到伽利略的出现。

据说，为验证亚里士多德的观点，伽利略曾在比萨斜塔上做了释放重物的实验，最终证明亚里士多德是错误的。虽然这个故事的可信度非常低，但伽利略确实为此做了一些实验。

伽利略做了一个跟物体垂直下落相似的实验，即让不同重量的物体沿着光滑的斜面滚下。这时候，由于物体下落时的速度比垂直下落时更小，所以观测起来更容易。一个简单的例子可以说明伽利略的实验：在一个沿水平方向每隔 10 米就下降 1 米的斜面上释放一个小球，不管这个小球有多重，1 秒钟后小球的速度是 1 米 / 秒，2 秒钟后小球的速度是 2 米 / 秒，依此类推。所以，伽利略的观测结果显示出，不管物体的重量是多少，它们沿斜面下滑时速度增加的速率是一样的。也就是说，亚里士多德"重物比轻物下落得更快"的结论是错的，羽毛和铁块应该是同时落地的。

当然，现实生活中我们会发现，铁块确实要比羽毛下落得快些，这是由于有空气阻力，空气阻力将羽毛的速度降低了。如果我们释放两个不受任何空气阻力的物体，那么无论它们的重量是多少，它们总是以同样的速度下降。这个结论随后得到了证实：航天员大卫·斯各特在没有空气阻力的月球上进行了羽毛和铁块的实验，结果发现两者确实是同时落到月球表面上的。

由此人们知道了，力并不是维持物体运动的原因，而是改变物体速度的原因。正是在伽利略这个实验结论的基础上，牛顿展开了更深入的思考和研究，并最终提出了著名的牛顿三大定律和万有引力定律。

▼月球上的同时落地实验

牛顿的引力定律：是什么规定了行星的运动轨道

在伽利略尝试用实验来研究物体的运动与力的关系后，牛顿以伽利略的实验为基础，提出了三条运动定律及万有引力定律，从而规定了行星的运动轨道。

在牛顿看来，力的真正效应是改变物体的速度而不是仅仅使之运动，这就意味着，只要物体不受任何外力的作用，它就会一直保持静止或以相同的速度保持直线运动。这正是牛顿第一定律的内容。

与牛顿第一定律运动是由施加了某些力而引起的不同，牛顿第二定律指出，作用在物体上的力等于该物体的质量与其加速度的乘积。也就是说，如果施加在物体上的力加倍了，那么物体的加速度就会加倍；若力不变，物体的质量增大为原来的 2 倍，加速度则会变成原来的一半。这就好比一辆小轿车，发动机越强劲有力，其加速度就越大；若发动机不变而小轿车变重，那么加速度就会变小。

牛顿第二定律进一步解释了，为何羽毛和铁块会同时落地。对高空抛下的物体而言，如果忽略空气阻力，它所承受的外力来自与自身质量成正比的重力，而这个外力所产生的加速度是与外力的大小成正比而与质量成反比的。因此，重的物体一方面确实可以获得较大的外力，但另一方面也会由于自身的质量而无法获得较大的加速度。所以，在没有空气阻力的情况下，相同高度抛出的羽毛和铁块会以相同的加速度落向地面，所经历的时间自然也是相同的。

牛顿第三定律说的是，当一个物体对另一个物体施加一个力时，另一物体也会对该物体施加同样大小、方向相反的力。简单来讲就是，每个作用力都有与之相对的大小相等、方向

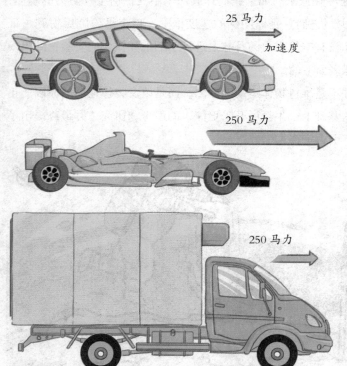

25 马力

加速度

250 马力

250 马力

◀物体的加速度越大，则加在上面的力就越大。加速度越小，则被加速的物体的质量就越大。

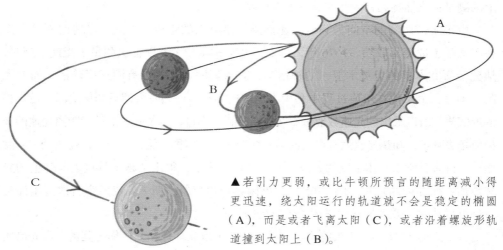

▲若引力更弱，或比牛顿所预言的随距离减小得更迅速，绕太阳运行的轨道就不会是稳定的椭圆（A），而是或者飞离太阳（C），或者沿着螺旋形轨道撞到太阳上（B）。

相反的反作用力，就像我们用力推墙时，墙壁也会同时给我们一个同样大小的反作用力。

第一章我们讲到过，在开普勒发现行星运动三大定律之后，牛顿运用引力定律解释了为何行星要绕太阳运行。事实上，正是在牛顿三大定律的基础上，牛顿提出了万有引力定律，即自然界中任何两个物体间都存在着相互吸引力，引力与每个物体的质量成正比，与它们之间的距离成反比。

由牛顿引力定律我们得出，一个恒星的引力是一个类恒星在距离小一半时的引力的 1/4。这个结论极其精确地预言了地球、月球和其他行星的轨道。人们发现，如果这结论中恒星的引力随着距离减小或者增大得更快一些，行星的轨道就不再是椭圆的了，而是会以螺旋线形状盘旋到太阳上去，或者从太阳系逃逸。

牛顿的运动定律和引力定律，解释了我们所知的宇宙中几乎所有的运动，从球棒击打棒球产生的运动到星系的运动。与此同时，伴随着其运动定律的提出，另一个问题也浮出水面，即由运动定律可以得出，不存在唯一的静止标准。接下来，牛顿将为这个观念困惑不已，而爱因斯坦则在其基础上提出了著名的相对论。

"绝对"光速：无论怎么测量，光速数值始终不变

光速一开始被认为是无限的。很多早期的物理学家，如弗兰西斯·培根、约翰内斯·开普勒和勒内·笛卡儿等，都认为光速无限。不过，伽利略却认为光速是有限的。1638 年，他让两个人提着灯笼各爬到相距约一千米的山上，让第一个人掀开灯笼，并开始计时，对面山上的人看见亮光后也掀开灯笼，等第一个人看见亮光后，停止计时。这是历史上非常著名的测量光速的掩灯方案，但由于光速实在太快了，地面

上的测量很难捕捉到，因此实验并没有成功。

由于宇宙广阔的空间为测量光速提供了足够大的距离，因此，光速的测量首先在天文学上取得了成功。1676年，丹麦天文学家奥勒·罗默首次测量了光速。当时，他凭借研究木星的卫星木卫一的视运动，首次证明了光是以有限速度传播，而非无限。不过，由于他在求值过程中利用了地球的半径，而当时人们只知道地球轨道半径的近似值，所以求出的光速数值只有214300km/s。不过，这个光速值虽然距离光速的准确值相去甚远，却是光速测量史上的第一个记录，仍值得人铭记。当然，在奥勒·罗默之后，许多科学家采用不同的方法对光速进行了测量，得出了越来越接近准确值的光速数值。而在近两百年后的1865年，英国物理学家詹姆斯·麦克斯韦首次提出光是一种电磁波，用波动的概念描述了光的传播过程。

接下来的1887年，美国物理学家阿尔伯特·迈克耳孙和爱德华·莫雷在做光的实验时，赫然发现了光速的一个奇特之处。我们知道，如果一个人以100千米的时速驾

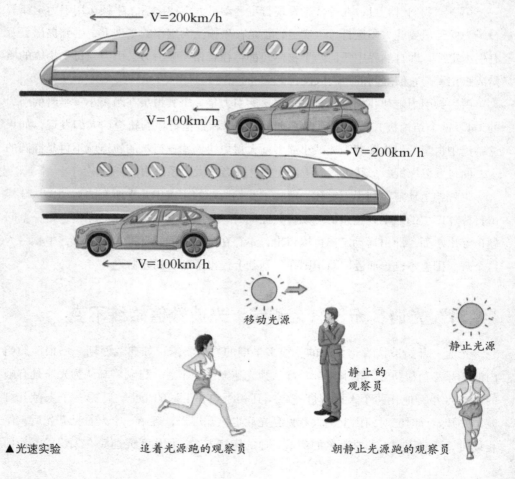

V=200km/h

V=100km/h

V=200km/h

V=100km/h

移动光源

静止的
观察员

静止光源

▲光速实验　　　　追着光源跑的观察员　　　　朝静止光源跑的观察员

驶一辆汽车飞驰，此时他看到身旁有一辆以时速200千米行驶的列车，那么，他会发现什么？有基本物理常识的人都知道，如果汽车与列车行驶方向相同，那么人对列车的目测速度就是时速100千米；但如果汽车与列车的行驶方向相反，那么人对列车的目测速度就会是时速300千米。这个结论几乎适用于地球上的一切事物，但并不适合光速。

▲詹姆斯·克拉克·麦克斯韦

迈克耳孙和莫雷对光的实验结果说明了光速并不遵循这一规律。仍以上述汽车和列车为例。按理说，由运动光源发出的光速肯定比由静止光源发出的光速更快。此时，如果运动中的光相交，那么目测速度就应该是两者速度之和。但实际上，实验结果却显示，无论是在运动中或者处于静止中，光的行进速度都是恒定的。也就是说，你把手电放在静止的地面上让其发出光，和你拿着手电一边跑动一边让手电发出光，两者的光速是一样的，丝毫没有因为手电的运动状态而改变。由此也能得知，当人们测量光速时，无论我们自身是运动的还是静止的，测量出的结果都是不变的。也就是说，无论测量者本身如何变化，或者光源本身如何变化，光速始终是恒定不变的。

现在看来，无论怎样测量，数值都不变的光速，似乎是"绝对"的，亘古不变的。也正是在这个结论的基础上，爱因斯坦提出了相对论，揭开了宇宙学研究的新篇章。

绝对时间和绝对空间：即使物质都毁灭，它们依然存在

绝对时间和绝对空间的概念，来自大科学家牛顿。

什么是绝对时间？在其著作《自然哲学的数学原理》中，牛顿对时间做了如下描述："绝对的、真正的和数学的时间自身在流逝着，且由于其本性而在均匀地、与任何外界事物无关地流逝着。"

在牛顿看来，时间对任何人来说都是一样的，从不逗留，也不会停滞。一个很明显的事实是，时间与人类或者其他任何物体都毫无关联，无论我们采取怎样的方式来计算，时间都在以同样的速度流逝着，毫无改变。正因为如此，很多学者文人为"时间"留墨，慨叹时间永恒流逝而人生短暂。从这样的感觉出发，不可挽留和不可停滞的时间，就叫作绝对时间。

如果你从一个国家到另一个国家，你需要调整自己的钟表来适应当地的时间。那么，假如这一刻世界上所有的钟表都消失了，时间会怎么样呢？答案就是，时间依然存在并将继续行走下去。将范围扩大一点，假如全部的原子或粒子和钟表一起消失

了，时间又会怎么样呢？或者更严重一点，假如地球、太阳、银河系甚至整个宇宙都消失了，时间会怎么样呢？或许有人会认为，既然整个宇宙都消失了，一切都不存在了，那时间肯定也不存在了。

但在牛顿的绝对时间观念中，即便整个宇宙都消失，时间依然独立存在着，无关任何人和事，且将永远存在。

那么，绝对空间又是什么呢？同样在牛顿的《自然哲学的数学原理》一书中，牛顿这样描述绝对空间："绝对的空间，就其本性而言，是与外界任何事物无关且永远是相同的和不动的。"

跟绝对时间一样，绝对空间也是独立于任何事物而独立存在的。就像一个舞台一样，即便没有演员上台表演，舞台依然独立且永远地存在着。为了证明绝对空间的存在，牛顿还专门构思了一个理想实验，即有名的水桶实验。

▼时间是否永恒

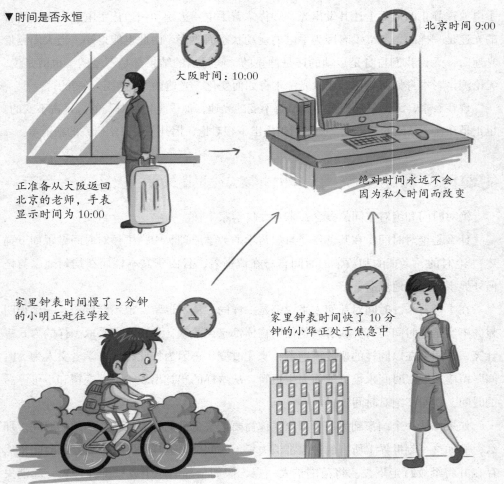

大阪时间：10:00

北京时间 9:00

正准备从大阪返回
北京的老师，手表
显示时间为 10:00

绝对时间永远不会
因为私人时间而改变

家里钟表时间慢了 5 分钟
的小明正赶往学校

家里钟表时间快了 10 分
钟的小华正处于焦急中

在水桶实验中，牛顿假设有一个保持静止的注满水的水桶。之后，用绳子绑住水桶的把手，将水桶吊在一棵树的树枝上，使水桶开始旋转。一开始，水桶中的水仍然保持静止，但不久后它就开始随着水桶一起转动，水面会渐渐脱离其中心沿着桶壁上升而形成一个凹状。牛顿认为，水面形成凹形是水脱离转轴的倾向，这种倾向不依赖于水相对周围物体的任何移动。也就是说，这是水桶相对于绝对空间旋转而引发的。

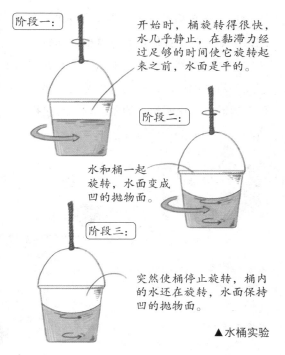

阶段一： 开始时，桶旋转得很快，水几乎静止，在黏滞力经过足够的时间使它旋转起来之前，水面是平的。

阶段二： 水和桶一起旋转，水面变成凹的抛物面。

阶段三： 突然使桶停止旋转，桶内的水还在旋转，水面保持凹的抛物面。

▲水桶实验

绝对时空的观念体现出牛顿的一个观点：动者恒动，静者恒静。而正是基于时间和空间的这种绝对性，牛顿建构出了运动的法则。在阐述牛顿第一运动定律时，牛顿就将其建立在绝对时空——一个不依赖于外界任何事物而独自存在的参考系上。在绝对时空中，物体都具有保持原来运动状态的性质，这就是惯性。不过，虽然绝对时空的观念是牛顿理论体系的基础，但在其提出后的200年间备受质疑，并给牛顿本人带来了不小的困扰。

牛顿的困惑：没有绝对静止，意味着没有绝对的时间和空间

前面我们讲到，亚里士多德相信一个优越的静止状态，即在没有任何外力或冲击的时候物体都保持静止状态。牛顿定律却告诉我们，并不存在唯一的静止标准。

根据牛顿定律，静止是相对的。通常，这样的两种表述是等价的，即物体A静止，物体B以恒定的速度相对于物体A运动，或者物体B静止，物体A以恒定的速度相对于物体B运动。那么，在暂时忽略地球的自转及它绕太阳公转的前提下，我们可以说地球是静止的，一辆电车以30英里/小时的速度正向西运动；或者说电车是静止的，地球正以30千米/小时的速度向东运动。以这个情况为基础，假设此时有人在电车上做有关物体运动的实验，那么牛顿定律仍然成立。

试想一下这个场景：你被封闭在一个大箱子里，但你不知道这个箱子是静止放在地上还是放在一个运动着的火车上。此时，如果按照亚里士多德的观念，物体都倾向

于静止，那么箱子肯定应该是静止的。但如果按照牛顿定律，在箱子里做一个实验，结果又如何呢？我们都有过这样的体验，在运动着的火车上打乒乓球，其结果和在静止的地面上打是一样的。那么，如果你在箱子里打球，无论箱子是静止还是正以某种速度相对地面运动，球的行为都是一样的。也就是说，你无法得知究竟是火车还是地面在运动，这说明运动的概念只有当它相对于其他物体时才有意义。

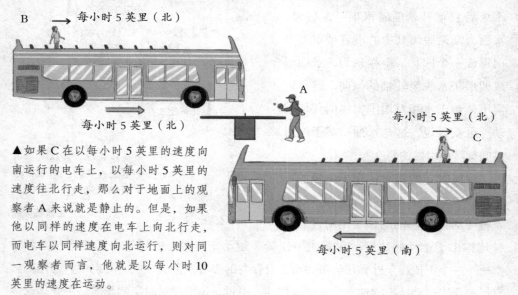

B　→　每小时 5 英里（北）

每小时 5 英里（北）

A

每小时 5 英里（北）

C

每小时 5 英里（南）

▲如果 C 在以每小时 5 英里的速度向南运行的电车上，以每小时 5 英里的速度往北行走，那么对于地面上的观察者 A 来说就是静止的。但是，如果他以同样的速度在电车上向北行走，而电车以同样速度向北运行，则对同一观察者而言，他就是以每小时 10 英里的速度在运动。

　　事实上，缺乏静止的绝对标准意味着，我们无法确定在不同的时间发生的两个事件是否发生在空间相同的位置上。

　　为说明这一点，我们仍以火车上打乒乓球为例。假设一个人在行进的火车上打乒乓球，让球在 1 秒的间隔中两次撞到桌面上的同一点。那么，对他而言，球第一次和第二次弹跳的位置是相同的，空间间隔距离为 0。可是，同样是这个过程，对站在铁轨旁的人来说，因为火车在弹跳期间沿着铁轨行进了 40 米，所以他看到的两次弹跳的空间距离似乎就隔了 40 米那么远。所以说，对不同运动状态的人来说，物体的位置、它们之间的距离以及运动状态都有可能是不同的。这个结论直接否定了绝对空间的概念，使得笃信绝对上帝的牛顿十分困惑，他甚至拒绝接受这个从他自己的定律中延伸出来的结论。

　　当然，在牛顿定律及以上结论的基础上，百年后爱因斯坦提出了更为大胆的理论，不但否定了绝对空间，还进一步否定了绝对时间的概念。在相对论中，爱因斯坦提出，事件之间的时间长度，与乒乓球弹跳点间的距离一样，也会因观察者的不同而不同。也就是说，绝对时间也是不存在的。可以想见，对此结果，曾经困惑的牛顿会更加困惑。但无论如何，科学理论只有经过不断革新和发展，才能更加完备。

一切都是相对的，时间和空间是相结合的

找不到的绝对空间：光的媒介——像风一样的以太

虽然牛顿的绝对空间观念已漏洞百出，但它依然吸引着一些科学家去寻找。这其中，最著名的就是美国物理学家阿尔伯特·迈克耳孙和爱德华·莫雷的实验。

其实，在麦克斯韦发现光是一种电磁波的时候，他就提出，射电波或者光波应该以某一种固定的速度行进。由于牛顿定律已经摆脱了绝对静止的观念，因此，如果假设光以某种固定的速度行进，就必须说清楚这固定的速度是相对于何物来测量的，或者说，存在着某种传导光波的媒介。

由于光被认为是一种波，而波本身是一种传导的媒介物，因此大家相信肯定存在另外一种能传导光波的媒介。媒介，就是波在传导时必需的一种物质。简单来讲，如果你朝水里扔一颗石头，水面会立刻泛起一圈一圈的波纹，这可以表明波的存在。这个时候，对水中的波纹来说，水就是媒介。另外，我们听到的声音也是一种波，而充斥在我们周围的空气就是声波的媒介，这样我们才得以相互对话。很多时候，身处空气稀薄的高原地带时，人们相互间的对话会很困难，就是因为在偏真空的状况下，声音也很难传播。

在寻找光波的媒介时，人们提出了以太的概念。以太是一种物质，它无所不在，甚至存在于广袤"空虚"的真空里。人们认为，就像声波通过空气行进、水波通过水面行进一样，光波应该通过以太行进。如果缺少了以太，光波就无法传播。因此，按照麦克斯韦的理论，光波的"速度"必须相对于以太来测量。此时，不同的观察者将会看到，光以不同的速度射向他们，但光相对于以太的速度是不变的。

要检验这个思想，我们可以做一个想象。假设从某个光源发射出了一束光，正以光速穿越以太向前行进。此时，如果你穿过以太向着它运动，那么你趋近光的速度将是光通过以太的速度和你自身速度的和。而光也将比假设你不动或你沿着其他方向运动更快地趋近你。不过，遗憾的是，由于我们对着光源运动的速度跟光的速度相差太大，所以这个速度差异的测量效应非常困难。

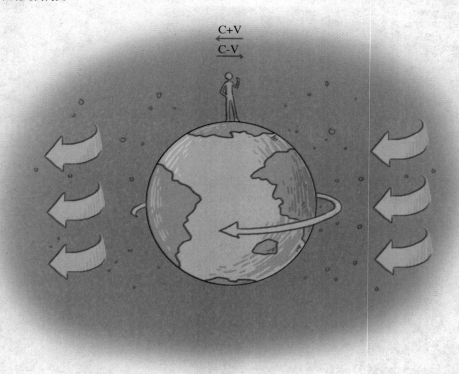

此外，我们知道风是源于空气的运动，在风吹动时，沿同一方向行进的声速会随着风速的增加而增加，而朝着相反方向行进的声速则会随着风速的减慢而减速。同样，在光的传播过程中，这种情况也会发生。也就是说，由于以太是光波传导的媒介，所以光速会随着以太速度的增大而增大，随其减小而减小。与此同时，人们还以为，就算在绝对空间里，也存在这样一种静止状态的以太。如果把地球放在绝对空间里，那么当地球运行时，在地球上的我们就会觉得以太之风正在吹拂着，我们在地球上测得的光速也会随着以太风的方向改变而改变。

当然，可能存在的情况是，由于地球和以太之间有相对运动，所以测量出的光速结果有一定差异。也正因为如此，我们可以通过这样的测量来发现地球与绝对空间正在进行着什么样的运动。在这个思想的指导下，迈克耳孙和莫雷开始了他们的实验。不过，当他们最终发现无论怎么测量光速都是一样时，他们意识到，以太可能并不存在，或者说，绝对空间似乎并不存在。

光速不变原理：抛弃以太——光速是恒定的常数

为什么测量出的光速都一样，就说明以太甚至绝对空间不存在呢？

1887年，美国物理学家阿尔伯特·迈克耳孙和爱德华·莫雷为寻找牛顿所说的绝对空间，开始对不同方向运动的光进行测量。

根据上一节讲到的理论我们知道，当地球在围绕太阳的轨道上穿过以太时，在地球通过以太运动的方向，即当我们向着光源运动时的光速，应该大于与该运动成直角的方向，即当我们不向着光源运动时的光速。可是，当迈克耳孙和莫雷把沿着地球运动方向的光速和与之垂直方向的光速进行比较时，他们惊讶地发现，两个光速竟然是完全一样的。

随后，迈克耳孙和莫雷又做了好几次实验，但无论怎么测量，测得的光速数值都是一样的。这说明什么呢？按照之前的结论，由于光波是在以太中传播的，光速若不变，就说明以太是静止的。我们知道，光可以在宇宙中的任何地方传播，所以以太应该弥漫了整个空间。而如果以太是不动的，且又弥漫了整个空间的话，那么所有物体的运动都可以看作是相对于以太运动，以太在一定意义上就相当于是绝对空间。

迈克耳孙 – 莫雷实验，即在地球上对不同方向的光速的测量结果都一样，意味着在以太静止的情况下，地球相对于绝对空间应该是静止的。可是，我们都知道，地球每时每刻都在运动，除了自身的自转和绕太阳的公转，它还会和其他行星一起以太阳系为单位受到银河系的引力影响。就是说，地球不可能是静止的。面对这两个相互矛盾的结果，人们该如何解释呢？

在 1887 1905 年间，很多科学家都在做各种尝试，试图解释迈克耳孙 – 莫雷实验的结果。当然，当 1905 年，瑞士专利局一位默默无闻的小职员在其论文中提出光速不变原理时，人们才意识到，以太没有存在的必要了。这个小职员，就是爱因斯坦。

爱因斯坦在当年的一篇著名论文中指出，只要人们愿意抛弃绝对时间的观念，那么整个以太的观念就是多余的。在颠覆过去所有猜测和想法的前提下，爱因斯坦提出了一种更合理的解释，即光速不变原理。这个原理的提出，让光的媒介以太失去了存在的必要性。

相对论的基本假设是，无论观察者以任何速度做自由运动，相对于他们自身来说，科学定律都应该是一样的。毫无疑问，这个理论对牛顿的运动定律是

▲阿尔伯特·爱因斯坦

适用的，但它的范围更大，扩展到了麦克斯韦的理论和光速上，即由于麦克斯韦理论指出光速具有固定的数值，因此任何自由运动的观察者，不管离开或者趋近光速有多快，他们都一定会测量得到同样的数值。

在狭义相对论中，光速不变原理指的是，无论在任何情形下观察，光在真空中的传播速度都是一个恒定的常数，其数值是 299792458 米 / 秒，这个数值不会因为光源或者观察者所在参考系的相对运动而改变。

当然，光速不变原理也是可以通过联系麦克斯韦方程组来解出的。此外，在爱因斯坦后来提出的广义相对论中，由于所谓的惯性参考系不存在了，所以爱因斯坦引入了广义相对性原理，即物理定律的形式在一切参考系中都是不变的。这样一来，光速不变原理就可以应用到所有的参考系中了。

爱因斯坦的相对论舍弃了以太的概念，因为在光速不变的情况下，根本没有必要考虑参考系或传导光波的媒介。而若不考虑以太这一媒介，那么绝对空间也就不存在了。自此，以太逐渐被物理学家们所"抛弃"。

被终结的绝对时间：每个观察者，都有自己的时间测度

对每个人来说，相对论的一个非同凡响的推论就是，它改变了我们的空间和时间观念。

我们知道，在牛顿理论中，时间是绝对的，而空间并不绝对。所以，假设有一个光脉冲从一处发射到另一处，不同的观察者对这个行程所花费的时间不会产生异议，但对光行进的距离却难以取得一致的意见。很明显，由于光速等于光行进过的距离除以所花费的时间，所以不同的观察者会测量得到不同的光速。

与牛顿不同的是，在爱因斯坦的相对论中，光速是不变的，也就是说所有观察者必须在光以多快的速度行进上取得一致意见。这样一来，就出现了一个问题。我们仍以快速行进的火车上的乒乓球为例。对于在火车上把乒乓球打得上上下下的人来说，一段时间内球大概只行进了几英寸，但对站在站台上的人来说，球看起来大约行进了40米。依此类推，如果火车上的观察者发出闪光，那么这两位观测者在光行进的距离上就无法取得一致的意见。此时，要使他们在光速上的意见一致，就必须让他们在花费的时间上意见不一致。也就是说，相对论"终结"了绝对时间的观念。每个观察者都必须拥有自己的时间测量，他们需要用自己所携带的时钟来记录，而不同的观察者携带的同样的时钟的读数也不需要保持一致。

按照相对论，每个观察者都可以用雷达发出光或射电波来说明一个事件在何处何

▼根据广义相对论，太阳会导致时空连续体内的变形，并且使经过太阳附近区域的无线电信号发生延迟。这些效应由美国国家航空航天局（NASA）于20世纪70年代中期发射向火星的"海盗"号空间探测器测试过。当火星位于太阳的远端时，无线电信号的传输时间比所需的时间多了100毫秒。多出的时间等价于无线电波多传播了30千米，这被解释为无线电波进入再穿出太阳的势阱造成的。

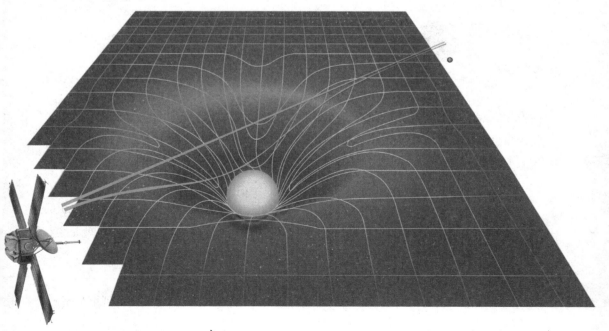

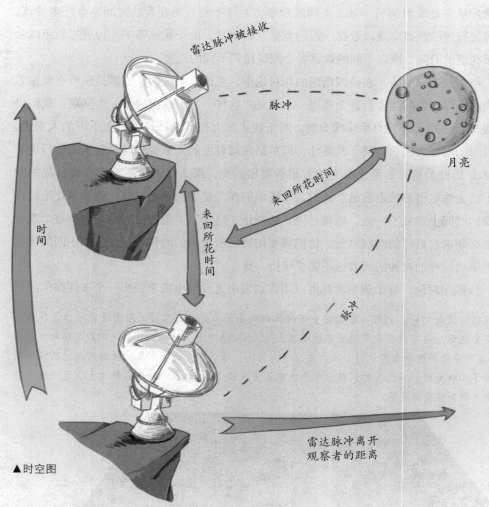

雷达脉冲被接收

脉冲

月亮

来回所花时间

时间

来回所花时间

脉冲

雷达脉冲离开
观察者的距离

▲时空图

时发生。观察者可以在接收到一部分脉冲在事件反射回来后的回波时，测量出时间。整个事件的时间可看作是脉冲被发出和反射被接收的两个时刻的中点；事件的距离可用来回行程时间的一半乘以光速。从这个意义上来说，一个事件其实就是在空间的单独一点以及时间的指定一点的某件事。这就是时空图的一个例子。

　　遵照这样的步骤，对同一事件，做相互运动的观察者可以赋予其不同的时间和位置，没有一个观察者的测量会比其他人更正确，但所有这些测量都相关。也就是说，只要一个观察者知道了其他人的相对速度，他就可以准确地算出其他人会赋予这个事件什么样的时间和位置。

　　以上理论，正是我们用来准确地测量距离的方法，因为我们可以测量到更为精确的时间。同样，我们也可以定义一个叫作光秒的新长度单位，将其非常简单地定义为光在 1 秒之内行进的距离。因此，在相对论中我们都按照时间和光速来定义距离，而自然而然地，每个观察者测量出的光都具有相同的速度。

相对论从根本上改变了我们的时间和空间观念。人们由此意识到，时间不能完全脱离和独立于空间，它必须和空间结合在一起形成时空的客体。由此，我们迎来了四维空间的概念。

相对性原理：无论何时何地，物理法则永远不变

物理定律在一切参考系中都具有相同的形式，这就是我们所说的相对性原理。作为物理学最基本的原理之一，相对性原理指出不存在"绝对的参考系"，即在一个参考系中建立的物理定律，在适当的坐标变换后，可以适用于其他任何参考系。这个原理，最早是由伽利略提出的。

在经典物理学开始之初，有过一场激烈的争论：支持哥白尼学说的人认为地球在运动，也就是地动说；维护亚里士多德—托勒密体系的人则认为地球是静止的，即地静说。当时，地静说的支持者提出了一条反对地动说的绝佳理由，即如果地球是在高速运动着的，为什么身处地球之上的我们一点都感觉不出来？

针对这个问题，伽利略在1632 年出版的著作《关于托勒密和哥白尼两大世界体系的对话》中，彻底给出了解答。当时，他以一艘名叫"萨尔维蒂"的大船为例，提出了相对性原理，这艘大船的状态是静止或匀速运动的。

伽利略在书中描述了这样一个"生存场景"：你和一些

▲伽利略·伽利雷

朋友被困在一条大船甲板下的主舱里，你们身边有几只苍蝇和蝴蝶，舱内有一只大碗，碗里放着几条鱼，舱顶上挂着一只水瓶，水滴滴滴答答地滴向下方的一个宽口罐里。

当船停着不动时，你仔细观察，发现苍蝇以相同的速度朝舱内的各个方向飞行，鱼儿在碗里随意地游动，水滴滴进下方的罐中，你抬手扔一个东西给朋友，只要距离不变，向任何方向扔所用的力气都一样。此时，你双脚跳起，无论朝着哪个方向跳，离开原地的距离都是相等的。等这一切都了然于心之后，现在让船以匀速运动，且船也不会忽左忽右地晃动。此时，再观察上述现象，做出上述动作，会出现什么状况？结论是，一切都丝毫没有变化，你无法从任何一个现象来判定船是在运动还是静止。

"萨尔维蒂"大船的例子，说明了一个非常重要的道理，即你无法从船中发生的任何一种现象，判断出船到底处于什么样的运动状态。这个结论就是伽利略相对性原理，"萨尔维蒂"大船就是一种惯性参考系。而以不同的速度匀速运动又不忽左忽右摇摆的物体都是惯性参考系。伽利略认为，在一个惯性参考系中看到的现象，在另一个惯性参考系中同样也能看到，而且分毫不差。

当然，伽利略的相对性原理是适用于力学领域的，而爱因斯坦随后将其扩展到了包括电磁学在内的整个物理学领域，提出了狭义相对性原理，即物理定律在任何惯性参考系中都具有相同的形式。不过，由于狭义相对性原理并不包括非惯性参考系，因此爱因斯坦随后又将相对性原理进一步推广到了一切参考系中，即物理定律在一切参考系中都具有相同的形式。这就是广义相对性原理。至此我们知道，无论何时何地，物理法则是永远不变的。

1

▶相对性原则指出：运动是相对于观测者的观察点的。从运动的汽车中爬上飞机（1）的特技演员看到的飞机是静止的，而地面上的观测者（2）看到汽车和特技演员都正在相对地球以固定的速度和方向运动。位于太阳（3）上的假设的观测者将看到汽车的运动和地面上的观测者由于受到地球（4）自转和环绕太阳旋转（5）的影响也在运动；而位于银河系中心的一颗恒星（6）上的观测者将同时看到太阳环绕星系的运动。

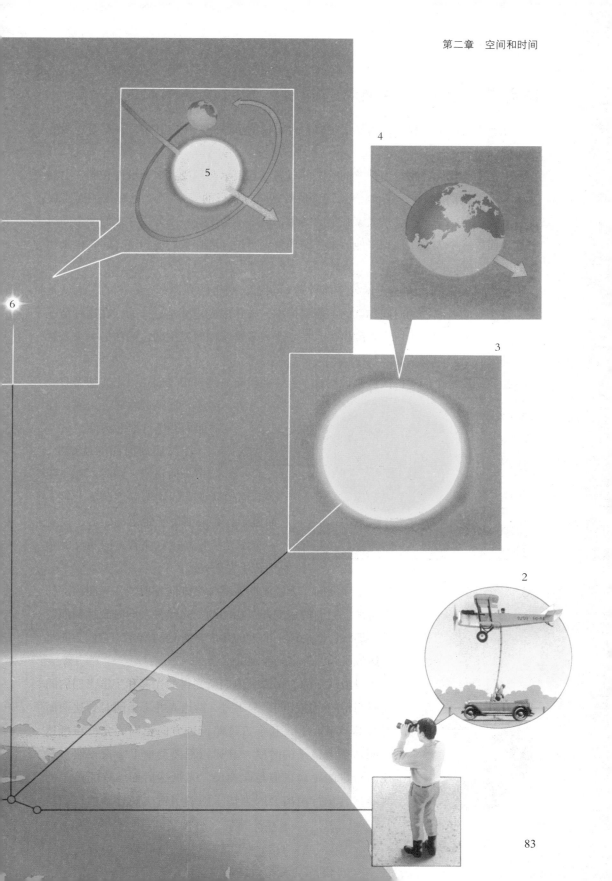

同时的本质：没有绝对的同时，同时也是相对的

光速不变原理的提出，引发了很多不可思议的事件的产生。其中之一就是，没有绝对的同时。

生活中，我们经常会用到"同时"的概念，它表示两个或者多个事件在同一时间发生，如"我们两个同时跑到终点"、"他俩是同时旅行的"。当然，这里的同时不仅是一个人观察的结果，也是大家观察的结果，从来不会出现一个人说"他们两个同时出现"而另一个人说"他先来他后来"的现象。不过，现在我们该知道，同时也是相对的。

我们已经讲到，人们无论处于何种运动状态，测得的光速都是一样的。也就是说，每个观测者测得的时间和空间的衡量标准，转化成光速都是一样的。在这种情况下，空间上分离的两点所发生的事件，在一个人看来是同时发生的，而在另一个人看来，却未必会同时发生。

让我们以一个假想的实验来说明这一点。假设有一艘宇宙飞船正以半光速做直线运动，在经过地球旁边时，在飞船内部进行如下实验。

▼镜子实验

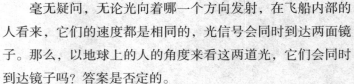

在飞船内前面的墙壁上，装上一面镜子。同时，在飞船内后面的墙壁上的同等高度，装上另一面镜子。在两面镜子距离的中心，设置一个发光装置，让它朝着方向相反的两面镜子发射光线。

毫无疑问，无论光向着哪一个方向发射，在飞船内部的人看来，它们的速度都是相同的，光信号会同时到达两面镜子。那么，以地球上的人的角度来看这两道光，它们会同时到达镜子吗？答案是否定的。

对地球上的人来说，他们所测得的光速和宇宙飞船内的人所测得的光速相同。只不过，两道光并不是同时到达两面镜子的。事实上，和宇宙飞船行进方向相同的光，在抵达前面墙壁上镜子的时候，其运行距离会加上宇宙飞船本身往前行进的距离。但与此相反，光抵达后面墙壁的镜子的时候，其运行距离会因为镜子随着宇宙飞船逐渐前行而越

来越短。如此一来，看起来结果就应该是光先到达后面的镜子，然后再到达前面的镜子。

所以说，在宇宙飞船内的人看来，光是同时到达两边的镜子的，但在地球上的人看来，光却并非同时到达两边的镜子，而是有先后顺序。也就是说，我们无法确切地说光一定是同时到达两面镜子，因为处于不同运动状态的人观察到的结果是不同的。这样一来，我们就可以了解到"同时"的本质，即"同时"并不像我们原来以为的那样是绝对的，它也是相对的。

时间和空间的集合：从四维空间里，找出你的时空坐标系

前面我们提到，相对论让我们意识到，时间和空间是一体的，它们共同组成了一个时空的集合体。这使得四维时空的概念浮出水面。

通常，我们可以用 3 个数或者坐标来表示空间中的某一个位置。例如，我们会说房间中的某一点距离前面的墙壁 7 米远，距离后面的墙壁 3 米远，距离地板 5 米远。在地理上，我们常说一个点处于一定的纬度、经度及海拔。当然，如果范围扩大到了太空，我们还可以按照与太阳的距离，离开行星表面的距离及月球到太阳的连线和太阳到附近恒星的连线的夹角来描述一个位置。不过，这些坐标在描述太阳在我们的星系中的位置，或我们的星系在本星系群中的位置时，并没有多大作用。即便如此，我们依然可以用一组相互交叠的坐标碎片来描述我们的宇宙，在每一个碎片中，我们都可以用 3 个坐标的不同集合来指出某一点的位置。

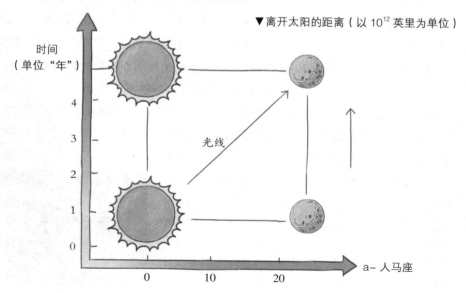

▼离开太阳的距离（以 10^{12} 英里为单位）

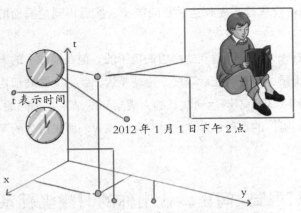

t 表示时间

2012 年 1 月 1 日下午 2 点

▲ x 轴和 y 轴表求事件发生的地理位置，即空间位置。

在相对论中，一个事件是在特定的时间和空间、特定的一点发生的某件事，因此我们可以用 4 个数或者坐标来描述它。当然，坐标的选择是任意的，我们不必刻意地总是使用同一个坐标，而是可以利用任何 3 个定义好的空间坐标和时间测度。事实上，在相对论中，时间和空间坐标之间并没有真正的差别，人们可以选择一组新的坐标。例如，为了测量地面上某一点的位置，我们可以利用在北京东北多少里和西北多少里，来代替北京以北多少里和以西多少里去测量，还可以使用新的时间坐标，即旧的时间（以秒为单位）加上往北离开北京的距离（以光秒为单位）。

以上所说的，将时间和空间结合起来创造的空间即为四维空间，即在普通三维空间的长、宽、高三条轴上又多了一条时间轴。在这个四维空间中，许许多多的事情正在发生着，而每件事情都可以用四维空间中的一点来表示。例如，2012 年 12 月 21 日你到图书馆借书，那么借书这个事件就可以用四维空间中的一个点表示出来，借书发生的时间和地点对应着时间点和空间点。

四维空间是不可想象的。我们很容易画出二维空间图，也能构建出三维空间，可四维空间究竟什么样，还没有人真正见识过。不过，我们可以使用二维图，用向上增加的方向来表示时间，水平方向表示其中的一个空间坐标。像这样不管另外两种空间坐标，或有时通过透视法将其中一个表示出来的坐标图，被称为时空图。

当然，由于并不存在绝对时间和绝对空间，所以不会有唯一的四维空间存在。通常，我们所说的四次元时空图都是因人而异的时空图，且是根据那个人的运动状态来定的。所以，每个人都有属于自己的时空坐标系，而发生在自己身上的每件事情都可以用四维空间中的一点来表示。

▶欧洲到北美的最短距离看起来是地球表面的二维地图上的一条直线。然而地球是三维的，所以两点间的实际路线是一条曲线。这类似于物体和辐射在时空连续体中穿越的状况。尽管它们看起来是沿着空间中的直线传播，但实际上它们正在四维空间里沿曲线运动。

引力折弯光线，形成弯曲的时空

狭义相对论：太阳熄灭了！那是 8 分钟之前的事情

麦克斯韦方程曾预言，无论光源的速度如何，光速都是一样的。这个预言，在精密的测量之下被证明是正确的。由此我们推出，如果有一个光脉冲在特定的时刻从一个特定的空间发出，那么在时间的进程中，它会以一个光球面的形式发散开来，这个光球面的形状和大小与光源的速度无关。可以想象，在一百万分之一秒后，光会散开成一个半径 300 米的球面，一百万分之二秒后半径变为 600 米。这就好像我们将一块石头扔进水中，水面的涟漪会向四周散开，慢慢地，涟漪形成的圆周会随着时间逐渐扩大。对此，如果我们对不同时刻的涟漪拍照，并将照片一个个堆叠起来，我们会在扩大的水波周围画出一个圆锥，而圆锥的顶点就是石头击到水面的那一刻和那个位置。

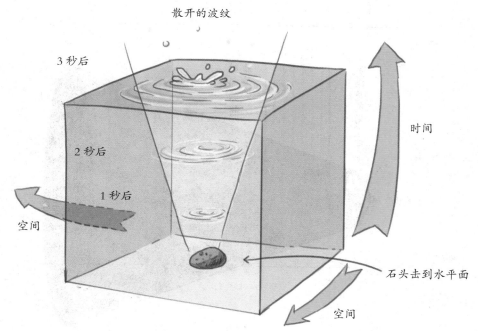

87

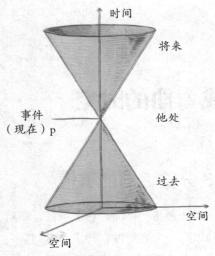

同石头类似，在四维时空中，从一个事件处散开的光在时空中也会形成一个光锥，这个三维的光锥，被称作事件的将来光锥。当然，采用同样的方式，我们也可以画出另一个被称为过去光锥的圆锥，它表示的就是可以用一个光脉冲传播到该事件的所有事件的集合。

通常，以一个给定的事件P来看，宇宙中其他事件可以被分成三类。第一类是P的将来，即从事件P出发由一个粒子或波以等于或小于光速的速度行进能到达的那些事件。可以想象，这些事件体现在时空图上，就是它们处于P的将来光锥的上面或里面。我们知道，没有任何东西的速度比光快，所以P事件只能影响在P的将来光锥中的事件。第二类是P的过去，它表示这样一类事件的集合，即从这些事件发出的粒子或波可能以等于或小于光速的速度行进到达事件P。换句话说，P的过去就是能影响事件P发生的所有事件的集合。

第三类是P的他处，即不处于P的将来或者过去的事件。很明显，在这类事件处发生的事件不但不能影响事件P的发生，也不受事件P的影响。这样一来我们会看

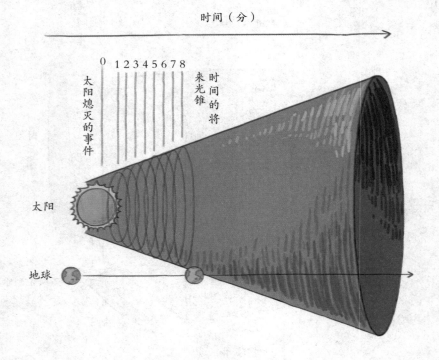

到，假设太阳在此刻停止发光，那么它不会对此刻地球上发生的事件产生影响，因为它们是在太阳熄灭这一事件的他处。

那么，我们什么时候会知道太阳熄灭了呢？如前文所述，由于光从太阳到达地球需要花费 8 分钟，因此我们只能在 8 分钟之后才知道太阳熄灭这个事件。而按照四维时空的光锥理论，这其实是因为只有到那个时候，地球上的事件才处在太阳熄灭这一事件的将来光锥之内，太阳熄灭这一事件也才能对地球产生影响。

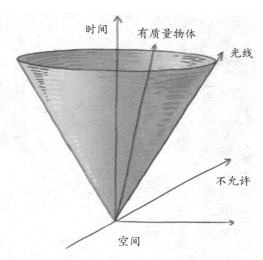

如果忽略引力效应的影响，那么我们就会得到被称为狭义相对论的理论，即以相对性原理和光速不变原理为基础描述四维时空的理论。对时空中的每一个事件，我们都可以做一个光锥，即所有从该事件发出的光的可能路径的集合。由于在每一个事件处在任何一个方向上的光的速度都是一样的，所以所有的光锥都是全等且朝向同一方向的。另外，由于没有任何东西比光快，所以通过空间和时间的任何物体的轨迹都表现为一条直线，而这条直线会落在它上面的每一个事件的光锥之内。

弯曲的时空：广义相对论预言——光会被引力场折弯

狭义相对论一个非常著名的推论是：质量和能量是等效的。这被概括为爱因斯坦著名的方程 $E=mc^2$（ E 为能量，m 为质量，c 为光速）。爱因斯坦指出，一个物体实际上永远达不到光速，因为那时它的质量会无限大，而根据上述爱因斯坦方程，能量也必须达到无限大。所以说，相对论限制了物体运动的速度，即除了光或没有内禀质量的波，其他任何正常的物体都无法超越光速，只能以等于或低于光速的速度运动。

这样一来，相对论和牛顿理论就产生了不可调和的矛盾。我们知道，牛顿理论指出物体之间是互相吸引的，吸引力的大小依赖于它们之间的距离。这意味着，如果我们移动其中一个物体，那么另一个物体受到的吸引力会马上改变。拿太阳来举例，假设此刻太阳消失了，那么按照牛顿理论，地球会立刻觉察到太阳的吸引不复存在而脱离轨道。此时，太阳消失的引力效应会以无限大的速度到达我们这里，而不像狭义相对论要求的那样，等于或低于光速。

▲该图根据爱因斯坦的广义相对论形象地展示了行星使时空弯曲的现象。蓝色格子线条代表时空，它们就像是有弹性的橡胶薄层，物质质量的变化则引起了这些线条凹痕大小的改变。

从 1908 到 1914 年，爱因斯坦一直在寻找一种能协调狭义相对论和引力理论的理论。1915 年，在经过近十年的思考研究之后，他终于提出了广义相对论，使得狭义相对论和引力论得以相互协调。

爱因斯坦在广义相对论中提出了一个革命性的设想，即引力并不是我们以前认为的平坦时空中的力，而是不平坦时空这一事实导致的结果。广义相对论提出，在时空中的质量和能量的分布使得时空产生弯曲或者"翘曲"。像地球这样的物体并非是受到称为引力的力的作用而沿着轨道运动，而是沿着弯曲轨道中最接近直线路径的东西运动，这个东西被称为测地线。测地线是相邻两点之间的最短（或最长）的路径。例如，地球表面是个弯曲的二维空间，地球上的测地线被称为大圆，赤道就是一个大圆。

在广义相对论中，虽然物体总是沿着四维空间的直线走，但在三维空间里看来，它还是沿着弯曲的路径走。举例来说就是，一架在山地上空飞行的飞机是沿着三维空间的直线在飞，但它在二维地面上的影子却是沿着一条曲线来走的。

大圆

由此我们知道，太阳的质量正是以这样的方式弯曲了时空，使得在四维时空中地球虽然沿着直线的路径运动，在我们看来却是沿着三维空间中的一个椭圆轨道运行。在这一点上，广义相对论和牛顿引力的预言几乎完全一致，它们都能准确地描述行星的轨道。但人们随后就发现，一些行星和牛顿理论预言的轨道偏差与广义相对论非常符合，由此验证了广义相对论的正确性。

时空是弯曲的事实意味着，光线并不像在空间中看起来那样沿着直线行走。事实上，光线在时空中也必须遵循测地线，即广义相对论预言光会被引力场折弯。按照这

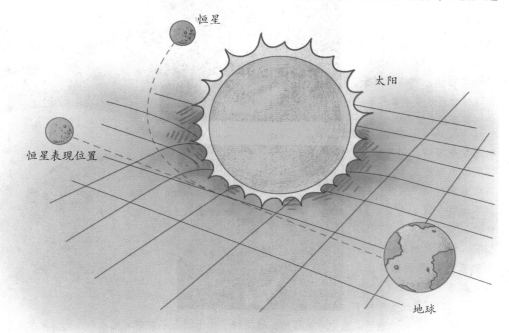

恒星

太阳

恒星表现位置

地球

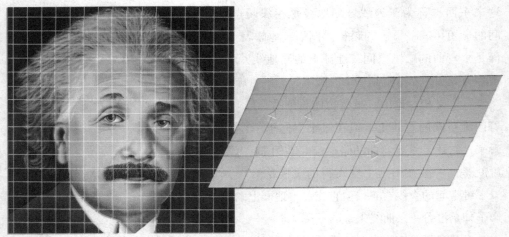

▲在平坦宇宙中，平行线将永远平行，物质，比如宇宙中的星系的平均分布将呈现在我们面前，就如它的本来面目。这一假设状态通过爱因斯坦的图像得到了证明：在平坦的几何结构下，不发生任何扭曲。这一几何状态被直到现在为止对于深空的研究结果所证实。现在，天文学家相信，宇宙的膨胀并非在减速，而是在加速中。

▶在开放宇宙的情形下，空间有着双曲面的形状，像马鞍一样。在这样的几何结构下，平行线最终背离。如果这种形状下图像被投影到平坦表面上，我们能够看到与球面上相反的扭曲：图像的中心被拉伸，外围被压缩。这意味着遥远星系看起来将比邻近星系更致密。

▶闭合宇宙的几何形状如这里的半球和变形的爱因斯坦的图片所示（他本人并不相信宇宙是处于膨胀中的）。在球面上，平行线相交。如果爱因斯坦的标准图像被投影到球面上，再重新绘制到平面（就如我们在球面上看到的那样）

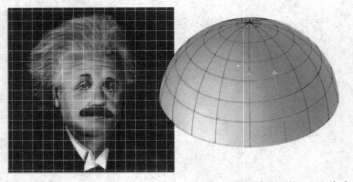

上，脸部的四周将被拉伸，而中心被压缩。这支持了关于闭合宇宙中遥远星系将比邻近星系看起来密度更低的见解。

个预言，由于太阳质量的缘故，在太阳附近的光的路径会稍微弯曲。这意味着，从遥远恒星来的光线在恰好通过太阳附近时会偏折一个角度，使得在地球上的观测者看来该恒星出现在了不同的位置上。

1919 年，一支英国探险队从西非观测到了日食，证明了光线确实像理论预言的那样会被太阳偏折。由此，人们更加肯定了广义相对论的正确性。

变慢的时间：同时出生的男孩因何年龄不同——双生子吊诡

科幻电影中有这样的情节：一个人坐着宇宙飞船去太空旅行，几年后回到地球却发现时间已经过了几百年。这听起来很匪夷所思，但却是科学理论之下的推断。狭义相对论告诉我们，对相对运动的观察者们来说，时间推移得不一样。换句话说就是，运动中的钟表会变慢。这就导致了双生子吊诡现象的出现。

我们通常会以为，两只一模一样的钟表，其每时每刻表针的走动都是一样的，所显示的时间也应该是一样的。可事实上，下面的实验会告诉你，即便是相同的钟表，当它们本身的运动状态不同时所显示的时间也会是不同的。

实验开始之前，需要先在天花板上吊上一个挂有镜子的箱子，同时在地板上放置一个光源。这样一来，当光从光源向上射出时，就会从天花板的镜子上反射回地板。这里，钟表会把光从地板射出并返回地板的时间定为一个单位时间。

我们知道，当箱子静止时，如果用镜子离地面的高度除以光速，就能得出光由地板到达天花板所需的时间，用结果乘以 2，就能得到光往返所需的时间。那么，假设现在让箱子以一定的速度做匀速直线运动，箱子里的人会有什么感觉呢？他是否还是会看到，光先从地板上垂直向上运动，到达天花板被反射后垂直向下运动，然后到达地板？而且，同样的一个光线反射过程，在房间里静止不动的人看来，情形又怎样呢？

事实上，当箱子运动时，由地板发出的光，看起来会随着箱子本身的运动倾斜地上升，经天花板上的镜子反射后再倾斜地下降抵达地板。这样一来，跟箱子里的人所见的比起来，箱子外的人看到的情景是，光似乎走了更长的一段距离。也就是说，光多走了箱子运动的那段距离，而房间里的人测得的光的往返时间，就是用他看到的光移动的距离除以光速得到的，其数值无疑要更大一些。

由此我们知道，房间里的人测得的光的往返时间比箱子里的人测得的时间更长。这说明，运动中的钟表在静止的人看来，会比自己的钟表长 1 个单位时间，即运动中的钟表会变慢。

根据以上结论，我们来看看双生子吊诡现象。同时出生的一对双胞胎，A 留在地球上，B 随着一艘宇宙飞船到太空中去旅行。假设 B 所搭乘的太空船速度是光速的80%，他到达目标恒星需要 5 年，来回需要 10 年。这样，当他最终返回地球的时候，A 就是 10 岁。而 B 呢？由于他以近光速旅行，所以他在飞船上只度过了 6 年的时间，也就是才 6 岁。当然，如果 B 乘坐的太空船速度达到光速的 99%，那么他往返地球可能只需要 1 年时间。

为何 B 会更年轻？毫无疑问，由运动中的钟表会变慢我们得知，以 A 所在的地球为参考物，B 在高速运动，所以测量他的时间的钟表会变慢，他自然就老得慢。可这样一来，一个问题就出现了。根据相对性原理，一切都该是相对的，飞船相对于地球运动，地球同时也相对于飞船运动。这样一来，以 B 为参考物，A 所在的地球就是运动着的。由此，根据运动的钟表会变慢的理论，地球上的 A 就应该衰老得更慢。这两个结论，到底哪一个正确呢？是相对论出了差错吗？

神奇的狭义相对论：双生子吊诡的诡异真相

爱因斯坦在狭义相对论中指出，没有任何一个参考系是独特和应该获得优待的。因此，旅行后的 B 回到地球后会看到比他更年轻的 A，而身在地球的 A 也抱着同样的想法认为会看到比自己更年轻的 B。那么，真正的答案是什么呢？

事实上，旅行者 B 的想法是错误的。因为狭义相对论指出，并非所有的观测者都有同等意义，只有在惯性系中的观测者，即没有进行加速运动的观测者才有同等意义。我们知道，宇宙飞船在旅行的过程中肯定是加过速的，至少加速过一次，而在加速的过程中，旅行者 B 并不是惯性系。

可以设想，如果 B 乘坐的飞船并没有回航，而是持续往前飞行的话，那么相对于飞船上的他来说，运转中的地球对他没有任何妨碍。此时，对 B 来说，留在地球上的 A 的钟表，无疑会比自己的钟表走得慢一些，A 也就比自己年轻。同样的道理，A 也会觉得 B 应该比自己年轻。此时，虽然 A 和 B 都认为对方的钟表走得更慢，可由于双方的运动状态是等同的，所以他们各自的观点还是不矛盾的。

不过，关键是问题就在下一个地方，即当 B 到达目标恒星后再次返回。我们知道，宇宙飞船如果要回航，就需要转向，而转向时要先减速直到速度为 0，然后再加速返回地球。在这个过程中，飞船的运动状态发生了改变，不再像之前一样跟地球保持同等，旅行者 B 也就不是惯性系。那么，在宇宙飞船运动状态发生改变的这段时间里，对地球而言，飞船是运动的。也就是说，飞船处于运动状态下，所以它的时间会

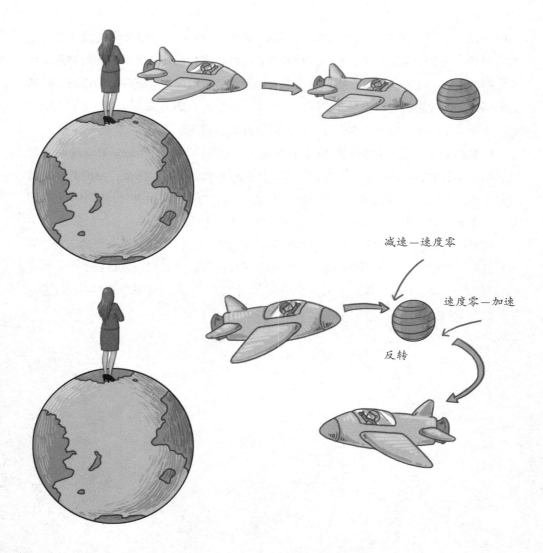

减速—速度零

速度零—加速

反转

减慢。由此，导致 A 和 B 两人的年龄出现了差异。

在解决双生子吊诡问题时，人们曾认为狭义相对论不适用于加速中的物体，对此只能使用广义相对论。不过，上述分析过程证明了这个观点的错误。而事实上，广义相对论也有一个关于时间的预言，即在像地球这样的大质量物体附近，时间显得流逝得更慢。这是因为，光能量和它的频率，也就是光在每秒钟里波动的次数，存在一种关系，即能量越大，频率越高。所以，当光从地球的引力场往上行进时，它会失去能量，进而频率下降。此时，在上面的人看来，下面发生的每件事就显得需要更长的时间。

1962 年，利用安装在水塔顶部和底部的一对精密钟表，人们检验了这个预言。

当时的结果显示，底部更接近地球的钟表走得较慢。这跟广义相对论的预言是一致的。当然，这个效应事实上非常小。和地球表面的钟表相比，在太阳表面的钟表 1 年才大约会走快 1 分钟。不过，随着基于卫星信号的非常精确的导航系统的出现，地球上不同高度的钟表的时间差异在实际应用中要引起重视，如果在实际计算中，人们忽视广义相对论的这个预言，那么计算得出的位置就会相差好几千米。

广义相对论的这个预言同样可以用双生子现象来体现。同样是一对双胞胎 A 和 B，在同一时间将 A 放在山顶上生活，而 B 留在海平面上生活。那么，山顶上的 A 将比海平面的 B 老得更快一些。如此一来，当他们有生之年再次相遇时，其中一个会比另一个更老一些。当然，这样的年龄差别数值是非常小的。

相对论的提出，革新了我们对空间和时间的理解，让我们看到了一个动态的、膨胀着的宇宙。或许，一个不变的宇宙已经存在了无限久远，并将一直存在下去。但与此相对，一个动态的宇宙似乎拥有有限的过去，并会在将来的有限时间内终结。这就是我们现在的研究任务。

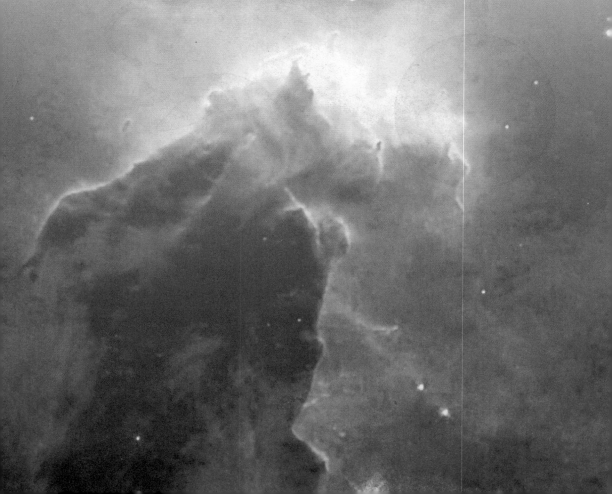

第三章

膨胀的宇宙

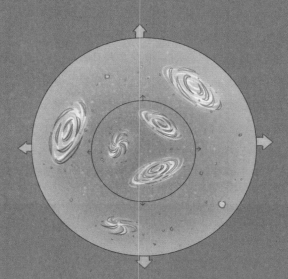

星系不断远离，宇宙时刻膨胀

斯莱弗的观测：星系正以百万千米的时速"逃离"银河系

晴朗无风的夜晚，仰望星空时，人们能看到的最亮天体通常是金星、火星、木星和土星，此外还有一些巨大的、类似于太阳但距离我们非常遥远的恒星。依肉眼来看，这些发光的恒星似乎一直都是固定不动的，但实际上，当地球围绕着太阳公转时，这些固定的恒星中的一些，相互之间的位置也会呈现微小的变化。也就是说，它们并不是固定不动的！那么，它们在做着什么样的运动呢？

20世纪初，河外星系的概念还没有确立，天文学家还无法确定那些看起来只是微弱的光斑的东西，究竟是独立的恒星集团，还是银河系中的气体星云。1912年，美国天文学家维斯多·斯莱弗在观测这些"光斑"中的一个，即仙女座星云 M31 的光谱时，发现它正向着蓝色方向移动。根据多普勒效应，光谱蓝移表明该物质正在接近银河系，而光谱红移则表明该物质正在远离银河系。他由此得出结论，仙女座星云正以每秒 30 千米的速度朝地球飞来。在这个发现的基础上，斯莱弗又马上观测了其他的星云。到1914年，他分析了13个星云，发现其中11个星云的光谱向着红色方

▼星系的成长过程在今天的宇宙中仍在继续。在这幅哈勃天文望远镜拍摄的图像里，NGC 2207 星系（左）与 IC2163（右）星系正在相互靠近形成合并。大约 4000 万年前，IC2163 与这个更大的星系撞开，现在正被拉回。

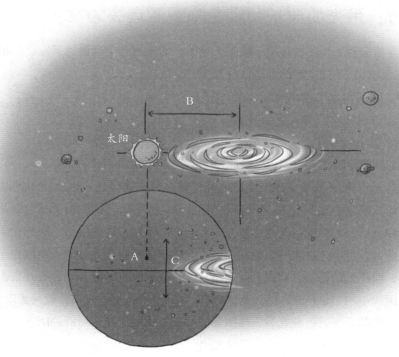

▲我们的太阳距离中心（B）约有 2.5 万光年，在圆盘上距离星系平面（A）68 光年。外圆盘在我们临近（C）的厚度约是 1300 光年。

向移动，2 个向着蓝色方向移动。到 1925 年，他观测的星云数目达到了 41 个，再加上其他天文学家观测到的 4 个星云，一共是 45 个星云。这其中有 43 个星云的光谱红移，2 个星云的光谱蓝移。

　　广袤宇宙中的星系，并不是均匀分布的，因此从地球上看，它们应该是向着各个方向运动的。也就说，有些星系会靠近银河系，而另外一些星系则会远离银河系。但斯莱弗和当时其他天文学家关于星云光谱的观测说明，大部分星云都在以高速飞离银河系。而且，根据斯莱弗的观测，大部分星系都以数百万千米的时速远离银河系，这个速度是地球上所有交通工具都无法比拟的。

　　星系为什么会高速运动，而且为什么多数星系都在远离我们？这其中有什么特别的理由吗？当时，由于人们还没有确定这些星云到底是不是银河系外的星系，因此对于星云远离银河系的现象，斯莱弗并没有过多思考，也没有因此联想到这个观测结果对宇宙学的意义。后来，直到哈勃用望远镜确定这些星云属于河外星系，并且在各个方向上都在远离我们之后，人们才意识到，宇宙可能在膨胀。无论如何，斯莱弗的观测结果对于发现宇宙膨胀有着重要的意义，他为人们提出宇宙膨胀观点提供了最早的依据。

光谱分析：用光的波长和颜色来观测远去的恒星

对天文学家来说，恒星的距离实在是太远了，即便通过望远镜也只能看到很小的光点。那么，怎样将不同类型的恒星区分开呢？

1666年，大科学家牛顿在研究日光时发现，阳光透过玻璃窗射入后会分成几种不同的颜色，而透过三棱镜之后同样会分离出如同彩虹般的七种颜色。

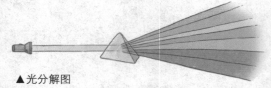

▲光分解图

他由此认为，太阳光其实并不是单色光，而是由不同颜色，也就是不同波长的单色光混合而成的复合光。由于三棱镜对不同波长的光有着不同的折射率，因此当太阳光进入三棱镜后，各种颜色光的传播方向就会产生不同程度的偏折，因此在离开棱镜时会各自分散，将颜色按照一定的顺序形成光谱。这种复合光分解为单色光而形成光谱的现象，叫作光的色散。利用色散现象将波长范围很宽的复合光分散开来，成为许多波长范围狭小的"单色光"的过程，叫作"分光"。这里的光谱，就是光学频谱，是复色光通过色散系统进行分光后，按照光的波长大小顺次排列形成的图案，它其中最大的一部分即是人眼可以感知到的可见光谱。

雨后彩虹的形成跟棱镜类似，只不过彩虹是把空中的小水滴当作了一个个棱镜。通常，在可见光中，红光的波长最长，折射率最小，紫光的波长最短，折射率最大。因此，太阳光经过小水滴的折射后，紫色光的方向改变最大，红色光的方向改变最小，因此就形成了赤橙黄绿青蓝紫的七色彩虹。不过，在可见光谱的红端和紫端之外，还存在着波长更长的红外线和波长更短的紫外线，它们都无法被肉眼所觉察，但可以通过仪器加以记录。因此，光谱中除了可见光谱外，还包括红外光谱与紫外光谱。

那么，光谱跟恒星或星系的观测有什么关系呢？正如我们前面所说，透过望远镜我们只能看到恒星模糊的光点，可如果把望远镜瞄准个别恒星或者星系并且聚焦，却

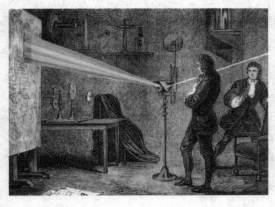

◀图为牛顿在做"色散实验"时的情景：在一间四周遮光的房间里，通过一个小孔，引一束阳光进入屋内，并恰好射在预先放好的三棱镜上，使光分解成几种颜色的光谱带，之后再使光谱带通过一块带狭缝的挡板，仅允许一种颜色的光射过并打在第二个三棱镜上，这时穿过第二个三棱镜的光呈现原有的一种颜色。由此，牛顿得出结论，阳光并不是由人们所见的白色组成，而是由组成彩虹的7种颜色的光组成的。

可以观测到恒星或者星系的光谱。一旦观测到恒星或者星系的光谱，就可以确定恒星的温度及大气构成。

通过恒星光谱来确定恒星温度的做法，得益于德国物理学家古斯塔夫·克希霍夫的发现。1860 年，古斯塔夫·克希霍夫意识到，任何物体，例如恒星，加热时会发出光或其他辐射，就像煤炭加热时会发光一样。这种炽热物体中的原子的热运动引起的发光，被称为黑体辐射。由于黑体辐射具有一个特殊的形状，这个形状会随着物体的温度而变化，因此能很容易被辨识出来。由此我们知道，炽热物体发射的光其实就像是一个温度读数，而我们从不同恒星观测到的光谱就是该恒星热状态的明信片。

确定恒星大气成分的手段，则来自光谱分析。根据物质的光谱来鉴别物质，确定它的化学组成和相对含量的方法叫作光谱分析。我们知道，每种化学元素

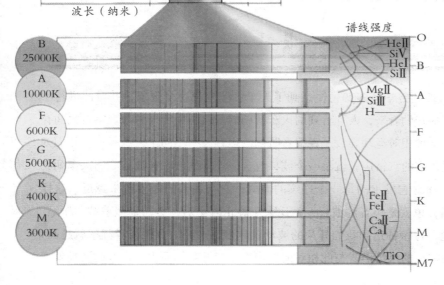

◀恒星按照普朗克曲线图释放能量，普朗克曲线图描述了高温天体的辐射情况，通常被称为黑体辐射。单独的曲线显示了由辐射体温度所决定的不同波长上的辐射强度，这里的温度就是恒星的温度。恒星的颜色由它的温度决定。低温恒星的峰值辐射靠近可见光谱的红端，而高温恒星的峰值辐射靠近蓝端。

◀恒星能够按照其光谱中的原子吸收线的图样分类。原子吸收线是由恒星大气中原子里的电子吸收光球层辐射出的光子产生的。光球层和色球层底部的温度决定了电子原本占据的能层，这也就决定了光谱中最主要的吸收线。

都会吸收独具特色的一组非常特殊的颜色，而在观测恒星的过程中，天文学家发现了某些非常特定的颜色缺失，这些缺失的颜色会因恒星而变。因此，把化学元素能吸收的特殊颜色和恒星光谱中缺失的那些颜色相对照，就能确定在那个恒星的大气中存在着哪些元素。

多普勒效应：远去的声音会变低，远去的光呢

前面我们讲到，斯莱弗观测发现了星系红移，说明星系正在远离我们。而在20世纪20年代，当天文学家开始观察其他星系中的恒星光谱时，他们也发现了一个奇异的现象：这些星系中存在着和银河系的恒星一样缺失颜色的特征模式，只不过它们都向着光谱的红端移动了同样的相对量。这同样说明，星系都在远离我们运动。那么，这个结论从何而来呢？

要理解红移和星系远离的关系，我们必须先了解多普勒效应。相信很多人有过这样的经历，站在火车站台上的时候，你会听到火车接近或者远离时的声音变化。通常，当火车由远及近地接近站台时，你会感觉火车的汽笛声变得很响亮，音调很高，而当火车由近及远地离开站台时，汽笛声又慢慢变弱，音调越来越低。对此现象，坐在火车中的人通常不会有什么感觉，而站在站台上的人却感觉很明显。人们听到的这种火车音调的变化是怎么回事呢？

1842年，奥地利数学家多普勒注意到了火车音调变化这个现象，并对此进行了深入的研究。在多普勒看来，人耳听到的火车音调的变化是由于振源与观察者之间存在着相对运动，这种相对运动导致了观察者听到的声音频率不同于振源频率。我们知道，对火车来说，它的汽笛声音就是一个波，包含一连串的波峰和波谷。当火车朝我们开来的时候，随着它发出的每一个连续的波峰，它与我们的距离越来越近，这样波峰之间的距离，也就是声音的波长，就比火车静止时更短，看起来似乎被"压缩"了。而波长越短，每秒钟达到我们耳朵的波动就越多，声音的音调或者频率就越高，我们就会听到更响亮的汽笛声。与此相对的，当火车离开我们而去，声音的波长就变

得较长，看起来似乎被"拉长"了，到达我们耳朵的波就具有较低的频率，听起来汽笛声就逐渐减弱。

多普勒发现的这个频率移动的现象，就叫作多普勒效应。1845 年，荷兰气象学家拜斯·贝洛用实验证实了多普勒效应。当时，他让一对小号手站在一辆从荷兰乌德勒附近疾驰而过的火车上吹奏，他自己则站在火车站台上测量听到的小号音调的改变。结果，他发现在站台上听到的音调是不同的。

在生产生活中，多普勒效应的应用有很多。应用多普勒效应制成的血流仪，能对人体内血管中的血流量进行分析；应用多普勒超声波流量计还可以测量工矿企业管道中污水或者有悬浮物的液体的流速；警察利用装有多普勒测速仪的监视器向行进中的车辆发射频率已知的超声波，根据测量到的反射波的频率，就能知道车辆是否超速行驶。

明白了多普勒效应，我们就可以理解红移和蓝移了。其实，除了声波，具有波动性的光也会出现多普勒效应，它又被称为多普勒 – 斐索效应。而光波与声波的不同之处在于，光波频率的变化使人感觉到的是颜色的变化。因此，通过观测恒星光谱的颜色移动方向，我们就能得出恒星与我们的相对位置变化，即它到底是在接近我们还是远离我们。

光波的多普勒效应：红移表明，星系确实在远离我们

像声波一样，当波源和观察者有相对运动时，观察者接收到的光波的频率也会与波源发出的频率不相同，这就是光波的多普勒效应。1848 年，法国物理学家斐索独立地对来自恒星的波长偏移作了解释，指出了利用多普勒效应来测量恒星相对速度的办法。这种办法后来被叫作多普勒 – 斐索效应。由此，我们就可以根据恒星光谱的红移和蓝移现象，来弄清楚恒星相对我们运动的状况。

我们知道，光其实是一种电磁波。作为光波的一种，可见光的波长极短，范围大约是百万分之四十厘米到百万分之八十厘米。而光的不同波长正是人眼当作不同颜色看到的东西，通常最大的波长出现在光谱的红端，最小的波长出现在光谱的蓝端。现在，假设有一个和我们距离不变的光源，例如一颗恒星，正以一个不变的波长发射光波，那么，我们接收到的波的波长就和它发射的波长相同。然后，假设现在光源开始远离我们而去，那么跟声音的情形一样，我们接收到的光的波长就会被拉长，观测的结果就是恒星的光谱向着红端移动。同样的道理，当这颗恒星开始接近我们的时候，它的光谱就会向着蓝端移动。在物理学和天文学领域，这种物体的电磁辐射由于某种

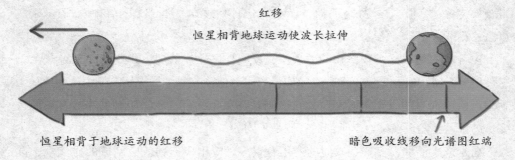

红移

恒星相背地球运动使波长拉伸

恒星相背于地球运动的红移　　　　　　　　　　暗色吸收线移向光谱图红端

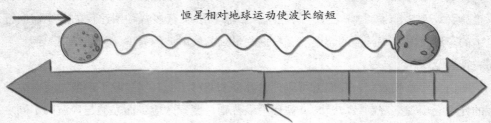

蓝移

恒星相对地球运动使波长缩短

恒星相对于地球运动的蓝移　　　　　　　　暗色吸收线移向光谱图蓝端

原因而波长增加的现象，就叫作红移，在可见光波段，它表现为光谱的谱线向着红端移动了一段距离，也就是波长变长，频率降低。与此相反，波长变短、频率升高的现象则被称为蓝移。

现在我们知道了，根据多普勒效应引起的红移和蓝移，天文学家可以发现星系与我们的相对位置，还可以借此计算出恒星的空间运动速度。从 19 世纪下半叶开始，这种方法就开始被天文学家用来测量恒星的视向速度，也就是物体或者天体在观察者视线方向的运动速度。

那么，让我们回过头再看看斯莱弗的发现吧。当时，斯莱弗对观测到的星系的光进行了分光，发现分离后的光在一些波长上变亮或者变暗。按理说，这些波长应该是该星系所含的原子释放或者是吸收的光的波长，但这些波长显然与任何原子都不一致。于是，他试着将这些波长按照相同的比例向着波长小的方向偏离，结果发现，它们的波长和我们已知的原子放射和吸收的波长相一致。这意味着，这些星系所含的原子的波长其实被拉长了，而根据光波的多普勒效应，这种情况就预示着这些星系的光谱发生了红移，也就是说它们在远离我们。

遗憾的是，斯莱弗的发现并没有引起人们足够的重视，让人们意识到星系远离意义的人还是埃德温·哈勃。在证实了河外星系的存在后，哈勃花了好长时间来逐一记录星系的距离并观测它们的光谱。那个时候，多数人都以为星系的运动方向完全是随机的，即光谱会呈现红移的星系和呈现蓝移的星系应该是一样多的。事实却相反，哈

▶哈勃太空望远镜可以跟踪研究膨胀中的宇宙中产生的遥远超新星。这里，相差两年拍摄的两幅图片中的差异揭示了一颗遥远超新星的存在。

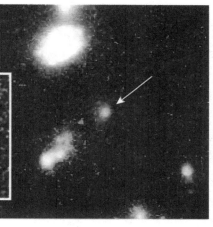

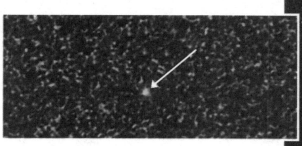

▲差异：1997 ～ 1995 年

勃的观测表明所有的星系都表现为红移现象，也就是说，每一个星系都在远离我们而去。接下来，当哈勃在 1929 年发表自己的观测结果，指出红移量居然和星系的距离成正比，即星系越远离我们远离的速度就越快时，人们更加惊讶了。因为这个结果表明，宇宙不可能如人们之前预想的那样是静态的，而是正处于膨胀中。

著名的哈勃定律：越远的星系"逃离"的速度越快

在宇宙学研究中，哈勃定律的发现为现代宇宙学中占据主导地位的宇宙膨胀模型提供了重要的观测证据。

在证实了河外星系的存在之后，哈勃和他的同事继续对星系的距离和光谱进行了观测研究。不久后他发现，所有他分析过的星系的光都发生了红移，也就是说，似乎所有的星系都在远离我们。更重要的是，从他们辨认出的造父变星来看，河外星系到地球的距离远远超出了人们的想象，有些竟然达到几十亿光年。当然，哈勃和他的同事也意识到了，由于河外星系发出的光在达到地球之前要行进非常长的时间，因此今天我们观察到的星系其实是它们在遥远的过去的形象，它们事实上已经走过了十分漫长的一段演化之路。在观测中他们发现，有的星系距离达到了 80 亿光年，而它的光谱红移也远大于其他的星系。这意味着，这些最老和最远的星系，远离我们的速度也最快，远超那些和我们相距较近的星系。

前面我们提到，视向速度是物体或天体朝向观察者视线方向的运动速度，一个物体的光线在视向速度上会受多普勒效应的支配，退行物体的光波长将增加（红移），接近的物体的光波长将降低（蓝移）。在近十年的观测之后，哈勃最终发现那些具有很快的视向退行速度的星系到地球的距离与它们的退行速度之间存在着特殊的关系。

于是在 1929 年,哈勃和米尔顿·修默生提出了哈勃定律,即河外星系的视向退行速度 v 和距离 d 成正比,用公式表示就是 v=Hd。

哈勃定律也叫作哈勃效应,等式中 v 的单位是千米 / 秒,d 的单位是百万秒差距(秒差距是天文学上的一种长度单位,英文缩写是 pc,1 秒差距约等于 3.26 光年,更长的距离单位有千秒差距 kpc 和百万秒差距 Mpc),H 即为哈勃常数,单位是(千米 / 秒)/百万秒差距。2006 年 8 月,来自马歇尔太空飞行中心的研究小组使用美国国家航空航天局的钱卓 X 射线天文台发现的哈勃常数是 77(km/s)/Mpc,其中的误差大约是 15%。而到了 2012 年 10 月 3 日,天文学家使用美国宇航局的斯皮策红外空间望远镜精确计算出了哈勃常数,其数值结果为 74.3 ± 2.1(km/s)/Mpc。

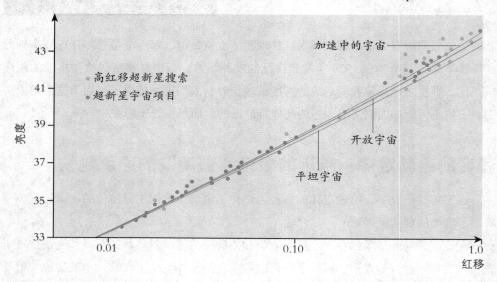

▲将距离和遥远超新星的亮度标注在一张图上可以看出,标准宇宙膨胀理论与数据并不相符。尽管差异很小,但这在统计上十分重要,而且这只与假设宇宙正在加速膨胀这一情况相一致。

哈勃定律在天文学上有着广泛的应用,它是测量遥远星系距离的唯一有效方法。通常,只要测量出星系谱线的红移,再换算出退行速度,就能由哈勃定律推算出该星系的距离。不过,在哈勃定律刚提出的时候,它并没有得到世人的承认,因为哈勃只是观测了数千个星系中的 18 个,且这 18 个星系也并非都在远离我们。于是,在助手修默生的帮助下,哈勃开始研究更多、更远的星系,观测它们到地球的距离和退行速度。直到 1936 年,其观测结果证明,星系的退行速度确实与距离成正比,即星系距离我们越远,它们逃离我们的速度就越快。

越远的星系逃离得速度越快!这意味着,宇宙不可能如人们之前设想的那样是静态的，而是时刻处于膨胀之中，即在任何一个时刻，不同星系间的距离都在不断增大。由此，现代宇宙学迎来了 20 世纪的重大发现：宇宙在膨胀。

膨胀的宇宙：20 世纪最伟大的智力革命之一

发现宇宙在膨胀，是 20 世纪最伟大的智力革命之一。

我们有时候会奇怪，为何在哈勃定律提出之前，人们丝毫没有意识到宇宙在膨胀。其实，早在牛顿提出万有引力定律的时候，人们就应该意识到，在引力的作用下，一个静态的宇宙很快就会开始收缩。这时，人们完全可以假设一下宇宙并不是处于静止状态，而是正在膨胀。这样一来，如果宇宙膨胀得不是很快，那么引力的作用就会最终导致膨胀停止，并使之开始收缩。但是，如果膨胀的速度超过了某个确定的临界值，而引力的作用又不足以阻止膨胀，那么宇宙就会一直不断地永远膨胀下去。这就好比我们在地球表面给火箭点火，如果火箭的速度很慢，引力就会最终使火箭停止运动并开始落回地面，而如果火箭的速度大于某个临界值，引力便无法把它拉回地面，它就会越飞越远脱离地球。

事实上，在 19 世纪、18 世纪，甚至 17 世纪晚期的任何一个时候，人们都可以根据牛顿的引力理论来提出宇宙的上述变化状况。但遗憾的是，人们关于静态宇宙的观念是如此之强烈，以至于直到 20 世纪初期，爱因斯坦在系统地阐明广义相对论的时候，都还深信宇宙只能处于静止状态。为了使静态宇宙成为可能，爱因斯坦甚至对自己的理论进行了修正。他在他的相对论方程式中加入了一个所谓的宇宙常数，以创造一个新的"反引力"之力，使其可以跟宇宙中全部物质的吸引力相平衡，由此得出静态宇宙的结论。

虽然，爱因斯坦宇宙常数的设置无疑是错误的，但它反映的人们对静态宇宙的深信不疑是实实在在的。事实上，即使在哈勃定律提出以后，人们依然无法完全理解这一科学发现的全部意义。毕竟，人们很少见到这样的情况，即周围的东西都在纷纷远离。更何况，人们很难从一般思维上来理解宇宙膨胀的样子，因为它是空间的不断扩张。通常，人们会在脑中这样描绘宇宙膨胀的场景，即在某处发生大爆炸的背景中，恒星和星系从中飞出，冲向四面八方。但实际上，这种爆炸一定要在一定的空间中发生，如果爆炸涉及的是整个宇宙，当时并没有让其发生的空间，即空间也是由大爆炸引起的，那就很难理解了。

不过，我们还是可以用一个较为形象的例子来理解宇宙膨胀的观念。想象一个膨胀中的气球，在吹气球之前先在气球上画一些任意的点，然后把气球吹起来，气球表

面就会开始膨胀。此时，气球上的点与点之间的距离就会越来越大，对每一个点而言，其他的点都是离开它而去的，且离它越远的点，

▼膨胀的宇宙像一个正被吹胀的气球。气球表面上的斑点相互离开，但没有一个斑点是膨胀的中心。

退行得就越快，即退行速度与距离成正比。

把这种情形应用到宇宙中去，想象我们的宇宙也处于某种形式的膨胀之中，似乎比较容易理解宇宙膨胀的概念。当然，这样一个简单的小模拟是无法解释宇宙膨胀的整个过程的。空间究竟是如何膨胀的、宇宙膨胀过程中都发生了什么，将是我们接下来要详细讲述的内容。

如何观测更远的星系：天文望远镜的"成长史"

作为观测天体的重要手段，天文望远镜为现代天文学的发展做出了突出贡献，可以毫不夸张地说，没有望远镜的诞生和发展，就没有现代天文学。

关于望远镜的发明人，广为接受的说法是 1608 年荷兰米德尔堡的镜片制造商汉斯·立浦喜。1609 年，伽利略用凸透镜做物镜、凹透镜做目镜，制作了一架口径为 4.2 厘米、长约 12 厘米的望远镜，被称为伽利略式望远镜。用这架折射望远镜指向天空，伽利略得到了一系列重要的发现，使天文学进入了望远镜时代。接下来的 1611 年，德国天文学家开普勒用两片双凸透镜分别作为物镜和目镜，使望远镜的放大倍数有了明显的提高，人们把这种折射式望远镜称为开普勒式望远镜。如今人们用的折射望

▲这是伽利略望远镜的复制品，背景是佛罗伦萨的教堂。

▼简单的反射式望远镜通过使用多种形状、大小和结构反射电磁射线聚焦光线，如牛顿式望远镜，通过一个抛物面形状的曲面主镜聚焦光线，光线被平坦的副镜折射出镜筒，到达可以被观测到的一侧。

　　另一种使用透镜和反射镜的设计是施密特式望远镜。收集到的光线会被聚焦到镜筒中一个难以到达的位置。为了克服这一困难，这种望远镜被设计成类似于将胶片放置于焦点位置的相机的结构。光线成的像聚焦于一个曲面上，而胶片也相应被弯曲，从而保证整个图像的对焦。

　　马苏托克夫式望远镜设计更为优良，它通过镜片系统纠正图像的误差。它的主镜是一个球面镜，副镜是球面修正透镜上的镀银区域。尽管这些望远镜能够获得更好的图像，但由于在它们边缘安装大型透镜的难度较高，因此并不实际。这种设计的最大望远镜直径只有 1 米。

远镜还是这两种形式，天文望远镜则采用开普勒式。

　　不过，在开普勒式望远镜出现的时候，由于望远镜采用单个透镜做物镜，存在着严重的色差。为了获得好的观测效果，往往需要用曲率非常小的透镜，而这势必会造成镜身的加长。因此，很长一段时间内，天文学家都在梦想制作更长的望远镜，但很多尝试都以失败告终。直到 1757 年，杜隆通过研究玻璃和水的折射及色散，建立了消色差透镜的理论基础，用冕牌玻璃和火石玻璃制造了消色差透镜。此后，消色差折射望远镜就完全取代了长镜身望远镜。不过由于当时很难铸造较大的火石玻璃，在消色差望远镜使用的初期，人们最多只能磨制出 10 厘米的透镜。

　　在天文学研究中，要观测到更远的星系，势必要使用大型望远镜。这是因为，口径越大的望远镜，观测到的范围就越远，进入人们视野的星系也就越多。通常，望远镜口径增大到原来的 2 倍，其表面积就增加为原来的 4 倍，而光的聚集能力跟表面积是成正比的，光的行进距离延长至 2 倍远，亮度就会变成原来的 1/4。如此一来，望远镜的口径增大到原来的 2 倍，它所观测到的距离也就会延伸到原来的 2 倍远。因此，大型望远镜对天文学家来说是至关重要的。所幸，到 19 世纪末期，随着制造技术的提高，制造较大口径的望远镜成为可能。

　　1897 年，美国叶凯士天文台建成了一架口径达 1.02 米的折射望远镜，一度使反

▲凯克双子望远镜位于夏威夷岛上的死火山——莫纳克亚山的山顶。每架望远镜的镜片直径都达到了 10 米，由 36 块六角形镜片镶嵌组成。这两架望远镜能够用来观察同一个天体，以模拟一架更大的望远镜的效果。

射望远镜黯然失色。不过，由于巨型透镜很难制造，且其自身的重量又易导致形变，再加上透镜会严重吸收某些颜色的光，折射望远镜实际上已无法满足天体观测的要求了。到 19 世纪中期，人们发现在玻璃上镀金属膜，可大大提高镜面反射光线的能力。于是，1908 年，威尔逊天文台的海尔建成了一架口径为 1.53 米的反射望远镜。到 1917 年，他又主持建造了另一架口径 2.54 米的反射望远镜，这被称为海尔望远镜。

接下来的 1971 年，美国霍普金斯天文台研制了第一台多镜面望远镜。它由 6 个 1.8 米的卡塞格林望远镜组成，6 个望远镜中心轴排成六角形，组合之后的望远镜口径相当于 4.5 米。到 1993 年，美国又建成了由 36 块 1.8 米的反射镜拼合而成的口径 10 米的凯克望远镜。1990 年，美国还将哈勃太空望远镜送上了距离地表 600 千米的太空，在排除地球混浊大气层的视野干扰下，让人类的视野得到了革命性的扩展。

斯莱弗的观测研究和哈勃取得的成就，都离不开大型望远镜的支持。实际上，每一项天文观测成就的取得都离不开望远镜。未来，借助于越来越先进的天文望远镜，天文学家观测到的星系范围也将越来越远，对宇宙的认识也必将越来越多、越来越深。

由密集状态开始的巨大爆炸

大爆炸理论的证据：天外传来的诡异噪声

对宇宙大爆炸理论看法的改变起决定性作用的，是 1965 年发现的宇宙微波辐射。不过，这一发现颇具戏剧性。

1965 年，位于新泽西州的贝尔实验室设计了一台灵敏度非常高的微波探测器，用来跟轨道上的卫星进行通信联系。微波是波长介于红外线和特高频之间的射频电磁波，波长范围大约在 1 毫米至 1 米之间。当时，为了检测这台探测器的噪声性能，实验室的两位年轻工程师阿诺·彭齐亚斯和罗伯特·威尔逊将探测器上那个巨大的喇叭形天线对准天空方向进行测量。结果，出乎意料的是，他们竟然接收到了比预期更大的噪声。起初，他们以为那可能是附近的城市噪声。可当他们把天线对准纽约的时候，却没发现任何特别的症状，那说明这种频率的噪声并非来自纽约。之后，他们认真地检查了探测器，发现里面竟然住了一对鸽子，而且有一些鸟粪。可当他们把鸽子送走，并且将鸟粪清除干净之后，他们发现那个明显的噪声依然存在。

接下来，彭齐亚斯和威尔逊就发现，这个噪声非常特别，因为它似乎并不来自某个特定的方向。通常，当探测器倾斜地指向天空时，从大气层里来的任何噪声都应该比原先垂直指向的时候更强，因为从接近地平线的方向接收比直接从头顶方向接收，光线要穿过多得多的大气。不过，无论探测器朝向哪个方向，这多余的噪声始终一样，因此它肯定来自大气层之外。此外，尽管地球在不断地绕着轴自转，同时又绕着太阳转动，可在整个一年中，无论白天还是黑夜，这个噪声始终保持不变。这又说明，噪声一定来自太阳系之外，甚至是银河系之外，否则当探测器随着地球的运动而指向不同的方向时，噪声也应该随之发生变化。最终，彭齐亚斯和威尔逊意识到，这个诡异的噪声来自空间的每一个方向，也就是说，它来自宇宙。那么，这个宇宙背景噪声究竟是什么呢？

大约在彭齐亚斯和威尔逊研究他们的探测器噪声的同时，在他们附近的普林斯顿大学的两位美国物理学家鲍伯·狄克和詹姆士·皮帕尔斯也对微波产生了兴趣。当

时，他们正在研究美国物理学家乔治·伽莫夫的一种设想，即早期的宇宙应该是非常密集和炽热的，并会发出白热的光芒。狄克和皮帕尔斯因此提出，这种光芒现在仍然能被看到，因为从早期宇宙非常遥远的部分发出的光线，现在应该恰好到达地球。不

▶ NASA 将利用他们的新空间探测器——微波各向异性探测器（MAP）研究微波背景辐射，试图找到宇宙加速膨胀的新线索。在 2007 年，欧洲航天总署发射了一个名为普朗克的更为敏感的探测器。

过，由于宇宙在膨胀，这种光线应该发生了很大的红移，现在就我们来看就表现为微波辐射。

在这种情形下，当狄克和皮帕尔斯听说彭齐亚斯和威尔逊发现了诡异噪声时，他们马上意识到，那一定就是他们要找的、能证实宇宙在膨胀的宇宙微波背景辐射。虽然，彭齐亚斯和威尔逊是无意中发现宇宙微波背景辐射的，但他们还是因此获得了 1978 年的诺贝尔奖。而这个结果，对于潜心寻找宇宙微波背景辐射的狄克和皮帕尔斯来说，无疑有点儿残酷。

热辐射：真空中唯一的传热方式

我们知道，电和磁可说是一体两面，变动的电会产生磁，变动的磁也会产生电，变化的电场和变化的磁场构成了一个不可分离的统一的场，即电磁场。而变化的电磁场在空间的传播就形成了电磁波。电磁波不需要依靠介质来传播，各种电磁波在真空中的速度都是固定的，都等于光速。电磁波频率的单位是赫兹（Hz），但常用的单位是千赫（KHz）和兆赫（MHz）。

在我们生活的地球上空，就有很多交织在一起的电磁波，而不同种类的电磁波波长是不同的。例如，我们熟知的电视的电波波长有好几米，而雷达的电磁波长最小却只有几毫米。按照波长或频率的顺序把所有的电磁波排列起来，就是电磁波谱。我们能看见的光，即是电磁波的一种，但可见光只是电磁波的一小部分，其他波段的电磁波虽然与光的本质相同，但波长和频率却有很大不同。按照频率从低到高的顺序，电磁波包括工频电磁波、无线电波、红外线、可见光、紫外线、x 射线和 γ 射线等。

电磁波向空中发射或者泄漏的现象，叫作电磁辐射。电磁辐射是以一种看不到、摸不着的特殊形态存在的。在宇宙中，最主要的电磁辐射主要包括恒星上核聚变引发

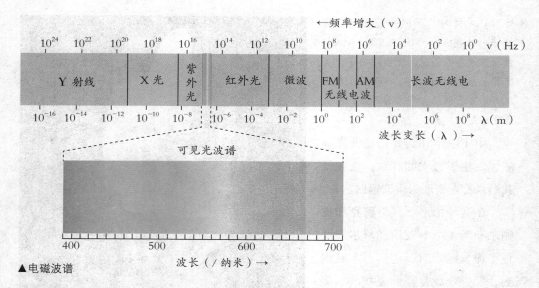

←频率增大（ν）

10^{24} 10^{22} 10^{20} 10^{18} 10^{16} 10^{14} 10^{12} 10^{10} 10^{8} 10^{6} 10^{4} 10^{2} 10^{0} ν（Hz）

| γ 射线 | X 光 | 紫外光 | 红外光 | 微波 | FM | AM | 长波无线电 |

无线电波

10^{-16} 10^{-14} 10^{-12} 10^{-10} 10^{-8} 10^{-6} 10^{-4} 10^{-2} 10^{0} 10^{2} 10^{4} 10^{6} 10^{8} λ（m）

波长变长（λ）→

可见光波谱

400　　500　　600　　700

波长（／纳米）→

▲电磁波谱

的宇宙射线、x 射线、γ 射线、紫外线、可见光、少量其他波长的辐射、地球等行星的红外辐射以及宇宙微波背景辐射等。通常，电磁辐射所产生的能量，取决于其频率的高低，频率越高，能量越大。例如，频率极高的 x 射线和 γ 射线就能产生巨大的能量，令原子和电子分离化，被称为"电离"辐射。

由于分子或原子的热运动，任何物体在任何温度下，都在不断吸收和发射电磁波。在不同温度下发出的各种电磁波的波长各不相同，能量也各不相同。这种波长随着物体本身的特性及温度变化的电磁辐射，叫作热辐射。

我们知道，物质的温度取决于其内部原子、分子等粒子运动的激烈程度，因此跟物体内部粒子的运动相结合起来定义温度，使用起来更方便，于是就产生了绝对温度。绝对温度又叫热力学温标或绝对温标，是国际单位制中的温度单位，其单位是开

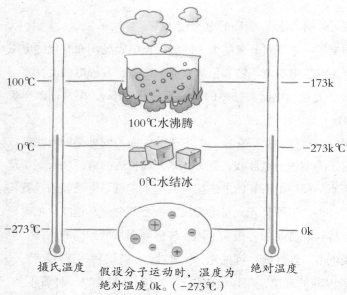

100℃ ————————————— −173k

100℃水沸腾

0℃ ————————————— −273k℃

0℃水结冰

−273℃ ————————————— 0k

假设分子运动时，温度为
绝对温度0k。（−273℃）

摄氏温度　　　　　　　　　绝对温度

▲ 摄氏温度和开尔文温度对比图

尔文，符号是 K。理论上，当粒子的动能低到量子力学的最低点时，物质温度将达到绝对零度，不能再低。因此，绝对零度是热力学的最低温度，0 开尔文大约等于摄氏温标的 -273℃，彭齐亚斯和威尔逊发现的电波杂音的能量温度大约是绝对温度 3K。

目前，世界上还没有发现温度低于或等于绝对零度的物体，而任何一个本身温度高于绝对零度的物体都能产生热辐射。所以说，一切物体每时每刻都在发生热辐射，且温度愈高，辐射出的总能量愈大，短波成分也就越多。热辐射的光谱是连续谱，其波长覆盖范围理论上可以从零一直到无穷大，而一般的热辐射主要是波长较长的可见光和红外线。此外，由于电磁波的传播不需要任何介质，因此热辐射是真空中唯一的传热方式。

作为热传导的三种方式之一，热辐射不依赖任何外界条件而进行。通常，加热物体，物体的温度就升高，内部粒子的运动就加剧，物体释放的电磁波频率就增大，波长随之变短。而物体的温度越高，粒子的运动就越激烈，释放出的电磁波频率就越大，波长就越短，能量也就越高。简单来讲就是，物体温度的变化，会体现在其释放出的电磁波的频率和波长变化上。因此，通过测量电磁波的波长或者频率，我们就能知道释放电磁波的物体的温度。

微波背景辐射：星系远离，说明我们在宇宙的中心吗

宇宙微波背景辐射，是一种充满整个宇宙的电磁辐射，频率属于微波范围。前面我们讲过，炽热物体中原子的热运动引起的发光被称为黑体辐射。而在不同波段上对宇宙微波背景辐射进行测量和研究后，人们发现它在一个相当宽的波段范围内都符合黑体辐射谱，且对应着绝对温度 2.7K（近似为 3K）。因此，它又被称为 3K 背景辐射。当然，黑体谱现象表明，微波背景辐射是在极大的时空范围内的事件，因为只有通过辐射与物质间的相互作用才能形成黑体谱，而如今的宇宙空间密度极低，辐射与物质的相互作用极小，是不可能形成黑体谱的。所以，今天我们观测到的宇宙微波背景辐射必定起源于很久之前。

现在我们知道，宇宙经历了一个大爆炸。大爆炸发生后，早期宇宙是温度极高、密度极高的均匀气体。之后，随着宇宙不断膨胀，温度逐渐降低，氦生成了，此时宇宙中所有的中子都被锁定在氦原子核中。接下来，在宇宙温度处于 3000K 以上时，高温中带电荷的粒子运动、吸收、释放光，而光与质子、电子频繁反复地碰撞，因此光无法直线行进。而当宇宙温度持续降低，低到 3000K 以下时，原子核和电子复合

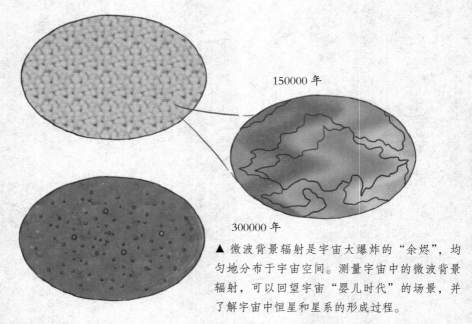

150000 年

300000 年

▲ 微波背景辐射是宇宙大爆炸的"余烬"，均匀地分布于宇宙空间。测量宇宙中的微波背景辐射，可以回望宇宙"婴儿时代"的场景，并了解宇宙中恒星和星系的形成过程。

生成了氢原子并放出光。此时，光可以在宇宙中自由传播，也就是说，宇宙对光来说变得透明了，这就使我们能观察到的宇宙中最古老的光。这个阶段被叫作"宇宙的放晴"。

在大爆炸发生 38 万年之后，宇宙的温度下降到大约 3000K，此时电子和原子核结合为原子。当然，电子的大量减少无疑会打破宇宙热平衡的状态，导致大爆炸辐射出的射线随着宇宙的膨胀自由地传播出去。之后，在宇宙不断膨胀、温度不断降低的过程中，这些辐射的射线的波长不断变长，一直降低到微波的范围。这就是宇宙微波背景辐射。

作为大爆炸的遗迹，宇宙微波背景辐射如同大爆炸产生的回声，给大爆炸模型提供了有利证据。通过测量宇宙中的微波背景辐射，人们可以一窥早期宇宙的景象，并了解宇宙中恒星和星系形成的过程。除此之外，宇宙微波背景辐射的发现，还为人们准确地描述我们的宇宙提供了重大参照。

让我们回到 1922 年，在哈勃提出著名的哈勃定律之前，俄国宇宙学家弗里德曼就着手开始研究非静态宇宙。当时，弗里德曼对宇宙做了两个非常简单的假设，即我们不论从哪个方向观察宇宙，也不论在任何地方观察宇宙，宇宙看起来都是一样的。弗里德曼认为，仅从这两个观念出发，我们就能得出宇宙不是静态的结论。

之后的事实证明，弗里德曼的假设是对的，它甚至异常精确地描述了我们的宇宙。而这个证明，就来自彭齐亚斯和威尔逊的发现。

　　彭齐亚斯和威尔逊发现的天外诡异噪声，就是宇宙微波背景辐射，最重要的是，这些来自宇宙的噪音在任何方向上都是一样的。这无疑是对弗里德曼假设的印证，即宇宙在任何方向看起来都是一样的。如此一来，我们在宇宙中的位置似乎很特殊。而在此基础上，哈勃的观测又证明了所有的星系都在远离我们。这一切似乎都说明了一个事实，即我们必须处在宇宙的中心。

　　那么，我们到底是否处于宇宙的中心呢？

▼谱线是由电子在环绕原子核的能级间运动产生的。在原子吸收中，一些经过的光子被电子吸收。吸收的能量取决于电子到达另一能级所需的确切能量。这一过程也就减少了经过的光的能量。如果光线再通过棱镜，得到的光谱中会有暗线对应被吸收的能量。高能级的电子会很快跳回低能级，重新射出光子。这些光子会向任意方向散射，而不是回到它们原先的路径上。从与原来光线不相关的任意视线的观察将导致观察者只能看到拥有亮线的黑暗背景。这些线与被发射出的能量相符。

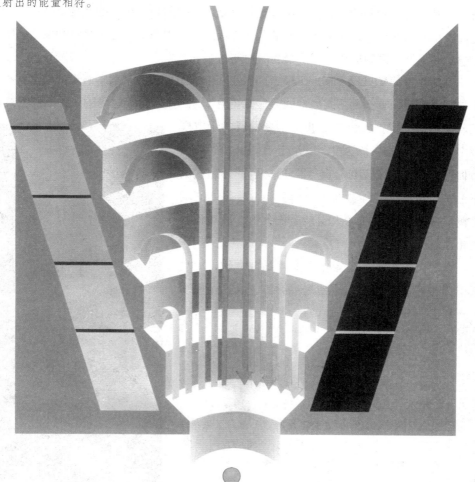

弗里德曼的宇宙膨胀模型：空间是有限的，但没有边界

亚历山大·亚历山大洛维奇·弗里德曼，苏联数学家、气象学家、宇宙学家，1888年6月出生于俄国的圣彼得堡。1922年，弗里德曼根据爱因斯坦的广义相对论，建立了弗里德曼宇宙模型，也叫标准宇宙学模型，为大爆炸学说奠定了理论基础。

前面我们讲到，彭齐亚斯和威尔逊发现的、在各个方向上都完全一致的宇宙微波背景辐射，印证了弗里德曼"宇宙在任何方向上看起来都一样"的假设，似乎说明我们身处宇宙的中心。可事实上，还存在着另一种解释，即弗里德曼的第二个假设：从任何其他星系上观察宇宙，宇宙在任何方向上也都一样。

在弗里德曼的宇宙模型中，所有的星系都相互直接离开，犹如一个画上好多斑点被逐渐吹胀的气球。当气球膨胀时，任意两个斑点之间的距离都在加大，但没有一个斑点能被认为是膨胀的中心。而斑点相离得越远，它们相互离开的速度也越快，即任何两个星系相互离开的速度跟它们的距离都成正比。很明显，这正是哈勃发现的哈勃定律。弗里德曼模型成功预言了哈勃的观测。

虽然弗里德曼只找到了一个模型，但实际上满足他的两个基本假设的模型共有三个，也就是说，有三种不同类型的弗里德曼模型，即宇宙可能行为的三种不同方式。

在第一类模型，也就是弗里德曼发现的宇宙模型中，宇宙膨胀得非常慢，以至于不同星系间的引力促使膨胀减缓并最终停止。之后，星系开始逐渐靠近，宇宙开始收缩。在这个模型中，星系之间的距离从零开始，不断增大到某个极大值，然后再逐渐相互靠近，直到再次归零。

在第二类模型中，宇宙膨胀得如此之快，以至于引力虽然能减缓但无法使之最终停止。这个模型

▶尽管天文学家有着计算恒星乃至星系中物质的量的可靠方法，但要计算整个宇宙中所有物质的重量并不那么容易。天文学家转而关注我们看到的遥远星系在宇宙上的曲率效应。如果空间在引力下是正曲率的，我们认为平行线将会最终相交，因此我们看到遥远的星系的密度将下降。事实上对于深空的研究（如这张照片所示）说明星系的分布或多或少是调和的，这表明空间有着平均的几何结构。对非常遥远星系密度的研究同样支持了这一结论：如果宇宙是闭合的，我们可以认为遥远星系的密度在下降。

中，相邻星系间的距离从零开始，最终星系会以某种恒定速度相互远离。在第三类模型中，宇宙的膨胀刚好快到足以避免由引力引起的坍缩。此时，星系间的距离依然是从零开始永远增大，而星系相互分离的速度会越来越慢，但永远不为零。

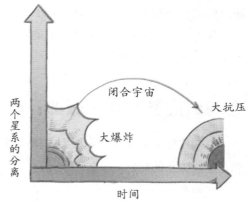

▲ 在弗里德曼的宇宙模型中，所有星系一开始都相互离开。宇宙一直膨胀到它的最大尺度，然后被收缩回到一点。

可以看到，第一类模型，也就是弗里德曼发现的宇宙模型，有一个奇异的特性，即宇宙在空间上是有限的，但没有边界。在这个模型中，引力如此强大，可以把宇宙空间折弯使其绕回自身，就像地球的表面。地球表面是有限的，但没有边界，如果你在地球表面沿一个方向不停前进，你将最终回到你的出发点。第一类模型中的空间就是如此，只不过，它不像地球一样只是二维，而是三维的。

当然，在第二类永远膨胀的宇宙模型中，由于引力也在起作用，因此空间会以另一种方式弯曲，看起来就像一个马鞍面。这种情况下，空间是无限的。而在第三种膨

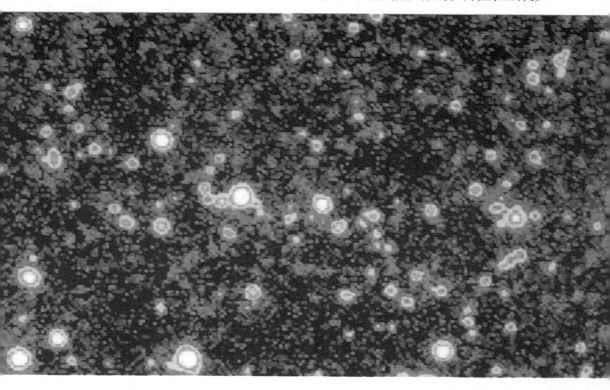

胀刚好避免坍缩的模型中，空间是平坦的，因而也是无限的。

那么，究竟哪一种模型可以准确地描述我们的宇宙呢？宇宙到底最终会停止膨胀并坍缩，还是永远膨胀下去？

空间到底是怎样膨胀的：加速、加速、再加速

哈勃定律和弗里德曼的模型都描述了宇宙膨胀、星系远离的景象，那么，空间到底是怎样膨胀的呢？

前面我们曾以一个膨胀中的气球为例来描述宇宙膨胀的观念。现在，让我们以变大的球面上的蚂蚁为例，来更好地阐释空间的膨胀。

为便于理解，我们需要将球面换成一根可以被无限拉长的线。现在，想象在这条线上每隔 10 厘米放一只小蚂蚁，然后将线均匀地拉长一倍。此时，虽然线上的蚂蚁没有动，但相邻蚂蚁间的距离却变成了 20 厘米。此外，距离变化后，相邻蚂蚁之间相对远离的速度也发生了变化。试想，如果线在 1 秒钟之内伸长为前一秒的 2 倍，那么开始相距 10 厘米的蚂蚁 1 秒钟之后就会相距 20 厘米，而假设此时它们相对远离的速度是每秒 10 厘米的话，那么等它们之间的距离从 20 厘米变为 40 厘米时，它们相对远离的速度也会随之变成每秒 20 厘米。

当然，宇宙中星系间的距离要比蚂蚁间的距离大得多了。理解了蚂蚁远离的情况之后，现在我们把宇宙假设为一个三维的立方体，每个边长都是 1000 万光年。此时，

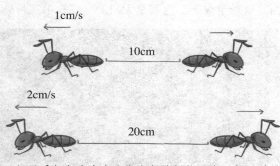

▲把星系想象为在直线上爬行的蚂蚁，来了解星系是如何相互远离的。

在这个立方体的长、宽、高三边上每隔 100 万光年放一个星系，每一边共放 10 个星系，那么整个立方体中就含有大约 1000 个星系。

以以上模型为例，空间膨胀的概念，就是指立方体中含有的星系个数不变，而立方体的体积变大。这样一来，当宇宙是现在的 1/1000 大小时，立方体的边长就变成 100 万光年，星系间隔就是 10 万光年；当宇宙是现在的 1/8 大小时，立方体边长就是 500 万光年，而星系间隔是 50 万光年。依此类推，一直朝着过去追溯，星系会越来越集中，密度越来越高，最终所有的星系都重叠在一起，此时宇宙的体积为零。当然，把这个过程翻转过来，让宇宙体积由零开始扩大成立方体，并一直扩大，就是空

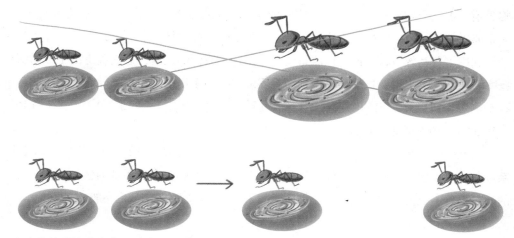

▲宇宙的膨胀并非指星系变大，而是指星系之间的距离变大。

间膨胀的过程，即加速、加速、再加速。

当然，由于空间膨胀毕竟是我们未曾亲眼看到过的景象，所以一开始很多人都把它理解为是星系的扩大。实际上，所谓的空间膨胀是星系间距离的增大，而不是各个星系规模的扩大。在空间膨胀中，星系的大小丝毫不会产生变化，星系中恒星之间的距离也不会因宇宙膨胀而改变。膨胀过程中，星系中为数众多的恒星相互之间的引力刚好相抵消，因此星系会依然保持原来的形态。

当然，凡事并不绝对，并非所有的星系都在高速远离。例如，银河系和仙女座星系就正以每秒 200 千米的速度相互靠近着。事实上，在很多星系集中的区域，有时候星系之间的引力会起更大作用，导致星系间相互靠近的速度大于宇宙正在膨胀的速度，由此形成相互靠近的现象。所以说，哈勃定律并不适用于所有地方。

宇宙是否会永远膨胀：宇宙平均密度 PK 膨胀率的临界值

究竟哪一种弗里德曼模型可以描述我们的宇宙？对这个问题，最基础的分析来自两个数据：宇宙现在的膨胀速率和宇宙现在的平均密度（宇宙在空间的给定体积内的物质的量）。

一般认为，宇宙现在的膨胀率越大，停止它所需要的引力就越大，所需要的物质密度也就越大。因此，如果宇宙的平均密度比某个由膨胀率所确定的临界值还大，那么物质的引力就会成功地阻止宇宙继续膨胀并使之开始坍缩，这是第一类弗里德曼模型；如果宇宙的平均密度比这个临界值小，物质的引力就不足以阻止膨胀，宇宙就将永远膨胀下去，这对应着第二类弗里德曼模型；最后，如果宇宙的平均密度刚好等于临界值，那么宇宙将永远处于减缓膨胀的状态，但永远都不会达到一个静态的尺度，这是弗里德曼的第三个模型。我们的宇宙，到底处于哪种状态中？

利用多普勒效应，我们可以测量其他星系远离我们的速度，进而确定出宇宙的膨胀率。从理论上来说，这很容易做到。但实际上，由于星系的距离只能通过间接的途径来测定，所以测定出的结果并不精确。所以，我们现在只是知道，宇宙正以每 10 亿年 5% ～ 10% 的速率膨胀着。

与此同时，我们关于宇宙平均密度的测定不确定性更大。目前，就算我们把银河系和其他星系中能看到的所有恒星质量都加起来，并对膨胀率取最低的估计值，宇宙的质量仍然不及使宇宙膨胀停止所需质量的 1%。这个差距实在不是一般的小。

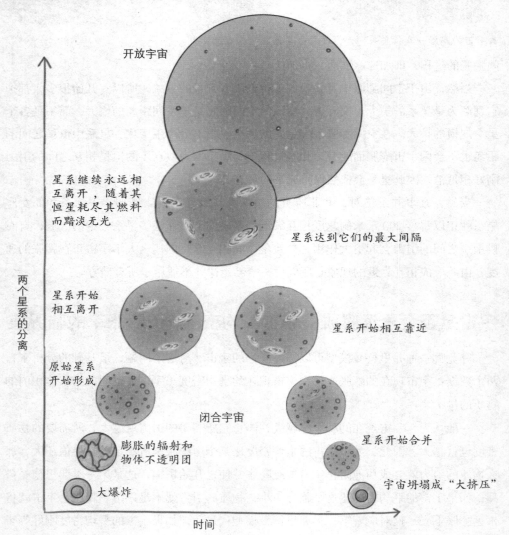

开放宇宙

星系继续永远相互离开，随着其恒星耗尽其燃料而黯淡无光

星系达到它们的最大间隔

两个星系的分离

星系开始相互离开

星系开始相互靠近

原始星系开始形成

闭合宇宙

膨胀的辐射和物体不透明团

星系开始合并

大爆炸

宇宙坍塌成"大挤压"

时间

当然，以上并不是最终结果，关于宇宙质量，还存在着很多神秘物质。研究显示，在我们的星系和其他星系中，包含着大量"暗物质"，由于它对星系中恒星轨道的引力，我们虽然观察不到它但能肯定它存在。要知道，在像银河系这样的螺旋星系外围，有很多恒星都在围绕着它们的星系公转，这些恒星的公转速度太快以至于已经超出了能看到的星系恒星的引力吸引。所以，一定存在其他的物质引力将其约束在轨道上，这些物质可能就是"暗物质"。事实上，目前科学界认为，宇宙中暗物质的总量远远超过了正常物质的总量，一旦我们将所有这些暗物质都加起来，宇宙质量大约能达到阻止膨胀所需物质量的 1/10。

当然，除了这些，宇宙中可能还存在着我们尚未探测到的其他物质形式，它们均匀地分布在整个宇宙中，使宇宙的平均密度得以达到停止膨胀所需的临界值。不过，我们知道宇宙已经膨胀了 100 多亿年，所以即便它真的会再次坍缩，那也是至少 100亿年以后的事情了。而到那时，人类或许已经不存在了。

值得注意的是，最近的观测显示，宇宙实际上正在加速膨胀。这听起来非常奇怪，就像一个炸弹爆炸后威力非但不减反而加强了，这不但不符合任何一种弗里德曼模型，也似乎摆脱了引力吸引的影响。是什么力量导致宇宙加速膨胀呢？目前，我们还不得而知。不过，我们总算弄清了宇宙晚期的行为，即宇宙将会以不断增加的速度膨胀下去。这样，对那些有幸逃脱黑洞的人们来说，时间将会永远流逝下去。

大爆炸或者时间，有一个开端

暗物质和暗能量："空荡荡"宇宙中的神秘物质

宇宙是由什么物质组成的？在地球上抬头仰望夜空，除了看到大片闪亮的星星，我们看不到其他东西，似乎整个宇宙看起来空荡荡的。那么，看似空荡荡的宇宙中究竟包含了哪些物质呢？

宇宙中存在着数以千计像太阳一样的恒星，它们的大小、密度各有不同，有红巨星、超巨星、中子星、造父变星、白矮星、超新星等。在宇宙空间中，这些恒星常常聚集成双星或者三五成群的聚星，之后再组成星系、星系团。此外，以弥漫形式存在的星际物质，如星际气体和尘埃等，高度密集之后会形成形状各异的星云。除了这些能发出可见光的恒星、星云等天体，宇宙中还存在着紫外天体、红外天体、x 射线源、γ 射线源及射电源等。

以上我们认知的宇宙部分，包括恒星、行星和星系等物质，大约只占到了宇宙总质量的 4%。那么，宇宙组成中剩下的 96% 的神秘物质又是什么呢？天文学家认为，其中 23% 是暗物质，而剩下的 73% 则是一种能导致宇宙加速膨胀的暗能量。

在宇宙学中，暗物质又被称为暗质，是指无法通过电磁波观测进行研究，即不与电磁力产生作用的物质。暗物质无法通过直接观测得到，但它能干扰星体发出的光波或引力，因此其存在能被明显地感觉到。

20 世纪 30 年代，暗物质存在的证据第一次被发现。当时，

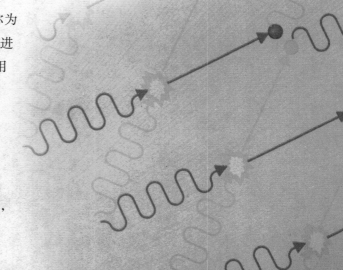

瑞士天文学家弗里兹·扎维奇在研究星系时发现，大型星系团中的星系具有非常高的运动速度。他推测，除非星系团的质量是根据其中恒星数计算所得到值的 100 倍以上，否则星系团的引力根本无法束缚住这些星系。

20 世纪 50 年代，天文学家在推算银河系的质量时发现，他们得到的数值要远大于通过光学望远镜发现的所有发光天体的质量之和。由此，他们推断，银河系中存在着此前人类没有发现的物质，并给其命名为"暗物质"。2006 年，美国天文学家使用钱德拉 x 射线望远镜对星系团 1E 0657-558 进行观测时，无意间观测到了星系碰撞的过程，其过程如此之猛烈以至于其中的暗物质与正常物质产生了分离。由此，人们终于发现了暗物质存在的直接证据。

对宇宙整体的研究表明，星际空间深处隐藏着比我们想象的多得多的暗物质，其总质量可达到可见物质的 10 ~ 100 倍。目前，科学家认为，暗物质很有可能是由一种或者几种粒子物质标准模型外的新粒子所构成的物质，它的存在对宇宙结构的形成非常关键。

前面我们讲过，观测显示宇宙正在加速膨胀，而导致宇宙加速膨胀的原因，可能就是暗能量。在物理宇宙中，暗能量被认为是一种不可见的、能推动宇宙运动的能量，宇宙中所有恒星和行星的运动都是由暗能量和万有引力推动的。支持暗能量的证据主要有两个：一是观测表明宇宙在加速膨胀，二是根据爱因斯坦方程。加速膨胀的现象能推论出宇宙中存在着压强为负的"暗能量"，所以，在对宇宙加速膨胀的观测结果的解释中，暗能量假说是最流行的一种。而在宇宙标准模型中，

▼在非常早期的宇宙中，空间的密度很高，以至于光子经常碰撞。这导致它们自发地转变成为物质粒子以及相对的反物质。粒子的精确类型取决于光子的结合能。物质与反物质也会相碰撞，它们互相湮灭，并且再次产生一对光子。这个过程就是对生，它在现代宇宙中适当的条件下仍在发生。物质粒子在没有相对的反物质的条件下产生的情况每 10 亿次里面有 1 次。这就通过粒子"种下"了宇宙，因为它们没有使它们重新变回带能量的光子相应的反物质。

暗能量占了宇宙 73% 的质能。

　　暗物质和暗能量被认为是宇宙学研究中最具挑战性的课题，它们共同占据了宇宙中 90% 以上的物质含量。目前，对暗物质和暗能量的研究是现代宇宙学和粒子物理的重要课题。在不久的未来，或许我们就能弄清楚它们到底是什么以及由什么组成。

宇宙的两种极端命运：热寂说和大坍塌

　　关于宇宙的极端命运，我们可以做两种预言：一是继续膨胀直至热寂，二是大坍塌。

　　热寂理论是猜想宇宙终极命运的一种假说，最早由爱尔兰物理学家威廉·汤姆森于 1850 年推导出。19 世纪，在提出了热力学第二定律和熵的概念后，德国物理学家克劳修斯于 1867 年提出了热寂说。

　　熵指的是体系的混乱程度，用来表示任何一种能量在空间中分布的均匀程度，通常能量分布得越均匀，熵就越大。根据热力学第二定律，作为一个孤立的系统，宇宙

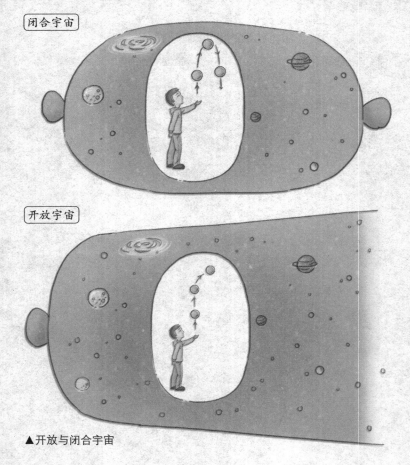

▲开放与闭合宇宙

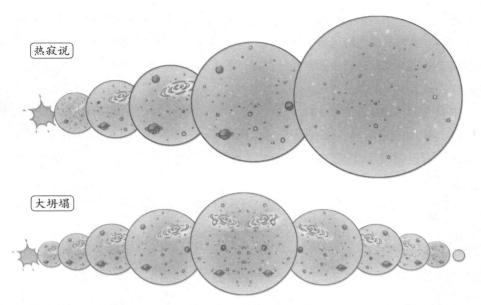

的熵会随着时间的流逝而增加，也就是从有序变成无序，逐渐趋向最大值。熵的总值永远只能增大不能减少。当宇宙的熵达到最大值时，宇宙中其他有效的能量就已经随着时间的流逝，全部转化成了热能，所有的物质温度也就达到了热平衡。由于引力波和引力扰动的影响，行星逐渐脱离它们的原始轨道。此时，宇宙会停止变化，呈现一种死寂的永恒状态，这种状态就是热寂。

热寂说的支持者认为，按照开放的宇宙理论，宇宙物质的引力不足以使膨胀停止，但会消耗宇宙的能量，导致宇宙慢慢地走向衰亡。随着时间的流逝，在引力波和引力扰动的影响下，行星会逐渐脱离它们的原始轨道，随后，同样因为引力波和引力扰动的影响，星系中的恒星和恒星残骸也开始脱离它们的原始轨道，只留下一些分散的恒星残骸及超大质量的黑洞。接着，黑洞也会通过霍金辐射的形式缓慢地蒸发。当所有的黑洞都蒸发完毕，宇宙中所有的物质都将衰变为光子和轻子，宇宙进入低能状态，变得寒冷、荒凉而空虚。一种假设认为，宇宙将会永远停留在这种状态，进入真正意义上的热寂状态，但这之后宇宙是否还会有变化、将如何变化，我们还不得而知。

当然，由于宇宙热寂说仅仅是一种可能的猜想，并没有任何事实证据支持该学说的正确性，所以上述过程也仅仅只是假设之下的推测。

我们已经知道，牵制宇宙膨胀的万有引力的大小，取决于宇宙物质的量。当宇宙物质的量大于临界质量时，万有引力就会使宇宙膨胀的速度变慢，并最终变为零。这个过程，其实就是宇宙从膨胀变为收缩的过程，也就是大坍塌。在经过了从膨胀到收缩的转折点后，宇宙的体积就开始缩小，起初收缩的过程很慢，但随后就越来越快。最终，引力成为占据绝对优势的作用力，将物质和空间都碾得粉碎。此时，宇宙中所有的物质都将不复存在，一切曾经"存在"的东西，甚至时间和空间本身，都完全被消灭掉，只留下一个时空奇点。

按照大坍塌理论，宇宙的历史就是从大爆炸开始，到大坍塌终结。大爆炸过程中，由于引力的作用，物质出现了，生命出现了，并最终出现了人类。不过，这些只不过是宇宙漫长演化过程中极其短暂的一瞬间。当坍塌来临，于大爆炸中诞生的宇宙，又将重归于无。

宇宙最终会归于死寂还是成为一点，这是未来很长一段时期内，科学家们研究的课题。

大爆炸奇点：创生时刻——宇宙可能起源于一点

时间有开端吗？多数人不喜欢这个观点，因为它看起来充满了神干涉的味道。当然，这个观点得到了天主教会的支持，他们曾正式宣告时间有开端的观点和《圣经》非常和谐。那么，时间是否有开端呢？

回想弗里德曼模型，我们会发现，三种弗里德曼模型具有一个共同的特点，即在

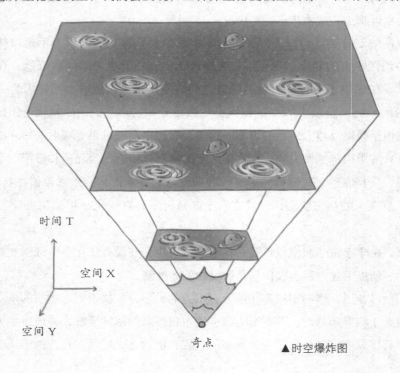

▲时空爆炸图

过去的某个时刻，大约 100 亿到 200 亿年之前，相邻星系间的距离一定是零。在这个被我们称之为大爆炸的时刻，宇宙的密度和时空曲率是无限大的。可实际上，数学是不能真正处理无限大的数的，所以弗里德曼模型所依赖的基础即广义相对论就预言，宇宙中存在一个点，在这里理论本身会崩溃。这个点，就是我们所说的奇点。

一个明显的事实是，我们所有的科学理论体系之所以能形成，就在于假设宇宙是平滑且几乎平直的。而在大爆炸奇点处，时空的曲率是无穷大的，所以在那个时刻，这些理论统统都不能成立。这就意味着，就算在大爆炸之前确实有事件出现，我们也无法凭借它们来推断其后会出现什么情况，因为我们凭借理论施展的可预见性在大爆炸处崩溃了。

同样的道理，就算我们知道了大爆炸以后发生的事情，我们也无法推断大爆炸之前发生过什么。对我们来说，大爆炸之前的事情是没有任何效果的，它们不应该成为科学宇宙模型的一部分。所以，在构建宇宙模型的过程中，我们应该将其剔除，并宣称时间是从大爆炸处开始的。

事实上，在弗里德曼提出自己的宇宙膨胀模型后不久的 1927 年，比利时天文学家勒梅特首次提出了现代大爆炸假说，他当时称它为"原生原子的假说"。根据爱因斯坦的广义相对论和弗里德曼的膨胀模型，勒梅特认为，如果宇宙确实在膨胀且膨胀力稍微强于引力，宇宙就会继续膨胀下去，那么将来的宇宙就会占用比今天的宇宙更大的空间尺度。据此，勒梅特分析，过去的宇宙应该比今天的宇宙占用更小的空间尺度。所以，如果把时间不断地上溯，越早期的宇宙就越小，而一定存在一个足够早的时刻，宇宙在那时处于它最小的状态。

由此，勒梅特提出，宇宙有一个起始之点，或者说宇宙开始于一个小的原始"超原子"的灾变性爆炸。最开始，宇宙挤在一个"宇宙蛋"中，这个"宇宙蛋"容纳了宇宙中的所有物质。之后，一场"超原子"的突变性爆炸将"宇宙蛋"炸开，再经过几十亿年的时间，最终形成了现在还在不断退行的星系。

勒梅特提出的宇宙"起始之点"正是教会苦苦寻找的上帝创世的时刻。按照他的大爆炸模型，上帝在创世的最初创造了一个"原始原子"，之后它不断长大，膨胀起来，仿佛一棵小果树长成了一棵参天大树。这个理论，后来经过美国物理学家乔治·伽莫夫的修改，成为宇宙论中占据主导地位的理论。

按弗里德曼和勒梅特的宇宙模型来看，宇宙似乎确实存在一个创生时刻，也就是大爆炸奇点。不过，很多人并不喜欢这种时间有一个起点的观念。为了回避这一问题，他们做了诸多尝试，这其中，稳恒态宇宙理论得到了最广泛的支持。

大爆炸的自然史

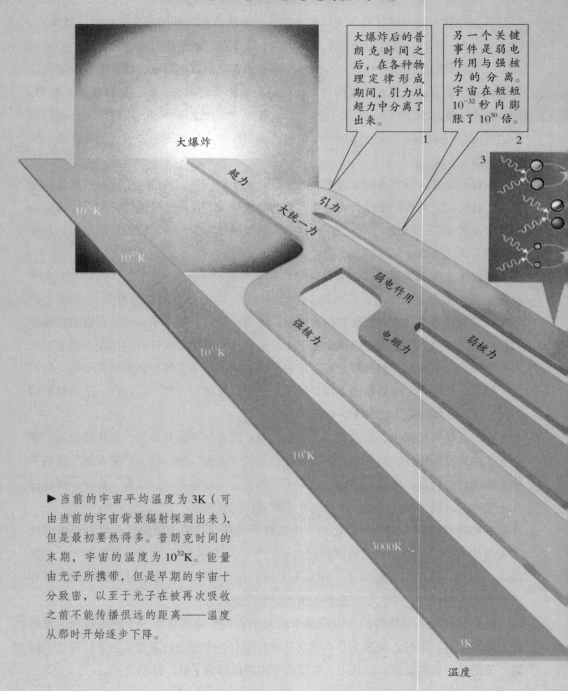

大爆炸后的普朗克时间之后，在各种物理定律形成期间，引力从超力中分离了出来。

1

另一个关键事件是弱电作用与强核力的分离。宇宙在短短 10^{-32} 秒内膨胀了 10^{50} 倍。

2

3

大爆炸

超力

10^{32}K

10^{27}K

大统一力

引力

10^{15}K

强核力

弱电作用

电磁力

弱核力

10^9K

3000K

3K

温度

▶当前的宇宙平均温度为 3K（可由当前的宇宙背景辐射探测出来），但是最初要热得多。普朗克时间的末期，宇宙的温度为 10^{32}K。能量由光子所携带，但是早期的宇宙十分致密，以至于光子在被再次吸收之前不能传播很远的距离——温度从那时开始逐步下降。

▼在 10^{-43} 秒之前，早期的宇宙（1）是无法描述的，但到达 10^{-35} 秒后，两种自然力分离开来，并且最轻的粒子——夸克与轻子产生了（2）。到 10^{-12} 秒时（3），所有的粒子都处于一种稳定地产生与湮灭的状态中；直到 10^{-6} 秒（4），夸克开始结合在一起形成中子与质子，尽管几乎所有的这些粒子同样也在与它们的反粒子的碰撞中湮灭了，剩余的粒子形成了今天我们在宇宙中能够发现的物质（5）。很长时间以后，到大爆炸后 15 秒时，这些质子与中子结合在一起形成氘核（6），并且在几分钟后，氦核（两个质子与两个中子）产生了（7）。30 万年以后，随着电子被原子核捕获（8），原子开始形成，而四种自然力中最弱的引力开始使宇宙成形，导致物质开始聚集形成云团并进而形成星系与恒星。

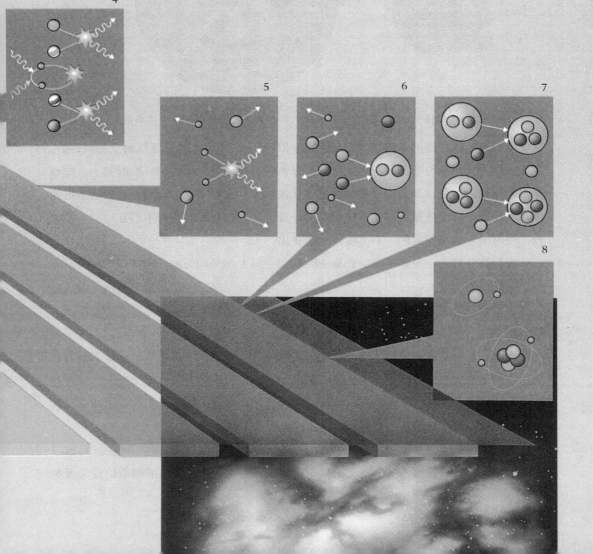

质子
反质子
中子
反中子
正电子
电子
光子

反对大爆炸的理论：稳恒态宇宙模型——时间怎么能有开端

1948 年，三位学者赫尔曼·邦迪、托马斯·戈尔德和弗雷德·霍伊尔共同提出了稳恒态宇宙模型。该模型指出，随着星系彼此分离得越来越开，新的物质会连续不断地被创生出来，一些新的星系会在原有星系之间的空隙中不断形成。因此，在空间的任何位置，或者就不同的时间来看，宇宙的形态大体上都是相同的。

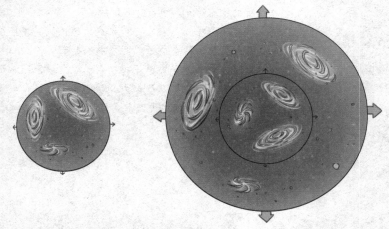

▲稳恒态宇宙模型指出，随着宇宙膨胀，新的星系继续形成，以维持其密度。

稳恒态宇宙模型的基础是"完全宇宙学原理"。该原理认为，既然时空是统一的，那么天体的大尺度分布不仅应该在空间上是均匀分布和各向同性的，在时间上也应该是永恒不变的。所以，无论在任何时代、任何位置上观察宇宙，观测者看到的宇宙图像在大尺度上都应该是一样的。根据这一原理，宇宙间物质的分布不但在空间上是常数，在时间上也是固定的，不会随时间而变化。

根据膨胀理论，宇宙空间的膨胀在时间和空间上都是均匀的。当空间膨胀时，星系之间的距离会增大，分布状况会变稀疏。此时，若要保持密度不变，也就是满足稳恒态宇宙模型所说的不随时间而变化，就必须有新的星系来填补因为宇宙膨胀而增大的空间。

由此，稳恒态宇宙模型认为，从无限久远的过去开始，宇宙中的各处就不断有新的物质被创造出来，以填补宇宙膨胀所产生的空间。这种状态一直延续至今，并且会继续延续下去。此外，稳恒态宇宙模型的支持者还计算得出了新物质的创生速率，其结果是大约每 100 亿年在 1 立方米的体积内会创生 1 个原子。

稳恒态宇宙模型是一种非常吸引人的科学理论，由它能得出一些明确的、可通过观测来加以检验的预言。例如，无论何时观察宇宙，也无论从宇宙的哪个位置来观测宇宙，宇宙任意给定空间体积中所看到的星系或者同一级天体的个数都是相同的。

稳恒态宇宙模型的提出，为无神论者找到了一个很好的途径，使他们得以继续相信宇宙中万事万物的存在并不需要一个创世时刻或者勒梅特的原始原子。这从本质上反映了多数人依然很难接受时间有开端的说法。不过，之后的事实证明，稳恒态宇宙模型并不如大爆炸模型更接近真相。

20 世纪 50 年代末期到 60 年代初期，以马丁·赖尔为首的一批天文学家在观测外部空间射电波辐射源时发现，大部分这类射电源都来自银河系之外，而且其中弱源的个数比强源要多得多。他们认为，这可能是因为弱源的距离较远，而强源的距离较近，这样每单位空间体积内近距离源的个数就比远距离源少。这个结论意味着，我们可能身处宇宙中一个射电源比其他区域要少的区域，或者在过去射电波正向我们传播的时候，射电源的数目比现在要多。无论真实状况是哪一种，都与稳恒态理论的结果相矛盾。

接下来，1965 年彭齐亚斯和威尔逊发现的宇宙微波背景辐射，显示宇宙过去的密度要比现在高得多。至此，稳恒态宇宙模型逐渐退出了人们的视野。

奇点定理：在时间上，宇宙必须有一个开端

除了稳恒态宇宙模型，还有一些理论也反对时间有开端的说法。

1963 年，为避免存在大爆炸以及由此引起的时间开端问题，两位苏联科学家欧格尼·利弗席兹和艾萨克·哈拉尼科夫做了另外一个尝试。他们提出，肯定存在很多类似于真实宇宙的模型，弗里德曼模型只是其中一个，而或许只有弗里德曼模型包含大爆炸奇点。他们认为，在弗里德曼模型中，所有的星系都直接相互离开，所以在过去的某一刻它们肯定在同一处。但在实际宇宙中，星系相互远离时会有一些倾斜度，因此在过去的某一刻它们并不一定会恰好在同一处。因此，如今膨胀的宇宙并不是来自大爆炸奇点，而是来自更早期的一个收缩相，当宇宙坍缩时，其中的粒子并不都相互碰撞，而是相互离得很近然后又离开，从而形成如今的膨胀宇宙。

欧格尼·利弗席兹和艾萨克·哈拉尼科夫希望找到这样一个模型：总体上与弗里德曼模型相似，但又能顾及真实宇宙中星系的不规则特性和随机运动。他们认为可提出两类弗里德曼模型，一类包含大爆炸奇点，另一类则不包含，而后者应该比前者多得多。但不久后他们就意识到，事实上包含大爆炸奇点的模型还是很多的，且其中的星系也不必按照特定的方式运动。所以，在 1970 年，他们收回了自己的看法。

那么，宇宙学最重要的理论——广义相对论——到底能不能预言宇宙发生过大爆

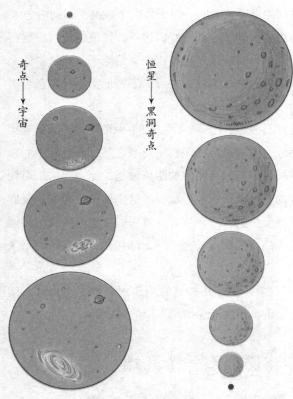

奇点 → 宇宙

恒星 → 黑洞奇点

▲大爆炸的宇宙膨胀就像一个恒星坍缩成一个黑洞奇点的时间反演。

炸，即时间有开端呢？ 1965 年，英国物理学家罗杰·彭罗斯另辟蹊径，为这个问题找到了答案。

利用广义相对论和引力效应，彭罗斯证明了，坍缩的恒星在自身引力的作用下会陷入一个区域中，而这个区域的边界尺度最终会缩小到零。这意味着，该恒星的全部物质将收缩到一个体积为零的区域内，在这里物质密度和时空曲率将变为无穷大。换句话说，这就产生了一个奇点，位于黑洞的时空区域内的奇点。

虽然，彭罗斯的结果看起来只适用于恒星，并没有解决宇宙是否有大爆炸的问题，但他给霍金提供了灵感。霍金认为，如果把彭罗斯定理中的时间方向颠倒过来让坍缩变为膨胀，并假设宇宙在大尺度上类似弗里德曼模型，那么该定理的条件依然成立。彭罗斯定理已经表明，任何处在坍缩中的恒星都会终止于某个奇点；其时间反演的论证则是，任何类似弗里德曼膨胀宇宙的宇宙必然都始于一个奇点。鉴于一些技巧原因，彭罗斯定理要求宇宙在空间上必须无限。因此，在实质上霍金能用它来证明，只有当宇宙膨胀得足够快时，才存在一个时空奇点。

在剔除了一些技术性条件后，1970 年，霍金和彭罗斯合作发表了一篇论文。该论文证明，假设广义相对论是正确的，且宇宙中所包含的物质跟我们观测到的同样多，那么在过去一定有一个大爆炸奇点。奇点就像空间时间的边缘或边界，在该处所有的定律及可预见性都会失效，只有给定奇点处的边界条件，才能由爱因斯坦方程得出宇宙的演化。

奇点定理的提出最终说明，在时间上，宇宙必须有一个开端。当然，在它被提出的时候，很多人对它表现出了质疑。但随着时间的推移，霍金和彭罗斯的工作最终被广泛接受，几乎每个人都开始假定，宇宙是从一个大爆炸奇点处开始的。

第四章

不确定性原理

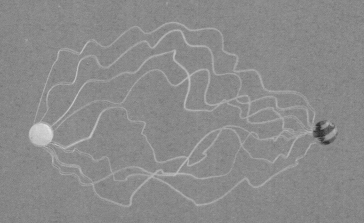

一切都不确定，包括宇宙模型

牛顿引力论：上帝提供了推动宇宙运转的"第一推动"能量

"上帝的第一推动力"是牛顿在研究太阳系中各个行星绕太阳运动时提出的想法。他认为除万有引力的作用外，还有一个"切线力"，这个"切线力"是推动宇宙大爆炸奇点的动力，它只能是来自上帝的"第一推动力"。

前面我们讲过，广义相对论预言，宇宙的开端必须存在一个大爆炸奇点。奇点的质量和密度无限大，适用于经典力学理论。根据牛顿第一定律：奇点总保持静止或匀速直线运动状态，直到有外力迫使它改变这种状态为止。也就是说，奇点没有外力的作用，将总是保持静止或匀速直线运动状态不变。在大爆炸奇点处，所有已知科学定律失效，爆炸理论也同样失效，但奇点本身是存在的。所以，奇点的大爆炸是由外力推动所致。

我们知道，物理运动是单向直线的，按照逻辑推理，任何事物都必须靠外力来推动，推之则动，不推则不动。那么，要推动一个物体，就必须有另外一个物体给它施加外力，而这个施加外力的物体也必须有另一个物体给它施加外力。这样循环下去，总归有一个物体的外力来源是无法找到的，这就陷入了不可能解决的逻辑悖论之中。

正因为如此，对于是什么推动了奇点的问题，科学界莫衷一是。而大科学家牛顿则倒向了宗教唯心主义，提出是上帝推动了奇点的产生，即"上帝的第一推动力"。他认为，如果没有这个"上帝的第一推动力"，太阳系中的所有行星是无法产生一个和太阳引力方向不一致的初始运动速度的。这样太阳系中的所有行星，都应当在太阳的引力作用下，被太阳的引力所吸引而落向太阳表面。由于这个"上帝的第一推动力"作用的结果，太阳系中的行星才能得到和太阳引力方向不一致的一个初始运动速度。又由于太阳系中的行星有了这个和太阳引力方向不一致的初始运动速度，它们才可以在和太阳保持一定距离的轨道上绕太阳运动，从而逃过了在太阳的引力作用下被太阳"吃掉"的命运。

宇宙的第一推动竟是上帝踹了一脚？这让客体科学者大为恼火，认为是部分科学家科学立场不坚定的体现。而实际上，按照客体科学的逻辑一根筋地推理下去，即便是上帝踹了一脚，也仍然没有解决第一推动力的问题。因为我们还可以继续向前推——上帝又是谁推动的？那个推动上帝的东西又是谁推动的？这样推理下去，永远都不会有最终的结果。

由爱因斯坦相对论可以得知，世界不是逻辑的，而是辩证的；不是绝对的，而是相对的。那么，同样的道理，宇宙也不是逻辑的，而是辩证的；不是绝对的，而是相对的。如果能这么想，那么宇宙第一推动力问题也就迎刃而解了。

荒谬的科学决定论：由某一刻的宇宙状态推断整个宇宙

牛顿引力理论的成功，使得法国科学家拉普拉斯在 19 世纪初期作出论证：宇宙完全是决定论的。

拉普拉斯相信，应该存在这样的一族科学定律，至少在原则上它们允许我们对宇宙中发生的每一件事物进行预言。当然，这些定律需要的输入仅仅是宇宙在任意一个时刻的完整状态。这个"某一时刻的完整状态"被称为初始条件或者边界条件。在拉普拉斯的观念中，根据完整的一族定律和适当的初始或者边界条件，我们就能计算出宇宙在任意时刻的完整状态。也就是说，我们可以根据宇宙某一时刻的状态，来预言宇宙中将来发生的每一件事。

显而易见，这个科学决定论是需要初始条件的，因为现在的不同状态会导致将来的不同状态。当然，在空间中对边界条件的需求虽然会稍微微妙一些，但原则上是一样的。通常，作为物理学理论基础的方程拥有很不相同的解，对此你必须依赖初始或者边界条件去决定到底哪些解适用。我们都知道，对一个总是有大数额进账和出账的银行卡账户来说，最后它是以破产告终还是以富有告终，除了跟每次的进账和出账数额有关外，还跟一开始账户中有多少钱密切相关。这里的"开始账户钱数"即是初始或者边界条件。

可以设想，如果拉普拉斯是正确的，那么按照宇宙现在的状态，这些定律就会告诉我们宇宙将来或者过去的状态。例如，如果给定了太阳和行星的位置及速度，我们就可以用牛顿定律计算出太阳系在任何时刻的状态，无论是过去的还是将来的。在行星的观测中，科学决定论是非常显而易见的，因为科学家已经能够精确地预言诸如日食、月食等事件。不过，在这些基础上，拉普拉斯将决定论的范畴更扩大了一些，他假设存在着与宇宙学定律相类似的定律，它可以制约其他的任何事物，甚至包括人类的行为。

　　拉普拉斯认为，自然界和人类世界中也普遍存在着一种客观规律和因果关系，即一切结果都是由先前的某种原因导致的，根据前提条件我们就可以预测未来可能出现的结果。简言之就是，有其因必有其果。那么，科学家真的可以计算出我们自身的所有行为吗？

　　事实上，1 杯水中就包含着比 10^{24} 还要多的分子，而我们永远也别想知道其中每个分子的状态。相比之下，宇宙甚至我们身体的完整状态比这个要复杂亿万倍甚至更多，要想弄清楚其中的每个状态，简直是无望的。不过说宇宙是决定论的，也可以这样指代，即就算我们没有那么大的智能去计算出宇宙每个时刻的状态，但我们的未来依然是被预先决定的。

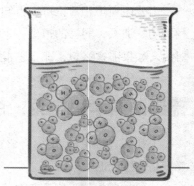

▲水分子示意图

　　毫无疑问，很多人强烈地抵制科学决定论，他们觉得它触犯了上帝自由驾驭世界的自由。不过，直到英国科学家瑞利勋爵和詹姆斯·金斯爵士计算出了诸如恒星的热物体应发射出的黑体辐射总量时，才真正出现了抛弃上述信条的征兆。

瑞利－金斯公式：恒星究竟是以何种速率辐射出能量的

　　瑞利－金斯公式，也有人称为瑞利－金斯定律，是用于计算黑体辐射强度的一个定律。英国科学家瑞利勋爵和詹姆斯·金斯爵士根据经典统计理论，研究密封空腔中的电磁场，最终得到了空腔辐射的能量密度按照频率分布的瑞利－金斯公式。在长波或者高温情况下，瑞利－金斯公式和实验相符合，但在短波范围，能量密度会迅速单调地上升，表现出趋于无穷大的现象。根据瑞利－金斯公式的计算结果，瑞利勋爵和詹姆斯·金斯爵士指出，一个热的物体，例如恒星，一定是以无限大的速率辐射出能量的。

　　事实上，虽然科学决定论遭到了很多人的强烈反对，但直到 20 世纪初期，这种观念依然被认为是科学的标准假定。而且，当时人们普遍相信的一个定律是，一个热体必须在所有的频率都同等地发射出电磁波。如果事实真是如此，那么它就会在可见光谱的每种颜色，以及微波、射电波、X 射线等所有的频率发射出相等的能量。我们知道，波的频率就是它每秒钟上下振荡的次数，也就是每秒钟波动的数目。那么，一个热体在所有频率上必须同等地发射电磁波，在数学上就意味着，它在每秒 0 次波动与每秒 100 万次波动之间，每秒 100 万次波动与每秒 200 万次波动之间，每秒 200 万次波动与每秒 300 万次波动之间，以此类推直到无穷，都能发出相同的能量。此时，如果我们把频率在每秒 0 次波动到每秒 100 万次波动之间，或者在每秒 100 万次波动到每秒 200 万次波动之间同等的波发射出的能量作为一个单位，那么，在所有频率上发射出的总能量就可以表述为 1+1+1+1……一直加下去的总和。

我们已经知道，瑞利－金斯公式推导出了热体一定是以无限大的速率辐射出能量的。那么，由于热体的辐射速率无限大，也就是说在一个波中每秒波动的次数没有限度，所以最终能量相加的和就会是一个没有终结的无穷值。这样一来，发射的总能量就应该是无穷大的。

恒星会以无限大的速率辐射出能量，而且发射的总能量是无穷大的。这个结论太违反常理了，简直就是荒谬透顶。那么，真实情况又是怎样的呢？为了避免这个显然荒谬的结论，德国科学家马克斯·普朗克在 1900 年提出了一种新理论，即光波、X 射线和其他的电磁波并不能以任意的速率辐射，而只能以某种被称为量子的波包形式

▼我们星系中质量最大的恒星之一是手枪星，它是一颗巨星，有着太阳 100 倍的质量。手枪星周期性地从它的表面爆发出发光气体。可能宇宙早期的这些恒星作为超级超新星爆炸时产生了伽马射线暴。

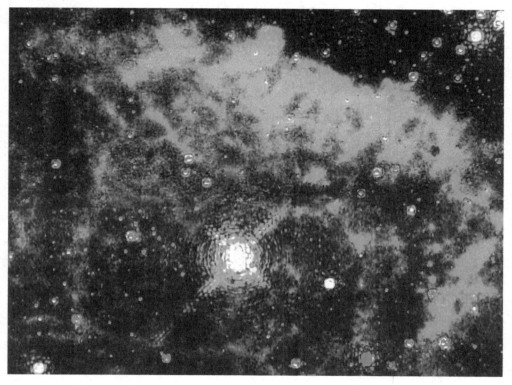

发射。每个量子具有确定的能量，波的频率越高，其能量也就越大。这样一来，在足够高的频率下，黑体辐射单个量子所需要的能量就比所能得到的还要多，即在高频下的辐射减少了，物体丧失能量的速度也就变成有限的了。

普朗克的量子假设：能量量子化——自然的非连续本性

1900 年，马克斯·普朗克在研究物体热辐射的规律时发现，要想让计算的结果跟试验结果相符合，必须假定电磁波的发射和吸收不是连续的，而是一份一份进行的。他提出，这样的一份能量叫作能量量子。也就是说，光、X 射线以及其他的波并不是以任意速率辐射的，而是以某种被称为量子的波包发射的。

当时，普朗克在一次演讲中报告了自己发现的辐射定律（即普朗克定律），这一定律跟当时最新的实验结果精确符合。然后，普朗克指出，为推导出这一定律，必须

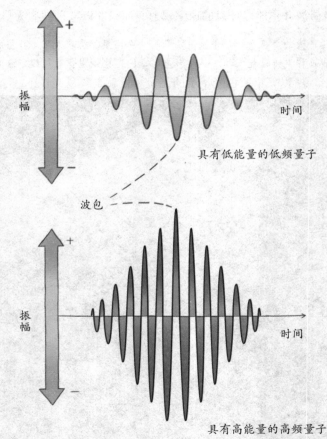

具有低能量的低频量子

波包

具有高能量的高频量子

▲按照普朗克的假设，光只能以波包或量子的形式出现，它是具有与其频率成比例的能量的一串波。

假设在光波的发射和吸收过程中，物体的能量变化是不连续的，也就是说物体通过分立的跳跃非连续地改变了它们的能量。这个假设后来被称为能量量子化假设，其中最小的能量元被称为能量量子。

现在我们知道，普朗克提出的能量量子化假设其实是一个划时代的大发现。能量量子的存在打破了以往一切自然过程都是连续的经典定论，首次向人们揭示了自然的非连续本性。从此之后，神秘的量子就出现在人们面前，并让物理学家既兴奋又烦恼。

正像量子假设所指定的那样，今天我们把光的

▲马克斯·普朗克

一个量子叫作光子，光的频率越高，它所含的能量也就越大。这样一来，就算任意一个给定颜色或频率的光子都是等同的，可根据普朗克的理论，不同频率的光子携带的能量却是不同的。这就意味着在量子论中，任何给定颜色的最暗淡的光，即一个单独光子所携带的光，都拥有依赖其颜色的能量含量。我们知道，由于紫色光的频率是红色光频率的 2 倍，所以一个紫色光量子的能量含量就是红色光量子的 2 倍。由此可得出，紫光的能量最小量就是红光能量最小量的 2 倍。

明白了以上理论，我们再来解释下上一节说到的黑体辐射问题。按照普朗克量子假设，一个黑体在任何给定频率上发射电磁能的最小量，即是那个频率的一个光子所携带的，在较高的频率上光子的能量较大。这样一来，黑体在较高频率上可以发射的最小能量就较高。而在足够高的频率上，单个量子的能量要比一个物体所拥有的能量还多。这种情况下是没有光可供发射的，也就不会产生之前说到的不可终结的能量总和的状况。

可以看到，量子假设能够非常成功地解释所观察到的热体辐射的发射率。而除此之外，量子假设还对拉普拉斯提出的决定论有着重要的含义。然而，直到 1926 年德国科学家沃纳·海森堡提出了他的不确定性原理之后，人们才真正意识到了量子假设对决定论的含义。

普朗克常量：可以用光来确定粒子的位置和速度吗

通常，为了预言一个粒子未来的位置和速度，人们必须能准确测量它现在的位置和速度。当然，解决这个问题最好的办法就是将光照射在这个粒子上。

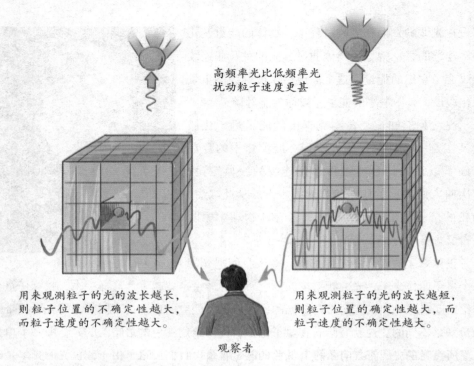

高频率光比低频率光
扰动粒子速度更甚

用来观测粒子的光的波长越长，
则粒子位置的不确定性越大，
而粒子速度的不确定性越大。

用来观测粒子的光的波长越短，
则粒子位置的确定性越大，而
粒子速度的不确定性越大。

观察者

此时，一部分光波就会被这个粒子散射开，而观察者可以检测到这些波并用它们来指示粒子的位置。不过，由于给定波长的光只有有限的灵敏度，因此人们不可能把粒子的位置确定到比光的两个波峰之间的距离更小的程度。于是，要想更精确地测量粒子的位置，必须使用短波长也就是高频率的光。但我们知道，普朗克的量子假设已经指出，人们不能用任意小量的光，而是至少得用一个光量子。由于光量子在高频率

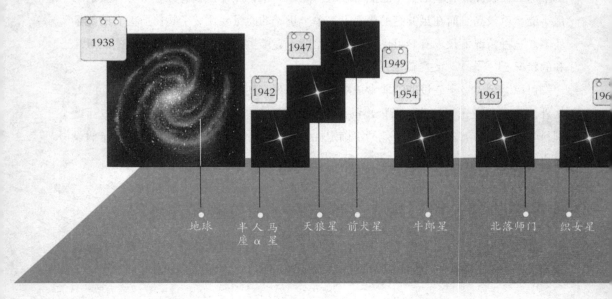

1938

1947

1942

1949

1954

1961

196

地球   半人马   天狼星 前犬星   牛郎星   北落师门   织女星
        座 α 星

下能量更高，所以你想要更精确地测量粒子的位置，射到它上面的光量子的能量就要越大。

由量子理论可知，光量子会扰动粒子，并以一种无法预见的方式改变粒子的速度。另外，你使用的光量子的能量越大，对粒子的扰动可能也越大。这就意味着，当你为了更精确地测量粒子位置而使用能量更大的量子时，粒子的速度也同时会被扰动到一个更大的量。如此一来，你想把粒子的位置测量得越准确，对其速度的测量就会越不准确，反之亦然。由此，德国物理学家维纳·海森堡指出，粒子位置的不确定性乘以粒子质量再乘以速度的不确定性不能小于一个确定的量，这个确定量被称为普朗克常量。这意味着，如果你把粒子位置的不确定性减半，那你就必须把粒子速度的不确定性加倍，反之亦然。

普朗克常数被记为 h，是一个物理常数，用来描述量子的大小。在普朗克量子假设中，电磁波的发射和吸收是以一份一份能量子的形式进行的，而每一份能量子就等于普朗克常数乘以辐射电磁波的频率。由于普朗克常数是一个非常微小的数，所以量子论的效应在日常生活中是观察不到的。例如，倘若我们能把质量是 1 克的乒乓球的位置精确确定在任何方向上的 1 厘米之内，那么我们对它的速度确定的精确度，会远超过我们需要知道的程度。但是，如果我们测量一个电子，将其位置精确到了大约一个原子的范围，那么我们对它速度的了解就会一点都不精确，其误差大概会达到正负每秒 1000 千米那么大。

在量子力学中，描述粒子位置和动能不可能被同时确定的原理，叫作不确定性原

▼ 1938 年，奥森·威尔斯广播了赫伯特·乔治·韦尔斯的经典科幻小说《世界大战》的改编故事。故事是基于当时的美国，它使得许多听众开始认为火星人的入侵确实正在发生。如果这一广播"泄漏"到宇宙中，它将在图中指出的年份到达这些邻近的恒星。它将持续前进，尽管传输的信息不断衰弱，并且可能不被理解。

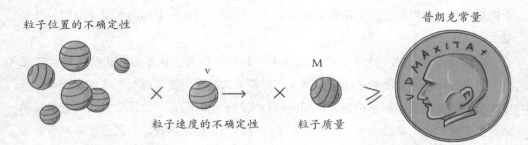

粒子位置的不确定性

普朗克常量

粒子速度的不确定性 　　粒子质量

理，由海森堡在 1927 年提出。不确定性原理指定的限制，跟人们想测量粒子的位置或速度的方式无关，甚至跟粒子的种类也无关。现在我们知道，海森堡的不确定性原理是世界一个基本不可回避的性质，它对我们观察世界的方式有深远的意义。

不确定性原理：上帝是掷骰子的——没有完全确定的宇宙模型

海森堡不确定性原理的提出，使得拉普拉斯的科学理论，即一个完全确定性的宇宙模型的梦想寿终正寝。换句话说就是，如果人们根本无法准确地测量出宇宙现在的状态，那么就肯定无法准确地预言未来的事件。

当然，我们还是可以想象有这样一族生物，拥有一族完全的决定事件的定律，这些生物可以在不干扰宇宙的情况下观测宇宙现在的状态。不过，对生命短暂的人类来说，这样一个宇宙模型并没有太大意义。而有意义的，或许是被称为奥卡姆剃刀的经济原理，即将理论中不能被观测到的所有特征都割除掉。借助于这个理论，海森堡、厄文·薛定谔和保尔·狄拉克在不确定性原理的基础上，于 20 世纪 20 年代将力学进行了重新表述，提出了被称为量子力学的新理论。在量子理论中，粒子不再具有各自被定义好的位置和速度，相反它们具有一个量子态，也就是位置和速度的一个结合，且只有在不确定性原理的限制下才能定义粒子的位置和速度。

对一次观测，量子力学通常并不预言它相对应的一个单独的结果，而是预言了一些不同的可能发生的结果，并告诉我们每种结果发生的概率。也就是说，如果我们对

▼ "阿雷西博信息"的内容被一群天文学家在 1974 年发布到外层空间中。接下来，二进制编码的内容包括了许多不同的信息，如二进制数字 1 到 40 ；氢、碳、氮、氧和磷（构成地球上生命的五种主要元素）的原子数；DNA 的化学分子式和其他信息；人类的图像；地球上的人口数；太阳系的图像等。

大量相似的系统做相同的测量，那么其中每个系统都会以相同的方式起始。此时你会发现，在一定数目的情形测量结果是 A，另外一个不同数目是 B 等。可是，你只能预言出结果是 A 或 B 的近似数，而不能预言任何单独测量的特定结果。

　　想象这样一个场景，你朝着镖板上掷镖。由旧的非量子理论可知，镖要么击中靶心，要么击不中。如果此时你知道掷镖时镖的速度、引力拉力和其他相关因素，那么你就会算出它到底会不会击中靶心。但根据量子理论，存在着镖击中靶心的某种概率，以及镖落到地板上任何其他给定面积的非零概率。不过，由于根据量子理论镖未击中靶心的概率是如此之小，以至 ▲掷镖示意图
于你也许直到宇宙终结也观察不到镖没有击中的情形。所以，此时根据经典理论，也就是牛顿定律可以断言镖将击中靶心，而假设它会击中会更加保险。当然，这么说只是因为镖是一个比较大的物体，而如果在原子尺度下情形就完全不同了。

　　根据量子理论，由单一原子构成的镖有 90% 的概率击中靶心，5% 的概率击中地板上的任何其他地方，还有 5% 可能什么也没击中。对此，你无法预先知道可能会发生哪种情形，你只能在多次重复实验后得出这样的结论，即每重复实验 100 次，平均会有 90 次镖将击中靶心。

　　所以说，量子力学为科学引进了不可避免的非预见性或者说偶然性。虽然爱因斯坦在发展这些观念时起到过重要作用，而且凭借对量子理论的贡献获得了诺贝尔奖，但他非常强烈地反对它。他曾说过这样一句名言来表达自己的观点，即"上帝不掷骰子"。可事实上，由于量子力学理论和实验符合得非常完美，多数科学家都愿意接受它。从这个角度来说，它已经被证明是一个非常成功的理论，而且也在一定程度上说明了"上帝是掷骰子的"。

同一时刻，一个电子竟会通过两条缝隙

波粒二重性：光同时由波和粒子组成

在普朗克量子假设之前，人们已经知道光是由波组成的。普朗克量子假设却告诉人们，在某些方面，光的行为显示出它似乎是由粒子构成的，因为它只能以量子的形式被发射或者吸收。与此同时，海森堡的不确定性原理也意味着，粒子在某些方面的行为跟波很像，它们没有确定的位置，而是被一定的概率分布"抹平"。这样看来，由海森堡不确定性原理我们可以推出，粒子在某些方面会像波一样。

19 世纪末期，日益成熟的原子论逐渐盛行。原子论认为，一切物质都是由微小的粒子即原子构成的。例如，本来被认为是一种流体的电，就被约瑟夫·汤姆生的阴极射线实验证明是由被称为电子的粒子所组成的。因此，那个时期人们普遍认为多数物质都是由粒子组成的。与此同时，波被认为是物质的另一种存

▲这张图给出了波粒二象性的一个完美的解析。从一种角度来看这是一具头骨，但从另一个角度看却是两个喝酒的人。你始终能够看到其中的一种，但不能同时看到两个——它不是一种就是另一种。

在方式。当时波动说已经被相当深入地进行了研究，如波的干涉和衍射等现象。而由于光在托马斯·杨的双缝实验及夫琅禾费衍射中所展现的特性，它也被证明是一种波。不过，20 世纪初这个观点遭遇了挑战。1905 年，由爱因斯坦研究的光电效应展示了光粒子性的一面。随后，电子衍射也被预言和证实了，这又展现了曾经被认为是粒子的电子波动性的一面。

最终，这个波与粒子的困扰在 20 世纪初期被量子力学的建立所解决，这就是我们现在知道的波粒二重性。量子力学认为，自然界中所有的粒子，如光子、电子或原子，都能用一个微分方程来描述。这个方程就是波函数，它描述了粒子的状态。波函数具有叠加性，即它们能像波一样互相干涉和衍射。与此同时，波函数也被解释为描

述粒子出现在特定位置的概率幅。如此一来，粒子性和波动性就统一在了同一个解释中。为了某些目的，把粒子当成波是有用的，而为了另外的目的，要把波当成粒子。这就是物理学家们所说的在量子力学中存在的波和粒子的对偶性。

在物理学中，干涉指的是两列或两列以上的波在空间中重叠时发生叠加从而形成新波形的现象。

例如，光的干涉例子——肥皂泡上出现的彩色，就是由形成水泡的水膜的两边反射回的光互相干涉形成的。由于白光含有所有不同波长或者颜色的光波，当从水膜一边反射回的具有一定波长的波的波峰和从另一边反射回的波的波谷重合时，对应于此波长的颜色就不在反射光中消失，因此反射光会呈现彩色。

由于量子力学引入的对偶性，所以粒子也会发生干涉现象。著名的干涉案例是所谓的双缝实验。

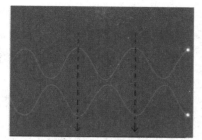
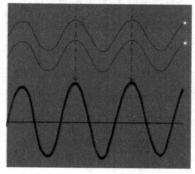

▲当波动异相时，波峰和波谷相互抵消（上边）；当波动同相时，波峰和波谷分别重合并相互增强（下边）。

想象在一个隔板或者一堵薄墙上有两道平行的狭缝。在隔板的一边放置一个特定颜色也就是特定波长的光源，并保证大部分的光都射在隔板上，只留一小部分光通过隔板上的两条缝。现在，假定将一个屏幕放到隔板的另一边，屏幕上的任何一点都能从两个缝接受波。不过，通常光从光源通过一道缝隙到达该点和通过两道缝隙到达该点所行进的距离是不同的。又由于行进的距离不同，所以从两个狭缝来的光到达屏幕时不再是同位相的。

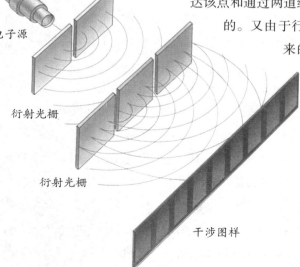

电子源

衍射光栅

衍射光栅

干涉图样

◀电子的波状本性能在衍射实验中凸现出来。电子通过两个具有接近电子的德布罗意波长宽度的狭缝，这使得它们像光线穿过光栅一样发生衍射。当两个波端再次相遇，导致了干涉的发生，于是在观测屏幕上出现亮块和暗块。这重复了英国物理学家托马斯·杨在1800年左右进行的经典实验，实验中他使用了两条狭缝和一束光线来证实光的波状本性。

在某些地方，一个波的波谷会和另一个波的波峰相重合，这时波会相互抵消；而在其他地方波峰和波峰会重合，这时波就会相互加强。这样一来，结果就形成有亮暗条纹的特征花样。那么，如果把实验中的光换成粒子，情形又是怎样呢？

粒子的干涉现象：每个电子在同一时刻总是通过两条缝隙

双缝实验中的光波发生干涉，结果会形成有亮暗条纹的特征花样。现在，把光源换成粒子源，如具有一定速度即对应着同样波长的电子束，我们将会得到令人惊讶的结果。

事实上，如果你用具有确定速度的电子束来取代光源进行双缝实验，你会得到完全相同类型的条纹。这真令人吃惊！根据量子理论，如果电子具有确定的速度，那么它相应的物质波也具有确定的波长。在双缝实验中，如果你打开一道缝隙，并开始对着隔板发射电子，那么大部分粒子都会被隔板挡住，但有一些粒子会通过缝隙到达另一边的屏幕。所以，我们可以设想把隔板上的第二道缝隙打开，这样看起来似乎只是增加了打到屏幕上的每一点的粒子数目，是完全符合逻辑的。可是，如果你打开第二道缝隙时，打到屏幕上的电子数目表现为在某些点增加，而在其他点减少，那就说明，电子似乎在像波一样干涉，而不是像粒子那样行为。

当然，你也可以这样想：在一个时刻通过两个缝隙只发射一个电子，还会存在干涉现象么？或许有人会认为，只发射一个电子的话，该电子要么通过这个缝隙要么通过那个缝隙，这样一来它的行为就跟另一个缝隙不存在时一样，即屏幕会给出一个均匀的分布。然而，实际上哪怕每次只发射一个电子，或者说让电子一个一个地发出，仍然会出现干涉条纹。只有一种解释可以说明这个现象，那就是每个电子一定是在相同的时间通过两个缝隙，并且与自己干涉。换句话说就是，每个电子必须在同一时刻通过两条缝隙！

这太不可思议了！一个电子怎么可能在同一时刻通过两条缝隙呢？事实上，当人们发现光的波粒二重性之后，相继的光电效应实验又说明了，电磁波也具有粒子性。可当时，以光子的角度来理解干涉现象时出现了一个问题：当两束相干光中对应的两个光子发生干涉时，相长干涉的场合要从两个光子中产生四个光子，而相消干涉的场合则要两个光子彼此抵消，这很明显违反了能量守恒定律。

为解决这一问题，量子力学理论的哥本哈根学派提出，光子的干涉是单个光子波函数的概率幅叠加。以双缝干涉为例，对每个光子来说，其状态都是从两条狭缝中的每一条经过的量子态的叠加。不过，需要注意的是，这里所说的量子态叠加并不是实际意义上的光子数量的叠加，而是光子本身概率波的干涉，而概率也就是单个光子出现在特定量子态的概率。也就是说，波函数告诉我们的其实是一个光子在特定位置上的概率，而不是在那个位置上可能有的光子数目。事实上，这一区别有着重大的意义。

假如我们让大量光子组成的光束分裂为两个强度相等的部分，此时按照光束的强度与其中可能的光子数目我们会得到：光子总数的一半会分别走入每一组分。那么，如果让这两组分互相干涉，我们就必须要求，在一个组分中的一个光子能与另一组分中的一个光子互相干涉。某些情况下，这两个光子互相抵消；而另一些情况下，它们要产生四个光子。这样就会和能量守恒矛盾了。不过，按照新的理论把波函数跟一个光子的概率联系起来，就完全可以克服这一困难。这是因为，这个理论认定，每一个光子都是部分地走入两个组分中的每一个。这样一来，每一个光子就只是与它自己发生干涉，而不会出现两个不同的光子之间的干涉。由此，我们可以得出上述结论：每个电子必须在同一时刻通过两条缝隙！

从粒子干涉看原子结构：经典理论预言，原子会坍缩

事实上，粒子间的干涉现象是我们理解原子结构的关键。我们知道，原子是一切化学变化中的最小粒子，分子是由原子组成的，而作为化学和生物以及由此构成的我们以及我们周围的一切物体都是由原子构成的。通常，一个原子包含一个致密的原子核和若干个围绕在原子核周围的带负电的电子。原子核一般由带正电的质子和电中性的中子组成。一般情况下，当一个原子中所含的质子数与电子数相同时，这个原子就呈电中性；否则，这个原子就是带正电荷或负电荷的离子。当然，根据质子和中子数量的不同，原子也分为不同的种类：质子数决定的是该原子属于哪一种元素，而中子数决定的则是该原子是此元素的哪一个同位素。

1789 年，法国的拉瓦锡定义了"原子"一词，从此原子就用来表示化学变化中最小的单位。1827 年，英国植物学家罗伯特·布朗在使用显微镜观察水面上的灰尘时，发现它们正在进行着不规则运动，由此证明了微粒学说。这个后

▲拉瓦锡实验室的纪实彩色画页，由拉瓦锡的妻子兼得力助手玛丽手绘。

来被称为布朗运动的现象为原子的存在提供了依据。随后的 1897 年，物理学家约瑟夫·汤姆生在关于阴极射线的工作中发现了电子及它的亚原子特性，由此粉碎了人们一直以来认为的原子不可再分的设想。汤姆生认为，电子实际上是平均地分布在整个原子上的，就好像散布在一个均匀的正电荷的海洋之中。

时间来到 20 世纪初期。1909 年，菲利普·伦纳德在物理学家欧内斯特·卢瑟福的指导下用氦离子轰击金箔，发现有很小一部分离子的偏转角度远大于使用汤姆生假设所预测的值。据此，卢瑟福指出，原子中的大部分质量和正电荷都集中在位于原子中心的原子核中，而电子则像行星围绕太阳一样围绕着原子核公转。当时的人们普遍认为，原子中正负电荷之间的吸引力是将电子维持在它们的轨道上的原因，就如同太阳和行星之间的吸引力把行星维持在轨道上一样。不过，这种观点会引发一个问题。

在量子力学出现之前，力学和电学的经典定律做出了这样的预言：以像行星围绕太阳公转的方式绕原子核公转的电子是会发出辐射的。毫无疑问，辐射会使这些电子失去能量，而失去能量的电子会以螺旋线的轨道向着原子内部旋进，并最终和原子核相撞。如果这个预言是对的，那就表明，原子（实际上是所有的物质）应该很快地坍缩到一种非常紧密的状态。但显然，从我们现在还好好地活着这点来看，这种情况并没有发生！那么，该如何解释这种现象呢？难道经典理论的预言是错的吗？

量子化原子结构：玻尔发现原子并不会坍缩

1913 年，丹麦科学家尼尔斯·玻尔提出玻尔模型，使用经典力学研究原子内电子的运动，很好地解释了氢原子光谱和元素周期表，对原子物理学产生了重大影响，也部分地解决了困扰人们多时的原子坍缩问题。

▲尼尔斯·玻尔

尼尔斯·玻尔，丹麦物理学家，1885 年 10 月 7 日出生于丹麦首都哥本哈根。玻尔从小就受到良好的家庭教育，并于 1903 年进入哥本哈根大学学习物理，于 1911 年获得博士学位。随后，玻尔在曼彻斯特大学卢瑟福的实验室进行了短时工作。不久后，他就基于卢瑟福的原子核理论和普朗克的量子说，在 1913 年提出了原子结构的玻尔模型。该模型显示，电子环绕原子核做轨道运动，外层轨道比内层轨道可容纳更多的电子，而外层轨道的电子数决定了该元素的化学性质。如果外层轨道的电子落入了内层轨道，就会放出一个带固定能量的光子。

1911 年，英国物理学家卢瑟福根据 1910 年进行过的 α 粒子散射实验，提出了原子结构的行星模型。在该模型里，电子像太阳系的行星围绕太阳运转一样围绕原子核旋转。可上一节我们已提到过，根据经典电磁理论，这样的电子会发射出电磁辐射损失能量，最终

▲图为玻尔原子模型示意图，其外壳被电子占据。

坍缩到原子核里。在此情形下，1912 年，正在英国曼彻斯特大学工作的玻尔将一份被后人称作《卢瑟福备忘录》的论文提纲交给了导师卢瑟福。在这份提纲中，玻尔在行星模型的基础上引入了普朗克的量子概念，认为原子中的电子其实是处在一系列分立的稳态上。不过，虽然回到丹麦后玻尔急于将这些思想整理成论文，但进展并不是很大。

直到一年后的 1913 年，玻尔才在同事的启发下将自己的思想整理成了论文。于是，在 1913 年的 7 月、9 月、11 月，在卢瑟福的推荐下，《哲学杂志》接连刊载了玻尔的三篇论文，由此标志着玻尔模型的提出。后来，这三篇论文就成为物理学史上的经典，被称为玻尔模型"三部曲"。

玻尔认为，电子也许并不能被允许在离中心原子核任意远的地方，而只能被允许在一些指定的距离处公转。在这个基础上，如果我们再假设只有一个或者两个电子在这些距离上的任意一个轨道上公转，那就能解决原子坍缩的问题。因为，如果有限数目的内部轨道都被充满了，那么电子就无法进一步向里旋进了。由此，玻尔提出了玻尔模型，其主要内容即是，电子在一些特定的可能轨道上绕着原子核做圆周运动，离核越远能量越高；当电子在这些可能的轨道上运动时原子是不发射也不吸收能量的，只有当电子从一个轨道跃迁到另一个轨道时原子才发射或者吸收能量，且发射或者吸收的辐射是单频的。

事实上，玻尔模型对最简单的原子——氢原子——做出了非常好的解析，氢原子只有一个电子绕着原子核运动。不过，人们并不清楚该如何把它推广到更复杂的原子上去。而且，存在着可允许轨道的有限集合的思想看起来也十分随意。不过，量子力学的新理论解决了这一问题。其实，我们可以把一个绕原子核运动的电荷看作一种

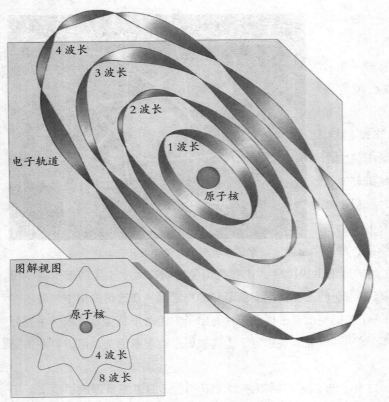

4 波长

3 波长

2 波长

1 波长

电子轨道

原子核

图解视图

原子核

4 波长

8 波长

◀丹麦物理学家尼尔斯·玻尔通过定义电子围绕原子核的特定轨道，结合电子只能存在于围绕其中的某一位置，解释了氢发射的谱线。在对粒子是否像波（因为波具有粒子状）的思考中，路易斯·德布罗意推导出了粒子波长的等式，它取决于粒子的质量和速度。他也说明了氢原子核周围的轨道与环绕的电子的全部德布罗意波长数相符合。

波，其波长依赖其速度。如玻尔所假设的，想象波在特定的距离上绕着原子核循环。对某些轨道，轨道周长相当于电子波长的整数倍。对这些轨道，每循环一次其波峰还会在同一位置，所以波会加强，这时就表现为波动性。这些轨道对应于玻尔所允许的轨道。然而，对长度不是轨道整数倍的轨道，在电子绕核循环时每一个波峰都会最终被波谷对消，这时就表现为粒子性。这样一来，玻尔的允许和禁止的轨道的思想就得到了解释。

理查德·费曼的贡献：时空中的粒子，并非只有一个历史

事实上，量子力学所阐明的微观世界的规律，总是建立在波粒二重性的基础上的。而除了玻尔模型，美国科学家理查德·费曼还引入了所谓的历史求和（也就是路径积分）的方法来描述波粒二重性的本质。

理查德·费曼，1918 年 5 月 11 日出生于美国纽约皇后区的一个小镇法洛克卫。1939 年，他从麻省理工学院毕业，进入普林斯顿大学开始读研究生，成为约翰·惠勒的学生。1942 年，费曼取得了理论物理学的博士学位，并在论文中涉及了"路径

积分"的方法。1943年，费曼进入洛斯阿拉莫斯国家实验室，参加了曼哈顿计划。"二战"期间，他和同时代的物理学家一样从事核弹的研究工作，并亲眼见证了第一颗核弹的爆炸。随后的1951年，费曼在加州理工学院任教，他那幽默生动、不拘一格的讲课风格深受学生欢迎。

20世纪40年代后期，费曼搞出了"量子电动力学"，对电子行为的数学计算结果远比以前采用的方法精确得多。1965年，因其在量子点动力学方面的贡献，费曼与施温格和朝永振一郎共同获得了诺贝尔物理学奖。1972年，费曼还获得了厄司特杏坛奖章。接下来的1986年，费曼做了一件震惊世界的事情。当时，他受委托调查"挑战者"号航天飞机失事一事。他以非常简单的物理原理证明了"挑战者"号失事的原因就在于寒冷的气候。这个结论曾震惊了全世界。1988年2月15日，在与病魔搏斗10年之后，费曼因腹膜癌在加州洛杉矶与世长辞，享年69岁。作为美国家喻户晓的人物，费曼被认为是20世纪最杰出也是最具影响力的科学家之一。

在摹写量子理论中的波粒二重性时，费曼提出了历史求和，也叫作路径积分的方法。我们知道，在经典非量子理论中，人们总是假定粒子在时空中有单独的历史或者路径。与此相反，在费曼的历史求和方法中，时空中的粒子不再只有一个历史或者一个路径，取而代之的是从A到B粒子可以走任何一个可能的轨道。费曼提出，对应于每个轨道都有一对数：一个数表示波的幅度，另一个数表示在周期循环中的位置或相位，即它是否处于波峰或者波谷，或者它们之间的某处。这样一来，一个粒子从A走到B的概率就是将所有轨道的波加起来。

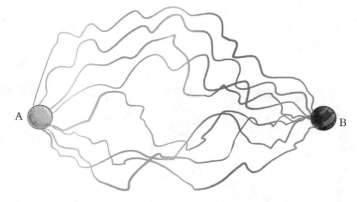

通常来说，如果人们比较一族邻近的轨道，那么其相位或者周期循环中的位置差别会很大。这意味着，与这些轨道对应的波几乎完全被对消了。不过，对某些邻近轨道的集合，它们之间的相位变化不大，所以这些轨道的波就没有被对消。这种轨道就对应于玻尔的允许轨道。事实上，人们可以相对直接地把这种思想用具体的数学形式表达出来，以计算更复杂的原子或者分子中的允许轨道。

作为费曼独创性的又一个鲜明案例，路径积分的方法因其简单明了的特性得到了人们的认可，成为又一种量子力学的表述法。

量子力学认为，上帝是掷骰子的

量子力学：上帝需要掷几次骰子，才出现地球生命

作为描写微观物质的一个物理学理论，量子力学已成为现代物理学两大基本支柱之一，另一个则是爱因斯坦的相对论。

19世纪末，经典力学和经典电动力学在描述微观系统时已显得越来越不足。1900年，普朗克提出了辐射量子假说，假定电磁场和物质交换能量是以间断的能量子来实现的，能量子的大小同辐射频率成正比，比例常数则被称为普朗克常数。由此，他得出了黑体辐射的能量分布公式，成功解释了黑体辐射现象。1905年，爱因斯坦引进了光量子（光子）的概念，并且给出了光子的能量、动量与辐射的频率和波长间的关系，成功解释了光电效应。1913年，玻尔在卢瑟福原有原子模型的基础上建立起了原子的量子理论。按此理论，原子中的电子只能在分立的轨道上运动，且运动时既不吸收能量也不释放能量。换言之，原子具有确定的能量，它所处的状态叫"定态"，且原子只有从一个定态到另一个定态时才能吸收或辐射能量。

▲沃纳·海森堡

普朗克的量子假说、爱因斯坦的光量子理论和玻尔的原子理论合在一起被称为旧量子论。在这个基础上，20世纪初，马克斯·普朗克、尼尔斯·玻尔、沃纳·海森堡、厄文·薛定谔、沃尔夫冈·泡利、马克斯·玻恩、保罗·狄拉克等一大批物理学家共同创立了量子力学。

1926年，出现了两种量子物理的理论——海森堡、玻恩、约当的矩阵力学及薛定谔的波动力学。薛定谔首先证明了两者的等价性，但其证明方法在数学上并不严谨。稍后狄拉克和约当给出了更严谨的证明，不过，他们使用的证明方法都是当时在数学上存有疑问的狄拉克delta函

数。1927 年，冯·诺依曼严格地证明了波动力学和矩阵力学的等价性，并使量子力学被构建在无穷维可分离的希尔伯特空间中。诺依曼在其中引入了勒贝格测度下的平方可积函数作为一组基，而波动力学被视为量子力学在这一组基下的实现。1930 年，保罗·狄拉克出版了《量子力学原理》，这被认为是整个科学史上的一个里程碑之作。在书中，狄拉克引入了此后被广泛应用的左右矢记号和狄拉克 delta 函数，使量子力学可以表示为不依赖特定基的形式。1936 年，冯·诺依曼和博克霍夫又在研究量子力学的代数化方法的基础上发展了量子逻辑，而量子逻辑中的格里森定理对量子力学测量问题意义重大。1948 年，理查德·费曼则给出了量子力学的路径积分表述。

通过量子力学的发展，人们对物质的结构及其相互作用的见解开始发生革命性的改变。通过量子力学，许多现象得以真正被解释。根据经典理论，一些新的、无法直觉想象出来的现象能被预言，但量子力学可以精确地计算出这些现象，且这些计算后来还被实验精确证实。目前，除了通过广义相对论描述的引力外，所有其他的物理基本相互作用都可以在量子力学的框架内描写。

事实上，量子力学与经典力学的主要区别就在于测量过程在理论中的地位。在经典力学中，一个物理系统的位置和动量，可被无限精确地确定和预言。且至少在理论上，测量对这个系统本身没有什么影响，并可无限精确地进行。然而在量子力学中，测量过程本身对系统却会造成影响。如上文所述，量子力学预言的是一组可能发生的不同结果，并告诉我们每个结果出现的概率。而且，随着测量次数的增多，不同结果出现的概率是不同的。测量对系统本身的这种影响，造成了量子力学将非预见性或随机性引入科学的局面。这样一来，我们就会得出"上帝是掷骰子"的结论。而量子力学要继续弄明白的问题大约就是：上帝需要掷几次骰子，才出现地球生命？

量子力学的作用：我们可以预言围绕我们的一切东西

前面我们提到，将费曼历史求和的思想用具体的数学形式表达出来，我们就能计算出更复杂的原子或者分子中的允许轨道。

我们知道，分子是由一些原子组成的。围绕着多于一个核旋转的电子把这些原子捆绑在一起形成了分子。由于分子的结构及它们之间的反应构成了化学和生物学的基础，因此除了受到不确定性原理的限制外，原则上量子力学允许我们预言围绕我们的几乎一切东西。然而，实际情况是，除了最简单的氢原子之外，我们不能解开其他任何原子的方程。因为氢原子只有一个电子，而其他稍微多几个电子的系统所需的计算十分复杂，以至于我们根本做不到。

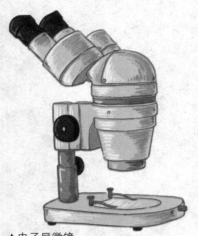
▲电子显微镜

无论怎样，量子力学已经成为一个极其成功的理论，并且成为几乎所有现代科学技术的基础。它制约着晶体管和集成电路的行为，而这些恰恰是如今的电子设备如电视、计算机的基本元件。因此，量子力学可以说是现代化学和生物学的基础。

具体来讲，从激光、电子显微镜、原子钟，到核磁共振的医学图像装置，都关键地依靠了量子力学的原理和效应。

当然，对半导体的研究直接导致产生了二极管和三极管，为现代的电子工业铺平了道路。此外，在核武器的研制和发明过程中，量子力学的概念也起到了关键作用。虽然，相比于量子力学的概念和数学描述，固体物理学、化学、材料科学或核物理学的概念和规则对上述创造发明起到的作用更直接，但量子力学却是所有这些学科的基础，即这些学科的基本理论，都是建立在量子力学之上的。

在所有量子力学的应用中，原子物理和化学方面的成就是非常突出的。我们知道，任何物质的化学特性，都是由其原子和分子的电子结构所决定的。而通过解析包含了所有相关原子核和电子的多粒子薛定谔方程，科学家可以计算出该原子或者分子的电子结构。可实际行动中人们发现，要计算这样的方程实在是太复杂了。而借助于量子力学建立起的简化模型和规则，不但足以确定该物质的化学特性，还非常简单方便。

通常，原子轨道是化学中非常常用的模型。在此模型中，分子的电子多粒子状态，是通过将每个原子的电子单粒子状态加在一起形成的。因此，这个模型包含着许多不

▶铯钟是人们所制造的最精确的时间仪器，其精确度能够控制在难以置信的30万年误差仅为1秒。铯钟是利用了稀有金属铯的原子中发生的量子化效应而制成的。它的核子可以存在两种能量状态，并且提供给铯原子微波能量以激发一些核子达到更高能状态，由此可以被用来控制钟表运转。

同的近似，如忽略电子间的排斥力、电子运动和原子核运动脱离等，但它可以近似地、准确地描述原子的能级。而且，除了比较简单的计算过程外，这个模型还能直接地给出电子排布及轨道的图像描述。如此一来，通过原子轨道人们就可以使用很简单的原则来区分电子的排布。而化学稳定性的一些规则，如幻数等，也很容易从这个量子模型中推导出来。此外，通过将这个原子轨道加在一起，还可以将这个模型扩展为分子轨道。由于分子通常不是球对称的，所以这个计算要比原子轨道复杂很多。目前，理论化学中的分支——量子化学和计算机化学，就正致力于使用专门近似的薛定谔方程，来计算复杂的分子结构及化学特性。

量子力学效应：对黑洞和大爆炸来说，量子力学不可或缺

如果说有什么领域是量子力学还未干涉并纳入，那就是引力和宇宙的大尺度结构。可以看到，爱因斯坦的广义相对论并没有考虑到量子力学的不确定性原理。而实际上，要保持和其他理论的一致性，相对论应该把不确定性原理考虑在内。

前面我们讲到，在经典广义相对论的框架下，霍金和彭罗斯证明了空间—时间一定存在奇点。而在此之后，爱因斯坦的广义相对论又预言，奇点存在于黑洞之内。这是因为，任何恒星在引力作用下坍缩至某个固定值半径后就会形成黑洞，由此产生一个奇点。如此一来，我们知道，大爆炸会形成一个奇点，而黑洞中也存在一个奇点。奇点是密度无限大、体积无限小的存在，在奇点处所有定律及预见性都失效。

一切定律在奇点处失效说明，广义相对论制约了宇宙的大尺度结构。我们知道，我们通常检验到的引力场都非常微弱，所以广义相对论并没有导致和观测相偏离。例如，在涉及大质量天体如恒星和行星的场合时，广义相对论对于可能发生什么预言得非常成功。可实际上，奇点定理指出，至少在两种情形下引力场会非常强，即黑洞和大爆炸。黑洞中心有奇点，大爆炸会产生奇点，在这两个地方，物质密度非常大，引力场很强大。在如此强的场里，量子力学的效应应该是非常明显的。

这样一来我们就发现，就像经典力学暗示黑体应该发射出无限能量，或原子会坍缩成无限的密度而预言了它自身的垮台一样，广义相对论预言的无限密度的点——奇点，也恰恰预言了它自身的垮台。当然，这并不是要对广义相对论全盘否定，而是说我们希望经典广义相对论变成一个量子的理论，即创造量子引力论，来消除这些不可接受的奇点，如同经典力学一样。

在经典引力论中，宇宙只能以两种方式行为，一是它已经存在了无限长时间，二是它在过去的某一有限时间内的奇点处有一个开端。根据大爆炸理论，我们相信

宇宙存在一个开端。而根据经典广义相对论，要知道是爱因斯坦方程的哪个解在描述我们的宇宙，我们就必须知道它的初始状态，即宇宙是如何起始的。可实际上，经典广义相对论预言一切理论在奇点处失效，这就使得在经典广义相对论中这成了一个问题。

可另一方面，我们知道，量子力学是描述微小粒子作用力的。对于密度无穷大而又无穷小的点来说，无论是黑洞中的奇点还是大爆炸处的奇点，它们都会受到作用于微小粒子的力的支配。因此，我们完全可以用量子力学来描述黑洞和大爆炸。

综上所述，爱因斯坦并没有把量子力学的规律结合到他的相对论中，因此他的理论是不完整的。而霍金，作为最先应用量子力学规律来研究黑洞理论的科学家之一，成功地促成了量子力学和爱因斯坦相对论的结合。由此产生的成就之一就是他发现黑洞并不黑（见第六章）。目前，我们虽然还没有得到一个完备的协调广义相对论和量子力学的理论，但朝着这一目标迈进的步伐，却是不断加快的。

第五章

基本粒子和自然的力

一层一层"隐藏"在物质中的粒子

物质的构成：原子——一切化学反应中不可再分的基本微粒

古希腊伟大的科学家、哲学家亚里士多德认为，宇宙中所有的物质都由四种基本元素土、气、火和水组成，有两种力——引力和浮力，作用在这些元素上。引力，使土和水往下沉；浮力使气和火往上升。这种将宇宙的内容分割成物质和力的做法一直沿袭至今。

亚里士多德相信所有的物质是连续的，也就是说，人们可以将物质无限制地进行分割。而如果物质可以被分割得越来越小，那我们就永远不可能得到一个不可再分割下去的最小颗粒。然而，这种说法遭到了很多学者的反驳，例如希腊人德谟克利特。"原子"在希腊文中是"不可分"的意思，因此德谟克利特用这一概念来指称构成具体事物的最基本的物质微粒。他坚信物质具有最小的颗粒性，并认为所有物质都是由大量的和不同类型的原子组成的。

德谟克利特所提出的原子说还指出，原子的根本特性是"充满和坚实"的，即原子内部是没有空隙的，是坚固的、不可入的，因而是不可分的。他认为，原子是永恒的、不生不灭的，且原子在数量上是无限的，并处在不断的运动状态中，它唯一的运动形式是振动；另外，原子的体积微小，是眼睛看不见的，即不能为感官所知觉，只能通过理性才能认识。

▲约翰·道尔顿

德谟克利特的学说同样也受到了很多科学家的质疑。争论一直持续了几个世纪，任何一方都没有实际的证据来证明自己是正确的。

19世纪初英国化学家道尔顿在进一步总结前人经验的基础上，提出了近代意义上的原子学说。这种原子学说的提出开创了化学的新时代，解释了很多物理、化学现象。他所提倡的原子学说，继承了古希腊朴素的原子论和牛顿微粒说，其要点在于：

1. 化学元素由不可分的微粒——原子构成，它在一切化学变化中是不可再分的最小单位。

2. 同种元素的原子性质和质量都相同，不同元素原子的性质和质量各不相同，原子质量是元素基本特征之一。

3. 不同元素化合时，原子以简单整数比结合。可以推导并用实验证明倍比定律。如果一种元素的质量固定，那么另一元素在各种化合物中的质量一定成简单整数比。

原子论建立以后，道尔顿名震英国乃至整个欧洲，各种荣誉纷至沓来。在科学理论上，道尔顿的原子论是继拉瓦锡的氧化学说之后理论化学的又一次重大进步，他揭示出了一切化学现象的本质都是原子运动，并确认了原子是一切化学变化中不可再分的最小单位，从而明确了化学的研究对象，对化学真正成为一门学科具有重要意义。

到了 1905 年，爱因斯坦提出了一个重要的学术证据，那就是所谓的布朗运动——英国植物学家布朗把花粉悬浮在水中，用显微镜观察，发现花粉的小颗粒在做不停的、无秩序的运动。这种现象可以解释为液体原子和灰尘粒子碰撞的效应。从这个观点可以看出，爱因斯坦的观点证明了道尔顿的理论是对的。

那么，在其他的领域里，原子还可以再分吗？这个问题我们在以下小节中会详细介绍。

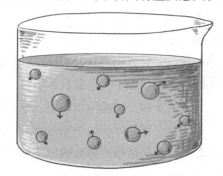

▲在显微镜下，可以看到在水中悬浮的尘埃粒子以非常不规则的随机方式运动。

原子的内部结构：藏在原子"身体"里的原子核和电子

剑桥大学的研究员汤姆生做了一个实验，他将一块涂有硫化锌的小玻璃片，放在阴极射线（从低压气体放电管阴极发出的电子在电场加速下形成的电子流）所经过的路途上，看到硫化锌会发出闪光。这说明硫化锌能显示出阴极射线的"径迹"。他发现在一般情况下，阴极射线是直线行进的，但当在射击线管的外面加上电场，或用一块蹄形磁铁跨放在射线管的外面时，阴极射线就会发生偏折，而根据其偏折的方向，可以判断出带电的性质。

随后汤姆生得出结论：这些"射线"是带负电的物质粒子。但他反问自己："这些粒子是什么呢？"为此，他设计了一系列既简单又巧妙的实验：首先，单独的电场或磁场都能使带电体偏转，而磁场对粒子施加的力是与粒子的速度有关的。汤姆生对粒子同时施加一个电场和磁场，并调节到电场和磁场所造成的粒子的偏转互相抵消，让粒子仍做直线运动。这样，从电场和磁场的强度比值就能算出粒子运动速度。而一旦找到速度，单靠磁偏转或者电偏转就可以测出粒子的电荷与质量的比值。汤姆生用这种方法来测定"微粒"电荷与质量之比值。他发现这个比值和气体的性质无关，并且该值比起电解质中氢离子的比值（这是当时已知的最大量）要大得多，这说明这种粒子的质量比氢原子的质量要小得多。汤姆生把这种粒子叫作"电子"。这是人类首次用实验证实了一种"基本粒子"——电子的存在。

那这是否意味着，电子是比原子更为基本的粒子呢？若是如此，能否发现其他具有合适重量和物理性质的东西也可能是原子组成部分呢？很多科学家开始探索除电子之外在原子内部还有何物，并设想原子可能有的结构形式。

为此，新西兰物理学家卢瑟福在1911年证明了原子确实具有内部结构。在这个 α 粒子轰击金箔的实验中，绝大多数 α 粒子仍沿原方向前进，少数 α 粒子由于撞击到了电子发生较大偏转，个别 α 粒子偏转超过了90°，有的 α 粒子由于撞上原子核所以偏转方向甚至接近180°。该试验事实确认，原子内含有一个体积小而质量大的带正电的中心，这就是原子核。

由以上两个实验可以确定，原子是由其他"粒子"组成的，在上一节中，我们讲了原子是一切化学反应中不可再分的基本微粒，但事实上，在物理领域，原子是可以再分的。原子由带正电荷的原子核和带负电荷的电子组成，科学家还验证出，原子的大小主要是由最外面的电子层的大小所决定的。

如果我们把原子比作一个大型足球场，那原子核只不过是位于足球场中心的乒乓球而已。原子核虽然体积小，但它却占据了原子质量的99%以上，可以说，原子核的质量几乎就等于原子的质量。在原子核外围高速旋转的电子带有负电荷，原子核带正电核，它们的电荷数相等，所以整个原子是不显电性的。

另外，之所以电子没有从原子中飞出，是因为电子与原子核分别带负、正电荷，它们之间产生吸引的作用力。这就同地球、木星等这样的行星，都被太阳的引力吸引着，不能飞出太阳系一样。

▲欧内斯特·卢瑟福

质子和中子：组成原子核的"基本"粒子

我们说，原子核质量基本相当于原子的质量，那么原子核是否可以再分呢？答案是肯定的。

物理学家卢瑟福被公认为质子的发现人。卢瑟福考虑到电子是原子里带负电的粒子，而原子是中性的，那么原子核必然是由带正电的粒子组成的。这种粒子的特征是怎样的呢？他做了一个实验：用 α 粒子轰击氮原子核，注意到在轰击过程中他的闪光探测器纪录到氢核的迹象。卢瑟福认识到这些氢核唯一可能的来源是氮原子，因此氮原子必须含有氢核。他又想到氢原子是最轻的原子，那么氢原子核也许就是组成一切原子核的更小微粒，电量是 1，质量是 1。卢瑟福把它叫作"质子（proton）"。这个单词是由希腊文中的"第一"演化而来的，这就是卢瑟福的质子假说。

▲原子结构模型

1919 年，卢瑟福本人用速度是 20000 千米/秒的 α 粒子去轰击氮、氟、钾等元素的原子核，结果都发现有一种微粒产生，电量是 1，质量是 1，这样的微粒正是质子，这就证明了他的质子假说是正确的。

之后，人们便认为原子核的质量应该等于它含有的带正电荷的质子数。可是，一些科学家在研究中发现，原子核的正电荷数与它的质量居然不相等，也就是说，原子核除去含有带正电荷的质子外，还应该含有其他的粒子。那么，那种"其他的粒子"是什么呢？

解决这一物理难题、发现那种"其他的粒子"是"中子"的，就是著名的英国物理学家詹姆斯·查德威克。

1932 年 2 月 27 日，英国物理学家查德威克在做用 α 粒子轰击硼的实验中发现了中子。他指出，中子是构成物质原子核的基本粒子之一，它的质量与质子相同。中子不带电。

就在查德威克发现中子的 5 年前，科学家玻特和贝克用 α 粒子轰击铍时，发现有一种穿透力很强的射线，他们以为是 γ 射线，就没有理会。韦伯斯特对这种辐射做过仔细鉴定，但由于对此现象难于解释，所以并未再继续研究。

▲玛丽·居里

直到 1931 年，约里奥·居里夫妇——居里夫人的女儿和女婿——公布了他们关于石蜡在"铍射线"照射下产生大量质子的新发现。查德威克立刻意识到，这种射线很可能就是由中性粒子组成的，这种中性粒子就是解开原子核正电荷与它质量不相等之谜的钥匙。

所以，查德威克立刻着手研究约里奥·居里夫妇做过的实验，用云室测定这种粒子的质量，结果发现，这种粒子的质量和质子一样，而且不带电荷，他称这种粒子为"中子"。

查德威克因发现中子，解决了理论物理学家在原子研究中遇到的难题，完成了原子物理研究上的一项突破性进展，而获得诺贝尔奖，并被推选为剑桥龚维尔和凯尔斯学院院长。后来他因为和其他人不和而辞去院长的职务。

组成原子核的质子与中子有很多的用途。其中质子常被用来在加速器中加速到近光速后用来与其他粒子碰撞。这样的试验为研究原子核结构提供了极其重要的数据。慢速的质子也可能被原子核吸收用来制造人造同位素或人造元素。另外，核磁共振技术中就使用质子的自旋来测试分子的结构。

中子可根据其速度而被分类。高能（高速）中子具电离能力，能深入穿透物质。因此，中子是唯一一种能使其他物质具有放射性之电离辐射物质，此过程被人们称为"中子激发"。"中子激发"被医疗界、学术界及工业广泛应用于生产放射性物质。

没有颜色的夸克：构成质子和中子的更小微粒

经过科学家的研究，人们普遍认为，质子和中子是组成物质的最小微粒。但是质子和另外的

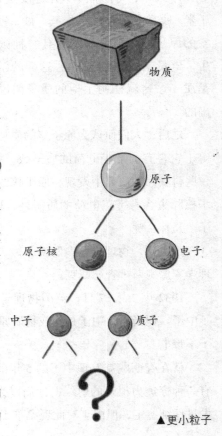

物质

原子

原子核

电子

中子

质子

?

▲更小粒子

质子或电子高速碰撞的实验表明，它们事实上是由更小的粒子构成的，那更小的微粒就是夸克。

夸克是一种基本粒子，也是构成物质的基本单元。夸克互相结合，形成一种复合粒子，叫强子，强子中最稳定的是质子和中子，它们是构成原子核的单元。

▲中子包含两个具有 -1/3 电荷的下夸克和一个具有 +2/3 电荷的上夸克，其总电荷数为 0。

19 世纪接近尾声的时候，科学家打开了"原子"的大门，证明原子不是物质的最小粒子。很快科学家就发现了两种亚原子粒子：电子和质子。1932 年，詹姆斯·查德威克发现了中子，这次科学家们又认为发现了最小粒子。

在 20 世纪 30 年代中期科学家发明了粒子加速器，科学家们能够把中子打碎成质子，然后又把质子打碎成为更重的核子，观察碰撞到底能产生什么。20 世纪 50 年代，唐纳德·格拉泽发明了"气泡室"，将亚原子粒子加速到接近光速，然后抛出这个充满氢气的低压气泡室。这些粒子碰撞到质子（氢原子核）后，质子分裂为一群陌生的新粒子。这些粒子从碰撞点扩散时，都会留下一个极其微小的气泡，科学家无法看到粒子本身，却可以看到这些气泡的踪迹。并且这些细小的轨迹多种多样，数量众多，但这时科学家们无法证明这些亚原子粒子究竟是什么。

夸克模型分别由默里·盖尔曼与乔治·茨威格于 1964 年独立地提出。引入夸克这一概念，是为了能更好地整理各种强子，而当时并没有什么能证实夸克存在的物理证据，直到 1968 年，夸克的六种"味"才全部被加速器实验所观测到。

为此，物理学家牟雷·盖尔曼将之命名为"k-works"，后来缩写为"kworks"。之后不久，他在詹姆斯·乔伊斯的作品中读到一句"三声夸克（three quarks）"，于是将这种新粒子更名为"夸克（quark）"。

牟雷·盖尔曼指出，存在几种不同类型的夸克——至少有六种以上的"味"，这些味我们分别称之为上、下、奇、粲、底和顶。其中每一种味都带有三种"色"，即

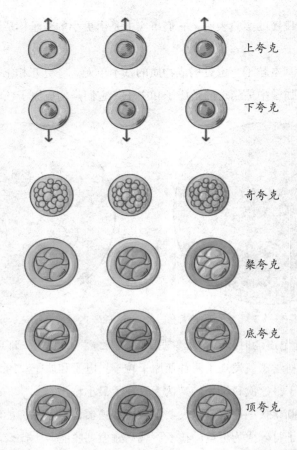

上夸克

下夸克

奇夸克

粲夸克

底夸克

顶夸克

红、绿和蓝。（必须强调的是，这些术语仅仅是记号）一个质子或中子是由三个夸克组成的，每个一种颜色。一个质子包含两个上夸克和一个下夸克；一个中子包含两个下夸克和一个上夸克。我们可用其他种类的夸克（奇、魅、底和顶）构成粒子，但所有这些都具有大得多的质量，并非常快地衰变成质子和中子。

提到夸克质量，我们需要两个词：一个是"净夸克质量"，就是夸克本身的质量；另一个是"组夸克质量"，就是净夸克质量加上其周围胶子场的质量。这两个质量的数值一般相差甚远。一个强子中的大部分质量，都属于把夸克束缚起来的胶子，而不是夸克本身。尽管胶子的内在质量为零，但它们拥有能量。例如，一个质子的质量约为 938 MeV/C2，其中三个价夸克大概只有 11 MeV/c2；其余大部分质量都可以归属于胶子的 QCBE。

现在我们知道，不管是原子还是其中的质子和中子都不是不可分的，它们可以再分为夸克，它是构成物质的最小微粒。当然，未来或许有科学家会提出有其他更小的微粒，但是目前普遍公认组成物质的最小微粒就是夸克。

粒子家族

▼粒子家族可以按照不同的方式分类。费密子组合构成了可定义的结构而玻色子不能；同样地，实粒子能够存在很长时间，而虚粒子只能存在很短的瞬间，并且在自然力中作为交换粒子。轻子不由夸克组成，而强子是；介子包含了两个夸克，而重子包含了三个。

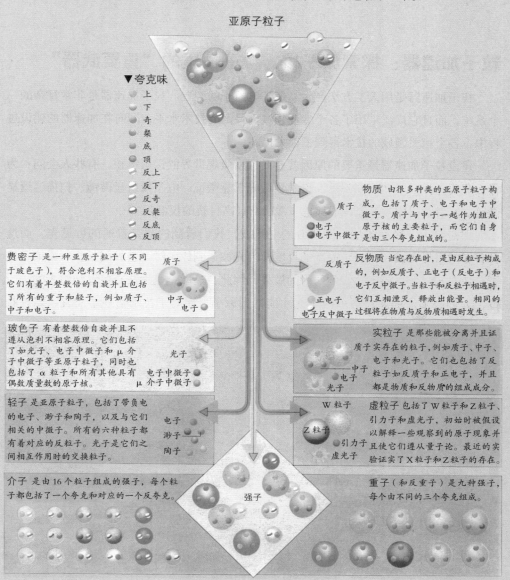

亚原子粒子

▼夸克味
- 上
- 下
- 奇
- 桀
- 底
- 顶
- 反上
- 反下
- 反奇
- 反桀
- 反底
- 反顶

物质 由很多种类的亚原子粒子构成，包括了质子、电子和电子中微子。质子与中子一起作为组成原子核的主要粒子，而它们自身是由三个夸克组成的。

质子
电子
电子中微子

反物质 当它存在时，是由反粒子构成的，例如反质子、正电子（反电子）和电子反中微子。当粒子和反粒子相遇时，它们互相湮灭，释放出能量。相同的过程将在物质与反物质相遇时发生。

反质子
正电子
电子反中微子

费密子 是一种亚原子粒子（不同于玻色子），符合泡利不相容原理。它们有着半整数倍的自旋并且包括了所有的重子和轻子，例如质子、中子和电子。

质子
中子
电子

实粒子 是那些能被分离并且证实存在的粒子，例如质子、中子、电子和光子。它们也包括了反粒子如反质子和正电子，并且都是物质和反物质的组成成分。

中子
电子
光子

玻色子 有着整数倍自旋并且不遵从泡利不相容原理。它们包括了如光子、电子中微子和 μ 介子中微子等亚原子粒子，同时也包括了 α 粒子和所有其他具有偶数质量数的原子核。

光子
电子中微子
μ 介子中微子

虚粒子 包括了W粒子和Z粒子、引力子和虚光子，初始时被假设以解释一些观察到的原子现象并且使它们遵从量子论。最近的实验证实了X粒子和Z粒子的存在。

W 粒子
Z 粒子
引力子
虚光子

轻子 是亚原子粒子，包括了带负电的电子、渺子和陶子，以及与它们相关的中微子。所有的六种粒子都有着对应的反粒子。光子是它们之间相互作用时的交换粒子。

电子
渺子
陶子

介子 是由16个粒子组成的强子，每个粒子都包括了一个夸克和对应的一个反夸克。

强子

重子（和反重子）是九种强子，每个由不同的三个夸克组成。

粒子不但能自己旋转，还有"反面"

粒子加速器：探索原子核、粒子性质的"重要武器"

粒子加速器是用人工方法产生高速带电粒子的装置。粒子加速器是非常复杂的一个系统，而且它广泛采用了各个专业领域内最高的技术水平，同时在加速器的建设过程中，各个相关领域的技术得到了很大提高。

建设粒子加速器最重要的原因就是要探索微观世界的深层奥秘，有些人会问：为什么非要选择粒子加速器呢？在科学领域光学显微镜、电子投射显微镜、扫描隧道显微镜、X射线扫描仪等等，不都是非常精密且高科技的仪器吗？

那是因为人眼并不能看到所有的电磁波，我们看到的只是普通的可见光。而这种普通的可见光波长要长于原子的尺度，当光波遇到原子时，就如同长长的海浪绕过了一块石头一样，根本达不到回射的效果，因此，显微镜是无法直接看到原子的。所以，人们必须借助波长更短的X光才能看到原子。而对于粒子物理学而言，要想看

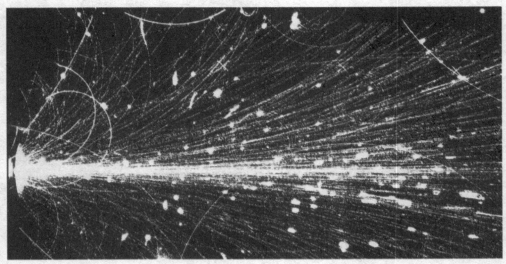

▲欧洲粒子物理研究所（简称CERN，位于日内瓦城外）检测到的硫离子和金原子核的高能碰撞轨迹。

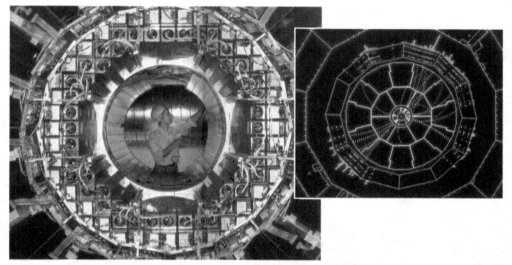

▲对粒子撞击的监测是在一个特制的巨大精密仪器中完成的。上面左图是一位技师正在检查位于瑞士日内瓦的欧洲粒子物理实验室的名为 OPAL 的检测器的密封盖。右边的图是典型的检测器的迹线，图像来自于欧洲粒子物理实验室的 ALEPH。点线表示了碰撞的粒子产生的路径，磁场使它们弯曲，从而更容易辨认。

到小于核子（质子中子）的粒子，就需要更高的能量，所以人们需致力于提高加速粒子的能量，进而，粒子加速器经过无数次的实验与研究终于诞生了。

1919 年，物理学家卢瑟福用天然放射源实现了第一个原子核反应这一学术研究，不久之后，人们便提出了用人造快速粒子源来变革原子核的设想，然而没有一个科学家完成这一设想。1928 年伽莫夫关于量子隧道效应的计算表明，能量远低于天然 α 射线的粒子，也可透入核内，这个发现进一步激发了人们研制人造快速粒子源的热情。

20 世纪 20 年代中期，科学家们探讨过许多关于加速带电粒子的方案，同时也进行了许多次试验。终于在 30 年代初，高压倍加器、回旋加速器、静电加速器相继问世，从而加速了粒子加速器的发展历程。1932 年，物理学家考克饶夫和瓦耳顿用他们建造的 700kV 高压倍加速器加速质子，实现了第一个由人工加速的粒子束引起的核反应。同年，劳伦斯等科学家发明了回旋加速器并开始运行。几年之后他们通过人工加速的 p、d 和 α 等粒子轰击靶核得到高强度的中子束，还首次制成了 Na、P、I 等医用同位素。以上这几位研制加速器的先驱者，后来都分别获得了诺贝尔物理学奖。在同一期间，物理学家范德格拉夫创建了静电加速器，它的能量均匀度高，被誉为核结构研究的精密工具。

粒子加速器俨然已经成为探索原子核、粒子性质的重要武器，在以后的几十年间，随着人们对微观物质世界深层结构研究的不断深入，各个科学技术领域对各种快速粒子束的需要不断增长，同时科学家也提出了多种新的加速原理和方法，发展了具有各种特色的加速器为人们服务。

在日常生活中，常见的粒子加速器有用于电视的阴极射线管及 X 光管等设施，同时也是探索原子核和粒子的性质、内部结构和相互作用的重要工具，并在工农业生产、医疗卫生、科学技术等方面都有重要而广泛的实际应用。

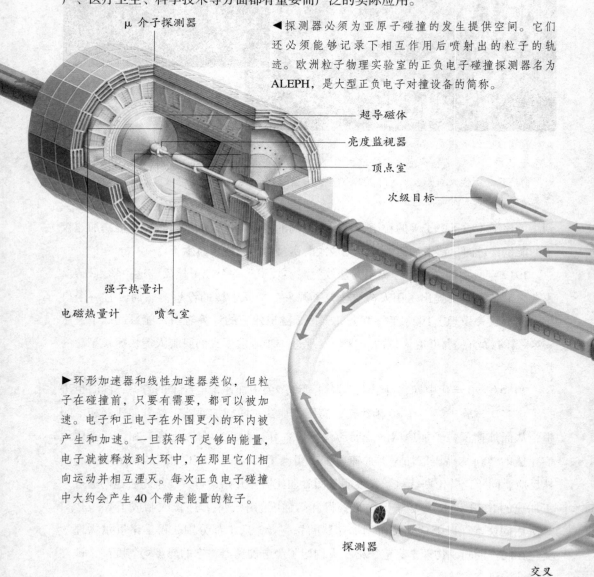

μ 介子探测器

◀探测器必须为亚原子碰撞的发生提供空间。它们还必须能够记录下相互作用后喷射出的粒子的轨迹。欧洲粒子物理实验室的正负电子碰撞探测器名为ALEPH，是大型正负电子对撞设备的简称。

超导磁体

亮度监视器

顶点室

次级目标

强子热量计

电磁热量计　喷气室

▶环形加速器和线性加速器类似，但粒子在碰撞前，只要有需要，都可以被加速。电子和正电子在外围更小的环内被产生和加速。一旦获得了足够的能量，电子就被释放到大环中，在那里它们相向运动并相互湮灭。每次正负电子碰撞中大约会产生 40 个带走能量的粒子。

探测器

交叉

粒子的自旋性：围绕一个不存在的轴自我旋转的小陀螺

在量子力学中，自旋是粒子所具有的内在性质，其运算规则类似于经典力学的角动量。虽然它有时会与古典力学中的自转相类比，但实际上它们在本质上是迥异的。古典意义中的自转，是物体对于其质心的旋转，比如地球每日的自转是顺着一个通过地心的极轴所做的转动。而在量子力学中，粒子其实并没有任何很好定义的轴，所谓的粒子的自旋性是设想成绕着一个轴自转的小陀螺，且从不同的方向看粒子是不同的样子。

自旋为 0 的粒子：看上去就像一个小圆点，从任何方向看都是一样的。

自旋为 1 的粒子：看上去像一个箭头，且从不同方向与角度看是不同的，只有在旋转 360° 后看起来才会一样。

自旋为 2 的粒子：像个双头的箭头，只要转过半圈（180°），看起来便是一样的了。

自旋为 1 / 2 的粒子：必须旋转 2 圈才会一样。

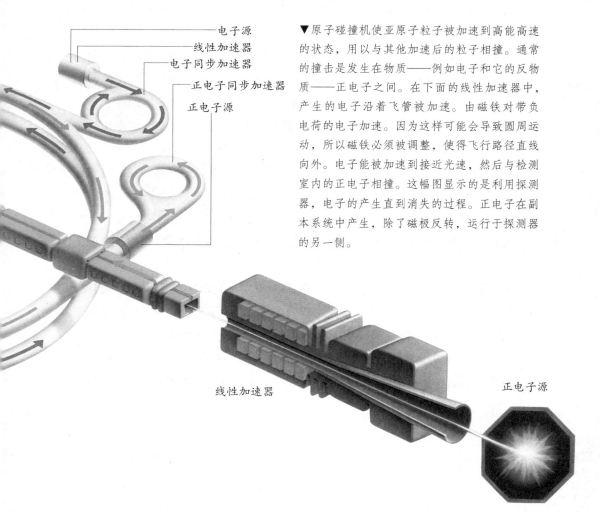

电子源
线性加速器
电子同步加速器
正电子同步加速器
正电子源

▼原子碰撞机使亚原子粒子被加速到高能高速的状态，用以与其他加速后的粒子相撞。通常的撞击是发生在物质——例如电子和它的反物质——正电子之间。在下面的线性加速器中，产生的电子沿着飞管被加速。由磁铁对带负电荷的电子加速。因为这样可能会导致圆周运动，所以磁铁必须被调整，使得飞行路径直线向外。电子能被加速到接近光速，然后与检测室内的正电子相撞。这幅图显示的是利用探测器，电子的产生直到消失的过程。正电子在副本系统中产生，除了磁极反转，运行于探测器的另一侧。

线性加速器

正电子源

另外，自旋对原子尺度的系统格外重要，诸如单一原子、质子、电子甚至是光子，都带有正半奇数（1/2、3/2 等等）或含零正整数（0、1、2）的自旋；半整数自旋的粒子被称为费米子（如电子），整数的则称为玻色子（如光子）。复合粒子也带有自旋，其由组成粒子（可能是基本粒子）之自旋透过加法所得，例如质子的自旋可以从夸克自旋得到。

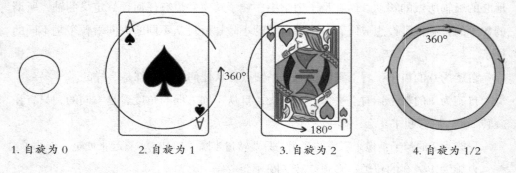

1. 自旋为 0　　　　2. 自旋为 1　　　　3. 自旋为 2　　　　4. 自旋为 1/2

现在我们对粒子的自旋性有了初步的了解，那么粒子的自旋性是怎么被发现的？它又有怎样的历史呢？

自旋的发现，首先出现在碱金属元素的发射光谱课题中。1924 年，沃尔夫冈·泡利首先引入他称为的"双值量子自由度"，与最外壳层的电子有关。这使他可以形式化地表述泡利不相容原理，即没有两个电子可以在同一时间共享相同的量子态。

然而，泡利的"自由度"的物理解释最初并不为人所知。1925 年年初，泡利的一位助手大胆提出它是由电子的自转产生的。当泡利听到这个想法时，他予以严厉批驳。他指出为了产生足够的角动量，电子的假想表面必须以超光速运动，这将违反相对论。正是因为泡利的批评，这位助手决定不发表他的想法。

同年，两位年轻的荷兰物理学家产生了同样的想法，他们简要发表了他们的结果，并得到了科学界正面的反馈，之后经过更多科学家的努力验证，终于论证了这一理论的科学性。

虽然泡利最初反对这个想法，但他还是在 1927 年利用这个发现完善了自旋理论，并运用了薛定谔和海森堡两位科学家发现的现代量子力学理论，开拓性地使用泡利矩阵作为一个自旋算子的群表述，并且引入了一个二元旋量波函数。

自旋的发现为人类科学的进步奠定了基础，它的直接的应用包括：核磁共振谱、电子顺磁共振谱、质子密度的磁共振成像，以及巨磁电阻硬盘磁头等。

自旋的重大贡献：为何世界没有坍缩成一锅均匀的"汤"

我们已经知道，宇宙间所有已知的粒子可以分成两组：组成宇宙中的物质的自旋为 1/2 的粒子；在物质粒子之间引起力的自旋为 0、1 和 2 的粒子。物质粒子服从所谓的泡利不相容原理。

泡利不相容原理，又称泡利原理、不相容原理，是奥地利物理学家沃尔夫冈·泡利在 1925 年发现的，他也因为这个重要的发现而获得 1945 年的诺贝尔奖。泡利是个模范的理论物理学家，有人这样说，他的存在甚至会使同一城市里的实验出毛病！在那个天才辈出、群雄并起的物理学史上最辉煌的年代，泡利仍然是夜空中最耀眼的巨星之一。

泡利不相容原理是微观粒子运动的基本规律之一。它指出，在费米子（自旋为半整数 1/2、3/2……的粒子统称为费米子）组成的系统中，不能有两个或两个以上的粒子处于完全相同的状态。在原子中完全确定一个电子的状态需要四个量子数，所以泡利不相容原理在原子中就表现为：不能有两个或两个以上的电子具有完全相同的四个量子数，这成为电子在核外排布形成周期性从而解释元素周期表的准则之一。另外两个准则是能量最低原理和洪特规则。能量最低原理就是在不违背泡利不相容原理的前提下，核外电子总是尽先占有能量最低的轨道，只有当能量最低的轨道占满后，电子才依次进入能量较高的轨道，也就是尽可能使体系能量最低。而洪特规则是在等价轨道（相同电子层、电子亚层上的各个轨道）上排布的电子将尽可能分占不同的轨道，且自旋方向相同。后来量子力学证明，电子这样排布可使能量最低，所以洪特规则可以包括在能量最低原理中，作为能量最低原理的一个补充。

用更通俗易懂的语言来解释泡利不相容原理，我们可以得出

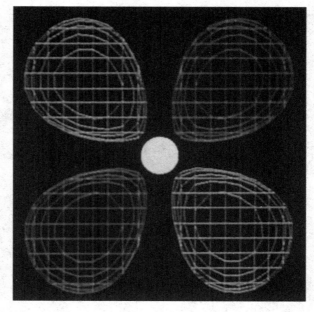

▶ 电子在原子周围的位置由量子数量化。每个电子壳包括了具有相同能量的原子。这些壳能被分为子壳，按照电子轨道的角动量将电子分组。电子的方向取决于它所处的最初的壳和子壳。右侧轨道图画出了具有相同子壳的电子可能出现的区域。

两个类似的粒子不能存在于同一个态中，即是说，在不确定性原理给出的限制内，它们不能同时具有相同的位置和速度。不相容原理是非常关键的，因为它解释了为何物质粒子在自旋为 0、1 和 2 的粒子产生的力的影响下不会坍缩成密度非常之高的状态的原因：因为如果物质粒子几乎在相同位置，则它们必须有不同的速度，这意味着它们不会长时间存在于同一处。

试想，如果在这个世界诞生的时候，泡利不相容原理不起作用，夸克将不会形成不相连的、很好定义的质子和中子，进而这些也不可能和电子形成不相连的、轮廓分明的原子。它们都会坍缩形成大致均匀的稠密的"汤"，整个世界也会分崩离析，不复存在。

反粒子：能跟粒子一同湮灭的"反面"粒子

著名英国物理学家、量子力学的创始人之一保罗·狄拉克在 1928 年提出了相对论性电子理论。在这个理论中他把相对论、量子和自旋这些在此前看来似乎无关的概念和谐地结合起来，并得出一个重要结论：电子可以有负能值。从此以后，人们才对电子和其他自旋 1/2 的粒子有了相当的理解。狄拉克后来被选为剑桥的卢卡斯数学教授（牛顿曾经担任这一教授位置，目前霍金担任此一职务）。霍金对狄拉克理论的评价非常高，他认为这是第一种既和量子力学又和狭义相对论相一致的理论，它在数学上解释了为何电子具有 1/2 的自旋，也即为什么将其转一整圈不能而转两整圈才能使它显得和原先一样。这个理论同时预言了电子必须有它的配偶——反电子或正电子。而后来 1932 年正电子的发现证实了狄拉克的理论，他因此获得了 1933 年的诺贝尔物理学奖。

在原子核以下层次的物质的单独形态以及轻子和光子，统称粒子。在历史上，有些粒子曾被称为基本粒子。所有的粒子，都有与其质量、寿命、自旋、同位旋相同，但电荷、重子数、轻子数、奇异数等量子数异号的粒子也存在，我们将之称为该种粒子的反粒子。除了某些中性玻色子外，粒子与反粒子是两种不同的粒子。

如果所有的粒子都有相应的反粒子，那么我们首先要检验的是质子和中子是否存在反粒子。1956 年美国物理学家张伯伦等在加速器的实验中，终于发现了反质子，即质量和质子相同，自旋量子数也是 1/2，但带一个单位负电荷的粒子。接着又发现了反中子。随着进一步的研究，科学家发现其实各种粒子都有相应的反粒子存在，这个规律被证明是普遍的。有些粒子的反粒子就是它自己，这种粒子称为纯中性粒子，比如光子就是一种纯中性粒子，光子的反粒子就是光子自己。在如今的粒子物理学中，已不再采用狄拉克的空穴理论来认识正反粒子之间的关系，而是从正反粒子完全对称的场论观点来认识。

迄今，已经发现了几乎所有相对于强作用来说比较稳定的粒子的反粒子。如果反粒子按照通常粒子那样结合起来就形成了反原子。由反原子构成的物质就是反物质。

欧洲核子研究中心的科学家们在欧洲当地时间 2010 年 11 月 17 日表示，通过大型强子对撞机，已经俘获了少量的"反物质"，尽管只是少量的反氢原子而已，但已被科学界视为人类研究反物质过程中的一次重大突破。

实际上，早在 1995 年，欧洲核子研究中心就首次制造出了 9 个反氢原子。但反氢原子只要与周围环境中的正氢原

▲反物质解析图

子相遇就会湮灭，因此实验室中造出来的反氢原子稍纵即逝，科学家们根本无从研究它的真面目。这一次的实验亮点就在于这些反氢原子存在了大约 0.17 秒。尽管这个时间在普通人看来也许非常短，但对科学家来说，已比先前有了实质性的延长，足够他们进行较为深入的观察和研究。

而在 2011 年 6 月 5 日，欧洲核子研究中心的科研人员在英国《自然·物理》杂志上报告称，他们成功地将反氢原子"抓住"长达 1000 秒的时间，也就是超过 16 分钟。科学家在论文中说，他们在这一轮研究中，先后用磁场陷阱抓住了 112 个反氢原子，时间从 1/5 秒到 1000 秒不等。根据分析显示，这次抓住的反氢原子大多数处于基态，也就是能量最低、最稳定的状态。这有可能是人类迄今首次制造出的基态反物质原子，如果能让反物质原子在基态存在 10   30 分钟，就可以满足大多数

实验的需要。

现在我们知道，任何粒子都有会和它相湮灭的反粒子（对于携带力的粒子，反粒子即为其自身），也可能存在由反粒子构成的整个反世界和反人。然而，如果你遇到了反你，注意不要握手！否则，你们两人都会在一个巨大的闪光中消失殆尽。

为何我们周围的粒子比反粒子多得多？这是一个极端重要的问题，在后面的章节中我们会来尝试解决这个问题。

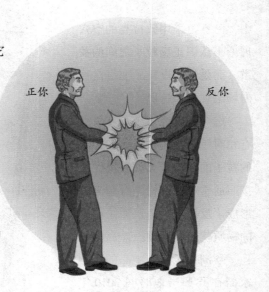

正你　　反你

虚粒子：你检测不到"我"？但"我"确实存在

粒子可以分两种：组成宇宙中物质的自旋为 1/2 的粒子和在物质粒子间引起力的自旋为 0、1、2 的粒子。而在量子力学中，所有物质粒子之间的力或相互作用都被认为是由自旋为整数 0、1 或 2 的粒子携带的。在这类物理模型中，物质粒子（比如电子或夸克）发出携带力的粒子，这个发射引起的反弹，改变了物质粒子的速度，携带力的粒子然后和另一个物质粒子碰撞并且被吸收，这碰撞改变了第二个粒子的速度，就如同这两个物质粒子之间存在过一个力。

▼虚粒子能够存在的时间取决于它们的质量：质量越大，它们的存在时间也就越短，因为它们的寿命是通过普朗克常量除以它们的质量得到的。如果具有硬币质量的这类事物能够存在 1 秒，那么氦原子就能够存在 1000 万年。单个的质子在这一条件下，将会存在 1 亿年。人类只能存在十万分之一秒，而汽车只能存在百万分之一秒。

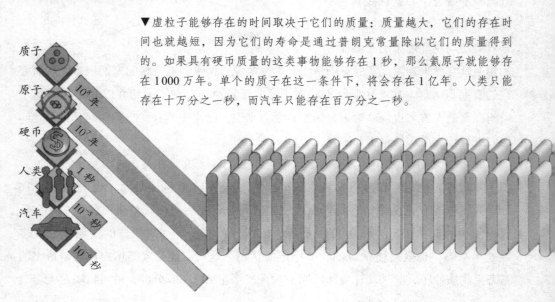

因为携带力的粒子不服从泡利不相容原理——这是它的一个重要的性质——这表明它们能被交换的数目不受限制，所以就可以引起很强的力。然而，如果携带力的粒子具有很大的质量，则在大距离上产生和交换它们就会很困难。这样，它们所携带的力只能是短程的。另一方面，如果携带力的粒子质量为零，力就是长程的了。我们将在物质粒子之间交换的这种携带力的粒子称为虚粒子，因为它们不像"实"粒子那样可以用粒子探测器检测到。但我们知道它们的存在，因为它们具有可测量的效应，即它们引起了物质粒子之间的力，具有可测量的效应。

根据量子力学的不确定性原理，宇宙中的能量于短暂时间内在固定的总数值左右起伏，起伏越大则时间越短，从这种能量起伏产生的粒子就是虚粒子。虚粒子是构成虚物质的微粒，和实物粒子有非常密切的关系，分布在实物粒子的周围，与实物粒子具有类似的性质。虚粒子不是为了研究问题方便而人为地引入的概念，而是一种客观存在。

自旋为0、1或2的粒子在某些情况下作为实粒子而存在，这时它们可以被直接探测到。对我们而言，此刻它们就呈现出为经典物理学家所说的波动形式，例如光波和引力波；当物质粒子以交换携带力的虚粒子的形式而相互作用时，它们有时就可以被发射出来。例如，两个电子之间的电排斥力是由于交换虚光子所致，这些虚光子永远不可能被检测出来，但是如果一个电子穿过另一个电子，则可以放出实光子，它以光波的形式为我们所探测到。

按其携带力的强度及与其相互作用的粒子，携带力的粒子可分为四种：引力、电磁力、弱核力、强核力。不过我们必须强调指出，将这种力划分成四种是人为的方法，这仅仅是为了便于我们建立部分理论，而不是别具深意。很多物理学家希望最终找到一个统一理论，该理论能将四种力解释为一个单独的力的不同方面。确实，许多人认为这是当代物理学的首要目标。最近，将四种力中的三种统一起来已经有了成功的端倪——我们将会在后文中逐步解决这些问题。

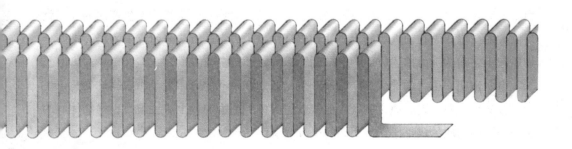

微小粒子间的四种"强大"力

引力："我"很弱，但到处都有"我"

携带力的四种粒子中的第一种力是引力，这种力是万有的，具体来说就是，每一个粒子都因它的质量或能量而感受到引力。不过，引力比其他三种力都弱得多。它是如此之弱，以至于若不是它具有两个特别的性质，我们根本就不可能注意到它。

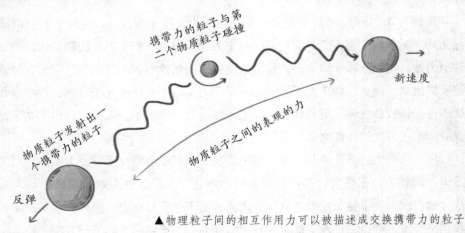

携带力的粒子与第二个物质粒子碰撞

新速度

物质粒子发射出一个携带力的粒子

物质粒子之间的表观的力

反弹

▲物理粒子间的相互作用力可以被描述成交换携带力的粒子

引力与物体的质量有关，物体如果距离过近会产生一定的斥力。牛顿发现了引力问题，在他思考问题时被苹果砸在头上，因此想到了引力的问题。但是由于时代的限制，牛顿对为什么会产生引力没有解释。在爱因斯坦的理论中引力已经不是一种基本力了，而仅仅是时空结构发生弯曲后的表现而已，而导致时空结构发生弯曲的原因就是巨大的质量。站在前人肩膀上，我们以现代量子力学的方法来研究引力场，把两个物质粒子之间的引力描述成由两个自旋为 2 的粒子交换引力子。

事实证明，引力的产生与质量的产生是联系在一起的，质量是由空间的变化产生的一种效应，引力附属质量的产生而出现。具体到引力定律上来说就是，两物体间的引力与它们的质量成正比，与距离的平方成反比。

两个可看作质点的物体之间的万有引力，可以用以下公式计算：万有引力等于引力常量乘以两物体质量的乘积再除以它们距离的平方。两个通常物体之间的万有引力极其微小，我们察觉不到它，可以不予考虑。比如，两个质量都是 60 千克的人，相距 0.5 米，他们之间的万有引力还不足百万分之一牛顿，而一只蚂蚁拖动细草梗的力竟是这个引力的 1000 倍！但是，引力虽然很弱，却具有一个独特的特性——它会作用到非常大的距离去，并且总是吸引的。天体系统中，由于天体的质量很大，万有引力就起着决定性的作用。在天体中质量还算很小的地球，对其他的物体的万有引力已经具有巨大的影响，它把人类、大气和所有地面物体束缚在地球上，而在像地球和太阳这样两个巨大的物体

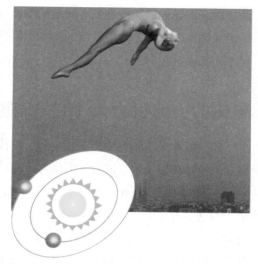

▲所有的物质粒子都根据自身的质量互相吸引，产生了名为引力的基本力。这种最弱的力控制了行星、恒星，甚至星系的运动，它还将物体吸附在地球表面上。

中，所有的粒子之间有非常弱的引力，它们叠加起来却能产生相当大的力量。另外三种力或者由于是短程的，或者时而吸引时而排斥，所以它们倾向于互相抵消，因此不像引力这样能产生巨大的"力量"。

由于自旋为 2 的粒子自身没有质量，所以它所携带的力是长存的。太阳和地球之间的引力可以归结为构成这两个物体的粒子之间的引力子的交换。虽然所交换的粒子

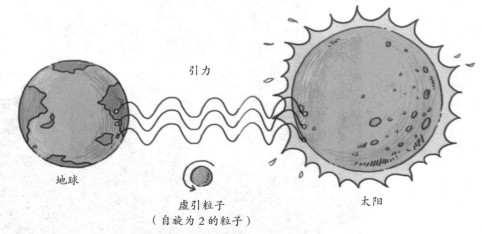

▲地球和太阳之间的引力是由交换虚引力子引起的。因为引力总是吸引的，因此在地球和太阳中的单独粒子间微弱的力叠加成一个巨大的力。

是虚的，但它们确实产生了可测量的效应——它们使地球绕着太阳公转！实引力构成了经典物理学家称之为引力波的东西，但它是如此之弱，要探测到它是如此困难，以至于还从未被观测到过。

电磁力：比引力大 100 亿亿亿亿亿倍

在一般意义上，电磁力是指电荷、电流在电磁场中所受力的总称。也有一种定义称载流导体在磁场中受的力为电磁力，而静止电荷在静电场中受的力为静电力。

电磁力，它作用于带电荷的粒子（例如电子和夸克）之间，但不和不带电荷的粒子（例如引力子）相互作用。电磁力比引力强得多：两个电子之间的电磁力比引力大约大 100 亿亿亿亿亿（在 1 后面有 42 个 0）倍。在宇宙的四个基本的作用力（万有引力、电磁力、强核作用力、弱核作用力）中，它的强度仅次于强核作用力。在我们构建的物理模型中，共有两种电荷——正电荷和负电荷，同种电荷之间的力是互相排斥的，而异种电荷则互相吸引。一个大的物体，譬如地球或太阳，包含了几乎等量的正电荷和负电荷。由于单独粒子之间的吸引力和排斥力几乎全抵消了，因此两个物体之间纯粹的电磁力非常小。

但是在微观世界里，电磁力在原子和分子的小尺度下起到了主要作用。带负电的

▶ 由于相反电荷相吸，电磁力使原子形成一体。当地面的电势和云的电势不同时，就会产生闪电。为使电势相等，电荷（电子）会从负极移动到正极。

▼在由虚光子携带的电磁力的情形，力可以是吸引的，也可以是排斥的，这样在地球和太阳中的粒子间的力多数都被抵消了。

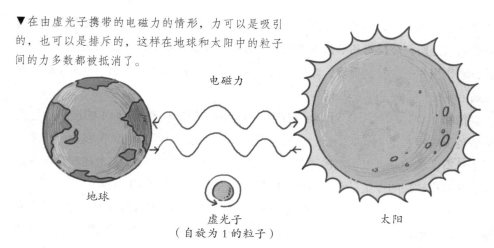

电磁力

地球

虚光子
（自旋为 1 的粒子）

太阳

电子和带正电的原子核中的质子之间的电磁力使得电子绕着原子核公转，正如同引力使得地球绕着太阳旋转一样。在量子物理学中，科学家将电磁吸引力描绘成由大量被称为光子的虚粒子的交换而引起的。读者应注意的是，这儿所交换的光子是虚粒子。但是，当电子从一个允许轨道改变到另一个离核更近的允许轨道时，会以发射出实光子的形式释放能量——如果其波长刚好，则为肉眼可以观察到的可见光，我们可以用诸如照相底版的光子探测器来观察。同样，如果一个光子和原子相碰撞，可将电子从离核较近的允许轨道移动到较远的轨道。这样光子的能量被消耗殆尽，也就是被吸收了。

电磁力靠电磁场，在两个具有电（或磁）荷物体间发生作用，磁场的基本量子是光子，或叫光量子。带电粒子间传递电磁作用的过程，是交换光子的过程。光子是电磁场的基本作用量子，频率为 υ 的光子，携带能量 $E=h\upsilon$（h 是普朗克常数，其值为 6.6×10^{27} 尔格·秒），所以，交换光子的过程，也是交换能量的过程。由爱因斯坦质能关系式 $E=mc^2$（m 代表质量）知道，交换能量的过程，也是交换质量的过程。这样看来，场传递相互作用的过程，是实实在在的，也是容易理解的。

而且近年来研究发现，在某些状况下，电磁力和弱核作用力会统一，这个发现使得人类距离大统一理论更进一步。

弱核力："我"很少见，但确实存在

第三种力称为弱核力，在日常生活中，我们并不能直接接触到这种力，但是它能导致放射性——原子核衰变。

弱核力只作用于自旋为 1/2 的物质粒子，而对诸如光子、引力子等自旋为 0、1

或2的粒子不起作用，因此关于弱核力的研究一直陷入停滞，直到1967年伦敦帝国学院的阿伯达斯·萨拉姆和哈佛的史蒂芬·温伯格提出了弱作用和电磁作用的统一理论后，弱作用才被很好地理解。此举在物理学界所引起的震动和影响，可与100年前麦克斯韦统一了电学和磁学并驾齐驱。

温伯格-萨拉姆理论认为，除了光子，还存在其他3个自旋为1的被统称作重矢量玻色子的粒子，它们携带弱力。它们叫W+（W正）、W-（W负）和Z0（Z零），每一个具有大约100吉电子伏的质量（1吉电子伏为10亿电子伏）。上述理论展现了称作自发对称破缺的性质，它表明在低能量下一些看起来完全不同的粒子，事实上只是同一类型粒子的不同状态。在高能量下所有这些粒子都有相似的行为，这个效应和轮赌盘上的轮赌球的行为相类似。在高能量下（表现为这轮子转得很快时），这球的行为基本上只有一个方式，即不断地滚动着，但是当轮子慢下来时，球的能量就减少了，最终球就陷到轮子上的37个槽中的一个里面去。换言之，在低能下球可以存在于37个不同的状态。如果由于某种原因，我们只能在低能下观察球，我们就会认为存在37种不同类型的球！

在温伯格-萨拉姆理论中，当能量远超100吉电子伏时，这三种新粒子和光子都以相似的方式行为。但是，多数正常情况下粒子能量要比这低，粒子间的对称被破坏了。W+、W-和Z0得到了大的质量，使之携带的力变得非常短程。萨拉姆和温伯格

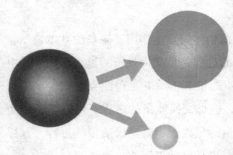

▲▶弱核力比引力要强，但比强核力和电磁力要弱。它支配着某些原子的放射性衰变。每次，当一个强子（一种由夸克组成的粒子，例如质子）转化成另外一种强子（比如中子）和一个轻子（一种不是由夸克组成的粒子，例如电子）时发生作用，反之亦然。一些以放射性元素测定年代的方法——例如对这些骨头碎片确定年代——依赖于这一衰变过程。每一次这种反应发生时，都有一个中微子被释放或吸收。

提出此理论时，很少人相信他们，因为按照当时的技术水准还无法将粒子加速到足以达到产生实的 W+、W– 和 Z0 粒子所需的 100 吉电子伏的能量。但在此后的十几年里，在低能量下这个理论的其他预言和实验符合得可谓完美无缺。因为这个成就，他们和在哈佛的谢尔登·格拉肖一起被授予 1979 年的诺贝尔物理学奖（格拉肖教授提出过一个类似的统一电磁和弱作用的理论）。

随着时间流逝，1983 年，科学家们在 CERN（欧洲核子研究中心）发现了具有被正确预言的质量和其他性质的光子的三个带质量伴侣。而领导几百名物理学家作出此发现的卡拉·鲁比亚和另一位开发了反物质储藏系统的工程师西蒙·范德·米尔分享了 1984 年的诺贝尔物理学奖。不过，霍金告诫跃跃欲试的年轻人，除非你已经是巅峰人物，否则要在当今的实验物理学上留下痕迹极其困难！

强核力：小心，"我"有"禁闭症"

四种携带力的粒子的第四种是强核力，又称强相互作用力，简称强力。它将质子和中子中的夸克束缚在一起，并将原子中的质子和中子束缚在一起。一般认为，称为胶子的另一种自旋为 1 的粒子携带强作用力，它只能与自身及夸克相互作用，强核力是四种基本力中最强的，也是一种短程力。

夸克被一串胶子粘在一起　包含夸克和反夸克的对

中子　　　　　　　　　介子

看起来，强核力具有一种被称为禁闭的古怪性质，它总是把粒子束缚成不带颜色的结合体。这样一来，由于夸克有颜色（红、绿或蓝），人们就不能得到单独的夸克。反之，一个红夸克必须用一串胶子和一个绿夸克及一个蓝夸克联结在一起，即红＋绿＋蓝＝白。像这样的三胞胎构成了质子或中子；其他的可能性则是由一个夸克和一个反夸克组成的对，如红＋反红或绿＋反绿或蓝＋反蓝＝白。

这样的结合构成称为介子的粒子。因为夸克和反夸克会互相湮灭而产生电子和其他粒子，因此介子是不稳定的。类似地，因为胶子也有颜色，所以色禁闭也使得人们不可能得到单独的胶子。相反地，人们所能得到的胶子团，其最后叠加起来的颜色必须是白的。而这样的团形成的是被称为胶球的不稳定粒子。

我们现在研究强核力的理论是量子色动力学，我们最早认识到的质子、中子间的核力属于强核力作用，这股力量让质子和中子结合成原子核。随着科学发展，科学家们后来进一步认识到强子（现在粒子物理学中的概念，也是量子力学中的重要概念，指的是一种亚原子粒子，所有受到强相互作用影响的亚原子粒子都被称为强子，包括重子和介子）是由夸克组成的，所以强核力是具有色荷的夸克所具有的相互作用——色荷通过交换 8 种胶子而相互作用——在能量不是非常高的情况下，强核力相互作用的媒介粒子是介子。强作用具有最强的对称性，遵从的守恒定律最多，而强作用引起的粒子衰变称为强衰变，强衰变粒子的平均寿命最短，因此也被称为不稳定粒子或共振态。

由于色禁闭使人们观察不到一个孤立的夸克或胶子，因此将夸克和胶子当作粒子的整个见解看起来有点"玄学"的味道。然而，通过研究我们发现，强核力还有一个叫作渐近自由的性质，即强核力的强度与距离成反比。当两个粒子贴近时，强核力几乎消失。它使得夸克和胶子成为定义得很好的概念。在正常能量下，强核力确实很强，它将夸克很紧地捆在一起。但是，大型粒子加速器的实验指出，在高能下强作用力变得弱得多，夸克和胶子的行为就像自由粒子那样，来回游走。

◀ 强核力——它使原子核形成一体，在制造核爆炸时必须被克服。发生核爆炸时，巨大的能量被释放出来。核反应堆就是利用这种原理以可控制的方式工作，并且利用产生的热驱动涡轮机发电。

把四种力统一起来？有点难

三种力的大统一：电磁力 + 弱核力 + 强核力

很多物理学家都希望尽快找到一个能协调四种基本力的统一理论，但这非常困难。目前，人们所能做的只是协调其中的三个力——电磁力、弱核力和强核力。

事实上，当电磁力和弱核力被成功统一起来时，很多人就试图将这两种力和强核力合并在一起，构建所谓的大统一理论（简称 GUT）。大统一理论的名字听起来非常夸张，但它其实并不是真正完整的理论，因为它并没有将引力涵盖进去。而且，它包含了许多不能从这理论中预言而必须人为选择以适合实验的参数。尽管如此，它仍然是朝着完全的统一理论推进的一大步。

如前文所述，在高能量下强核力变弱了，而非渐进自由的电磁力和弱核力则由此变强了。这就是所谓的 GUT 的基本思想。在某个很高的大统一能量的环境中，这三种力强度相同，因此可作为一个力的不同方面。与此同时，此能量下的 GUT 还预言了自旋为 1/2 的不同物质粒子（如夸克和电子）也会基本上变成一样，这就导致了另一种统一。

科学理论的成立必须有实验来证明。对大统一理论来说，如何产生出与其相符的大统一能量呢？目前，大统一能量究竟是多少，我们还不得而知。推测的话，大概至少要有 1000 万亿吉电子伏特。而目前我们所制造的粒子加速器只能使大致能量为 100 吉电子伏的粒子相碰撞，计划建造的机器的能量为几千吉电子伏。算起来，要建造能将粒子加速到大统一能量的机器，其体积必须和太阳系一样大。很明显，这是不可能实现的。因此，在实验室里直接证实大统一理论是不可能的。然而，跟弱电统一理论的情形相似，我们也可以检测它在低能量下的推论。

科学家认为，自然力的强度随着环境的温度而变化，在非常高的能量下，电磁力、弱核力、强核力应该会变得大致相等，该能量远远大于任何可以设想的地球粒子对撞机所能产生的能量，而与宇宙诞生大约 10^{-35} 秒所历经的能量相等。

这种大统一理论几乎必不可免地引出了两类新粒子，第一类我们称之为 X 粒子，

▶在大爆炸的初始阶段，四种基本力也许只是单一的超力。如果能够达到足够高的能量，这些力也许就会重新结合在一起。电磁力和弱核力已经在粒子加速器实验中显示出结合在一起。而另两种力融合所需的能量水平几乎不可能在地球上达到。

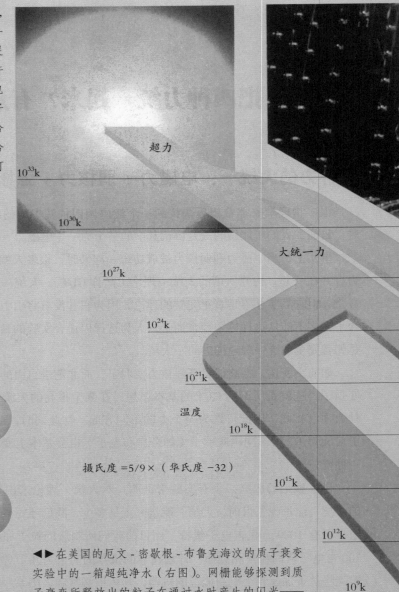

超力

10^{33}k

10^{30}k

大统一力

10^{27}k

10^{24}k

10^{21}k

温度

10^{18}k

摄氏度 $= 5/9 \times$（华氏度 -32）

10^{15}k

10^{12}k

10^9k

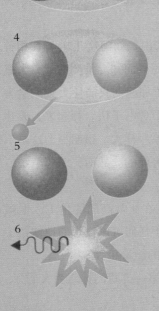

◀▶在美国的厄文 - 密歇根 - 布鲁克海汶的质子衰变实验中的一箱超纯净水（右图）。网栅能够探测到质子衰变所释放出的粒子在通过水时产生的闪光——如果衰变发生的话。左图显示的是一个质子（1）包含了三个夸克——两个上夸克和一个下夸克。如果一个上夸克和一个下夸克距离足够近（2），它们通过虚粒子产生强核力作用（3），下夸克变为反夸克。这使得质子发生衰变（4），并且释放出一个亚原子粒子。夸克与反夸克相撞（5），相互湮灭并释放出伽马射线（6）。

统一起来的力

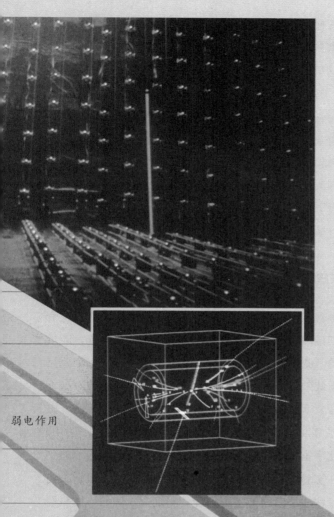

◀携带弱核力的 W 粒子的存在在 1983 年的一次粒子加速器实验中被揭示出来。一个质子和一个反质子相互碰撞并且湮灭，之后作为一个电子和一个中微子重新出现。在这一过程中，W 粒子发生衰变。

弱电作用

强核力 电磁力 弱核力   引力

它可以将物质转化为反物质，因为只有能够发生这样的转化，才有可能存在一组关于基本粒子相互作用的真正统一的定律，这一特征使这些大统一理论能够为宇宙中某种奇怪的"一边倒"现象做出解释。这里的 X 粒子很快就会衰变成其他粒子，如夸克与电子。而大统一理论引出的另一类粒子就是所谓的磁单极子。磁单极子在理论物理学弦理论中指一些仅带有 N 极或 S 极单一磁极的磁性物质，它们的磁感线分布类似于点电荷的电场线分布。截至 2012 年人们尚未发现以基本粒子形式存在的磁单极子。

事实上，寻找将四种力统一在一起的理论的主要困难在于，引力论——广义相对论——是仅有的非量子理论，它没有考虑不确定性原理。因为其他力的部分理论，以非常根本的方式依赖于量子力学，为了把引力和其他理论统一，就需要寻找把该原理结合到广义相对论中的一种方法。但是迄今为止无人能够找到一种量子引力论。

大统一理论的检验：想观测质子衰变？100 万亿亿亿年后再来吧

大统一理论有一个非常有趣的预言，即构成通常物质大部分质量的质子能自发衰变成像反电子一样更轻的粒子。人们推测，出现这种情况的原因在于，在大统一能量下，夸克和反电子在本质上是相同的。我们知道，正常情况下一个质子中的三个夸克是没有足够的能量转变成反电子的。此外，由测不准原理可知，质子中夸克的能量不可能严格保持不变，所以其中一个夸克能非常偶然地获得足够能量进行这种转变，由此导致质子衰变。不过，夸克得到足够能量的概率是如此之低，以至于至少要等 100 万亿亿亿年才能有一次。这个时间比宇宙从大爆炸以来的年龄（大约 100 亿年）还要长得多。介于此，人们认为不可能在实验中检测到质子自发衰变的可能性。但是，我们可以观察包含极大数量质子的大量物质，以增加检测到衰变的机会。例如，按照最简单的 GUT，如果我们的观察对象包含 10^{30} 个质子，那就可以预料，在一年的时间内我们可以看到多于一次的质子衰变。

人们试图通过实验来得到质子或者中子衰变的确凿证据，然而一直无果。某次试验中，为避免其他因宇宙射线引起的可能和质子衰变相类似的事件发生，人们毅然用了 8 千吨水来进行试验。不过，实验中并没有观测到自发的质子衰变。对此人们认为，可能的质子寿命至少应为 1000 万亿亿亿年——这要远远长于最简单的大统一理论所预言的寿命。人们还发现，一些更精致更复杂的大统一理论预言的寿命比这更长，要检验它们只能使用更灵敏的手段。

可以想象，在宇宙开初的最自然状态下，夸克并不比反夸克更多。这样一来，尽管观测质子的自发衰变非常困难，但很可能正由于这相反的过程，即质子或夸克的产

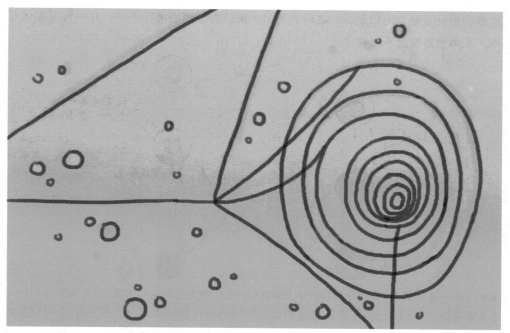

▲在一个烟雾较多的室内加速粒子轨迹的彩色图。在中央交点发生反质子和质子的湮灭。

生导致了我们的存在。我们知道，地球上的物质主要由质子和中子，进而由夸克构成，除了由少数物理学家在大型粒子加速器中产生的之外，现实中并不存在由反夸克构成的反质子和反中子。另一方面，从宇宙线中得到的证据表明，我们星系中的所有物质也是如此，除了少量当粒子和反粒子对进行高能碰撞时产生出来的以外，没有发现反质子和反中子。可以想见，如果在我们生存的星系中存在很大区域的反物质，则可以预料，在正反物质的边界必然会观测到大量的辐射。这是因为，在该处的许多粒子会和它们的反粒子相互碰撞、互相湮灭并释放出高能辐射。

目前，科学家倾向于相信所有的星系是由夸克而不是由反夸克构成的。这是因为，我们并没有观察到由正反粒子湮灭所产生的辐射。当然，在证明其他星系中的物质到底由质子、中子还是反质子、反中子构成方面，我们还没有直接的证据。然而无论怎样，两者必居其一。这样一来，其实就说明了，一些星系为物质而另一些星系为反物质是不太可能的。

人类因何存在：没有能跟我们一同湮灭的反物质

想象一下，如果早期宇宙中充满了夸克和反夸克，那么我们就会看到这样一幅画面：无数的夸克在遭遇到反夸克的那一瞬间分崩离析，于一片光亮中化为灰烬。当所有的正反夸克"同归于尽"之后，整个宇宙就静悄悄地沉寂下来，并一直沉寂亿万年。人类当然也就不存在了。

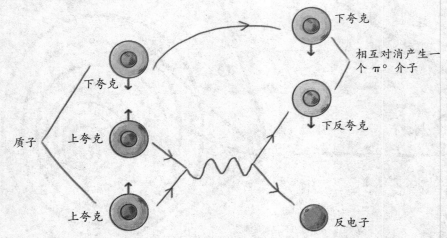

▲在大统一理论中，一个质子中的两个上夸克和一个下夸克会变成一个下 / 下反 π° 介子和一个反电子。

上述情形并未出现，因为上一节我们已经说明了，所有的星系是由夸克而不是由反夸克构成的。那么，接下来的问题就是，为什么夸克比反夸克多这么多？换言之，为何夸克和反夸克的数目不相等？

人们必须了解的是，正是因为这数目的不同，才导致了如今人类的存在。否则，早期宇宙中它们势必已经相互湮灭了，只余下一个充满辐射而几乎没有物质的宇宙，也就不会有后来人类生命赖以发展的星系、恒星和行星。而要回答它们的数目为何不同时，我们必须借助于大统一理论，它可以说明为何刚开始时两者数量相等，而现在宇宙中夸克比反夸克多。

前面讲过，大统一理论允许夸克变成高能下的反电子。此外，它们也允许相反的过程，即反夸克变成电子，电子和反电子变成反夸克和夸克。可以想见，早期宇宙有一个时期是如此之热，以至于粒子能量高到足以使这些转变发生。问题是，为何最终夸克比反夸克多？

这个问题的答案是：物理定律对粒子和反粒子并不完全相同。一个事实是，直到1956 年人们都相信，物理定律服从被叫作 C、P 和 T 的对称。C（电荷）对称的意义是，对于粒子和反粒子定律是相同的；P（宇称）对称是指，对于任何情景和它的镜像（右手方向自旋的粒子的镜像变成了左手方向自旋的粒子）定律不变；T（时间）对称是指，如果我们颠倒粒子和反粒子的运动方向，系统会回到原先的状态。也就是说，对于前进或后退的时间方向定律是一样的。

而在 1956 年，物理学家李政道和杨振宁提出，弱作用实际上并不服从 P 对称。也就是说，弱力导致宇宙和宇宙的镜像以不同的方式发展。在同一年，他们的同事吴健雄证明了他们的预言是正确的。在将放射性元素的核在磁场中排列，并使它们的自旋方向一致后，吴健雄演示表明，电子在一个方向比另一方向发射出得更多。第二年，也就是 1957 年，李政道和杨振宁为此获得诺贝尔奖。除此之外，人们还发现弱作用不服从 C 对称，即是说，它使得由反粒子构成的宇宙的行为和我们的宇宙不同。不过即便如此，弱力看起来也确实服从 CP 联合对称。换言之，若每个粒子都用其反粒子来取代，则由此构成的宇宙的镜像和原来的宇宙将以同样的方式发展！不过，在 1964 年，两个美国人 J.W. 克罗宁和瓦尔·费兹又发现，在称为 K 介子的衰变中，甚至连 CP 对称也不服从。为此，克罗宁和费兹获得 1980 年的诺贝尔奖。

大统一理论的证据：不服从 T 对称的早期宇宙

曾经有一个数学定理说，任何服从量子力学和相对论的理论必须服从 CPT 联合对称。20 世纪 50 年代的研究指出，P 对称在弱相互作用下会被破坏，而 C 对称被破坏也有几个有名的例证。于是有一小段时期，物理学家认为 CP 对称在所有物理现象中都会守恒，但不久后就发现这个也是错的。由于 CPT 守恒的关系，这意味着 T 对称（时间反转）也必须被破坏。CPT 定理需要所有物理现象都保有 CPT 对称。它假设量子定律和洛仑兹不变性都是正确的。具体地，CPT 定理指定，任何有自伴哈密顿算符的洛仑兹不变局部量子场论，都必须有 CPT 对称。

换句话说，如果同时用反粒子置换粒子，取镜像和时间反演，那么宇宙的行为必须是一样的。然而，克罗宁和费兹指出，若仅仅用反粒子取代粒子，并取镜像，但不反演时间方向，则宇宙的行为仍保持不变。也就是说，物理学定律在时间方向颠倒的情况下必须改变，即它们并不服从 T 对称。

这样一来，人们发现，早期宇宙肯定是不服从 T 对称的：当时间往前走时，宇宙膨胀；当时间往后退时，

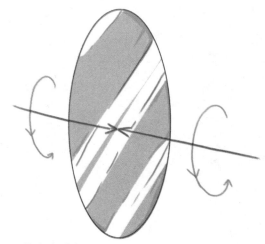

▲具有右手自旋的一个粒子的镜像是一个具有左手自旋的粒子。如果 P 对称成立，那么物理定律对两者都是相同的。

宇宙收缩。此外，因为存在着不服从 T 对称的力，所以当宇宙膨胀时，相对于将电子变成反夸克，这些力更容易将反电子变成夸克。接下来，当宇宙膨胀并冷却下来，反夸克和夸克相互湮灭，但由于已有的夸克比反夸克多，所以少量过剩的夸克就留下来。这些剩下的夸克最终构成我们今天看到的物质，这些物质进而构成了我们自己。这样一来，我们自身的存在可以被认为是大统一理论的证实。不过，这个预言的不确定性如此之大，以至于我们完全无法推测湮灭之后余下的夸克数目，甚至搞不清是夸克还是反夸克余下。当然，有人这样解释这种情况：如果是反夸克多余留下，我们就可以把反夸克称为夸克，夸克称为反夸克；反之亦然。

我们已知，在四种携带力的粒子中，引力是非常弱的，在我们处理基本粒子或者原子问题时，通常可以忽略不计引力的效应。而事实上，我们上述的大统一理论也确实不包括引力。然而，不可忽视的是，引力虽然很弱，但它的作用既是长程，又总是吸引的，因此它的所有效应都是叠加的。这样一来，对于足够大量的物质粒子，引力会比其他所有的力都更重要。甚至对于恒星大小的物体，引力的吸引也会超过所有其他的力，并最终使恒星坍缩。这就解释了为什么正是引力决定了宇宙演化的缘故。而引力的一个重大贡献就在于，正是在研究由强大的引力场所产生的恒星坍缩时，人们发现了黑洞；而正是在研究黑洞时，霍金发现了量子力学和广义相对论所结合的可能性，即尚未成功的量子引力论。

第六章

黑洞到底黑不黑

恒星的生命终结 = 黑洞的诞生

宇宙中的空洞：黑洞——捕获光线的终极恒星

1969 年，美国科学家约翰·惠勒于一项学术会议中率先提出了"黑洞"一词，以取代从前的"引力完全坍缩的星球"这一说法。而之所以叫"黑洞"，原因就是连光都会被这样的恒星所捕获。事实上，这个名字本身也使黑洞进入了科学幻想的神秘王国。另一方面，为原先没有满意名字的某种东西提供

▲黑洞

确切的名字也激发了科学家们科学研究的热情，使人们开始热衷于黑洞研究。由此可见，一个好名字在科学研究中也起着重要作用。

早在 1783 年时，剑桥的学监约翰·米歇尔就在一家颇有影响力的学术周刊上发表了一篇文章。他指出，一个质量足够大且密度足够大的恒星会有非常强大的引力场，以至于连光线都无法逃逸！任何从该恒星表面发出的光，在还没有达到远处时便会被恒星的引力吸引回来。米歇尔还认为，虽然我们无法用肉眼看到这些恒星上的光，但我们依旧可以感受到它们的存在。

假设你在地球表面向着天空发射一枚导弹，由于引力的原因，这枚导弹无论能飞翔多久，终将落向地面。而由于光的波粒二象性，光既可以被认为是波，也可以被认为是粒子。在光的波动说中，人们并不清楚光对引力如何响应，但如果光是由粒子组成的，人们则可以预料，光也会和导弹一样受到引力的作用。人们起先以为，光粒子是无限快地运动的，所以引力不可能使之缓慢下来，但是后来科学家研究发现，引力

对光也有影响。

不过事实上，将光线比作炮弹似乎有一些不合适：从地面发射上天的炮弹将被减速，除非它的速度能达到逃逸速度，否则便会减速直到为零并停止上升，然后折回地面。但我们都知道的是，一个光子必须以不变的光速继续向上，这个矛盾如何解释呢？

直到 1915 年爱因斯坦提出了广义相对论，我们才有了引力影响光的协调理论，而到 1939 年，年轻的美国人罗伯特·奥本海默的研究结果圆满地解决了这个矛盾。

根据广义相对论，空间和时间一起被认为形成了称作时空的四维空间。这个空间不是平坦的，它被在它当中的物质和能量所畸变或者弯曲。

由于恒星的引力场改变了光线通过时空的路径，使之和原先没有恒星情况下的路径不一样，因此在恒星表面附近，光线在空间和时间中的轨道稍微向内弯曲。随着恒星收缩，它变得更加密集，这样在它的表面上引力场会变得更加强大。我们可以认为引力场是从恒星的中心点发出来的，随着恒星收缩，它表面上的点就会越来越靠近中心，这样使得它们感受到更强大的场。越强大的场使在表面附近的光线路径向内弯曲得越明显，最终，当恒星收缩到某一个临界半径的时候，表面上的引力场会变得非常强大，甚至将光线路径向内弯曲得非常厉害，以至于光不能再逃逸。

根据相对性理论，没有东西的运动速度能超过光。这样，如果光都逃逸不出去，那么没有任何其他东西可以逃逸，所以东西都会被引力场给拉回去。这样一来，坍塌的恒星便会形成一个围绕它的时空区域，任何东西都不可能逃逸而使得到远处的观察者能观测到。这个区域就形成了黑洞。

今天，多谢哈勃空间望远镜和其他专注于 X 射线和 γ 射线而非可见光的其他望远镜，让我们知道黑洞乃是普通现象——比人们原先以为的要普通得多。一颗卫星只在一个小天区里就发现了多达 1500 个黑洞。我们还在我们所处星系的中心发现了一个黑洞，其质量比 100 万个太阳的质量还要大。

恒星的生命有多长：燃烧——燃烧——燃料耗尽变冷收缩

黑洞是如何形成的呢？简单来说，黑洞的产生过程有点类似于中子星的产生过程——某个恒星在准备灭亡时，其核心会在自身重力的作用下迅速收缩、塌陷，发生强力爆炸。一旦其核心中的所有物质都变成中子时收缩过程立即停止，剩下的就是一个被压缩成密实状态的星体。但对黑洞来说，由于恒星核心的质量太大，以至于收缩过程根本无法停止，中子本身在挤压和引力自身的吸引下会被碾为粉末，剩下的就是

▲当太阳在大约 45 亿年的时间后耗尽其核心的氢燃料时，核聚变开始在包围其惰性氦内核的外壳上发生。在这时候，太阳将膨胀为红巨星，吞没水星、金星，最后是地球和月球，如上图所示。

一个密度高到难以想象的物质。这样高的质量会产生非常大的引力，吸引靠近它的一切物体，由此形成黑洞。

具体来说，通过了解恒星的生命周期我们可以了解黑洞的形成。

恒星形成之初，宇宙里的尘埃和气体形成的原始恒星云（绝大部分是氢）受到自身引力的吸引，开始向内坍缩而形成恒星。

收缩继续进行，气体原子越加频繁地以越来越大的速度相互碰撞，使气体的温度越来越高，一旦达到某个临界值，这些氢原子碰撞时便不再弹开而是聚合形成氦。这就好

1. 尘埃和气体的原始恒星云在引力的吸引下坍缩，并且形成了一个恒星。

2. 最低质量恒星（即褐矮星）出现并直到其燃烧殆尽之前保持不变。

3. 主序星在其核中燃烧氢元素。（a）一个太阳质量；（b）10　30个太阳质量；（c）30个以上太阳质量。

4. 当氢燃料被耗尽时氦核形成。一个气体的外层开始膨胀。

5. 具有一个太阳质量的红巨星有一个碳核，碳核被一个燃烧氢的壳和气体外层所包裹。

6. 一个超巨星，是质量从 10 个直到超过 30 个太阳质量的大质量恒星。

7. 具有一个太阳质量的恒星的引力坍缩成一个白矮星。

8. 具有 10 个太阳质量的恒星的引力坍缩形成一个中子星。

9. 具有 30 个太阳质量的恒星的引力坍缩形成一个黑洞。

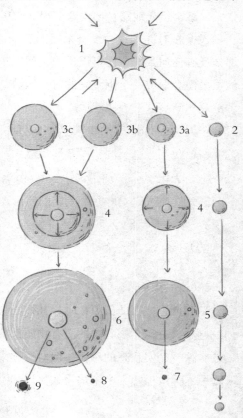

像一个受控氢弹的爆炸，反应中释放出的热量使恒星发出强烈的光，同时让气体的压力升高，直到能平衡自身引力的影响，气体停止收缩。如果用一个大家常见的模型来比喻的话，这有点类似气球——内部的气体向外膨胀，而气球橡皮薄膜的张力试图让气球收缩，从而达到一个稳定的状态。

这种热和引力的平衡会维持相当长一段时间。之后，当恒星最终耗尽它所有的氢和其他氦燃料，这个平衡才会被打破。

那么也许我们会发出这样一个疑问：是否恒星初始的燃料越多，它就会越慢燃尽呢？答案和我们的想象大相径庭，其实恒星初始的燃料越多，它就会被越快燃尽。为什么呢？这是因为越大质量的恒星，需要越多的热来抵抗引力，而更多的热势必需要恒星更快燃烧。我们的太阳也是恒星，根据科学家估算，它大概还能燃烧 50 多亿年。但是在茫茫宇宙中，比太阳质量大的恒星有许多，质量更大的恒星也许在 1 亿年这么短的时间内就会耗尽所有燃料。要知道，这个时间尺度对宇宙的年龄来说，实在是相当短的。当恒星终于耗尽了能量，它就会开始变冷并且收缩。

这时，引力的优势让这颗恒星开始收缩，这一收缩把原子挤到一起，产生了大量热量，并使恒星再次变得热起来。随着恒星进一步变热，它开始把氢转变成为碳和氧那样更重的元素。然而，这样并没有释放出足够多的能量，于是危机发生了。虽然我们不能很准确地描述究竟是怎么变化的，但是看来恒星的中心区域会坍缩成一个非常紧密的状态，而这个状态就是我们上文说到的黑洞。

白矮星的诞生：昌德拉塞卡极限——阻止恒星持续收缩的存在

人类的科学史是被一代又一代杰出的科学家推动的。1928 年，一位来自印度，名叫萨拉玛尼安·昌德拉塞卡的研究生，乘船来到英国剑桥大学跟英国天文学家兼广义相对论学家阿瑟·爱丁顿爵士学习，而他的名字，日后在物理学史上涂下了浓墨重彩的一笔。

昌德拉塞卡在从印度到英国的旅途中，并没有无所事事地闲待着，他算出在耗尽所有燃料之后，多大的恒星可以继续对抗自己的引力而维持状态。他的思考是这样的：按照泡利的不相容原理，当恒星变小物质粒子靠得非常近时，它们必须有非常不同的速度，这会导致它们互相散开并试图让恒星膨胀。这样看起来，一颗恒星就能够在引力作用和不相容原理引起的排斥力作用下寻求一种平衡并保持半径不变。

然而，难道不相容原理提供的排斥力是无限大的吗？当然不是。已知的事实是，恒星中粒子的最大速度差被爱因斯坦的相对论限制为光速。这就意味着，恒星变得足

▲具有类似太阳质量的恒星演化的序列从恒星由气体云崩塌中产生开始，接着进入主序，到达氦燃烧阶段——红巨星及以后的阶段。

够紧致之时，由不相容原理引起的排斥力就会比引力的作用小。关于这一点，昌德拉塞卡做了认真的计算并得出了一个结果，即一个大约为太阳质量一倍半的冷的恒星并不能支持自身以抵抗引力。这里所说的"太阳质量一倍半"的质量标准此后被称为昌德拉塞卡极限，用来表示一个稳定的冷星的最大可能的质量的临界值。几乎就在昌德拉塞卡做出这个计算的同时，苏联科学家列夫·达维多维奇·兰道也发现了这一点。

事实上，昌德拉塞卡极限的发现对大质量恒星的最终归宿具有重大意义。试想，如果一颗恒星的质量比昌德拉塞卡极限小，那它最后就会停止收缩并变成一颗半径为几千千米和密度为每立方厘米几百吨的"白矮星"，且逐渐趋向于一种稳定的状态。白矮星是其物质中电子之间的不相容原理排斥力所支持的。我们观察到大量这样的白矮星。第一颗被观察到的是绕着夜空中最亮的恒星天狼星转动的那一颗。

白矮星是一种低光度、高密度、高温度的恒星。它的外观呈现灰白色，它的体积小、亮度低，但质量大、密度极高。比如天狼星伴星（它是最早被发现的白矮星），其体积和地球相当，质量却和太阳差不多，它的密度在 1000 万吨/立方米左右。银河系中在地球紧邻的区域我们可以观察到大量的白矮星。

值得一提的是，虽然白矮星形成时的温度非常高，具有巨大的能量，但是因为没有能量的来源，它会逐渐释放它的热量并且逐渐变冷（温度降低）。这意味着它的辐射会从最初的高色温逐渐减小并转变成红色。经过漫长的时间，白矮星的温度将冷却到光度不再能被看见，而成为冷的黑矮星。但是这一现象目前还没被科学家所证实，因为现在的宇宙仍然太年轻（大约 137 亿岁），即使是最年老的白矮星依然辐射出巨大的热量，而不可能有黑矮星的存在。

不过，科学家也指出，除了变身"白矮星"，恒星还存在另一可能的终态——其极限质量大约也为太阳质量的 1 倍或 2 倍，但是其体积甚至比白矮星还小得多。这样的一类恒星由中子和质子之间的不相容原理排斥力所支持，因此被称作中子星。中

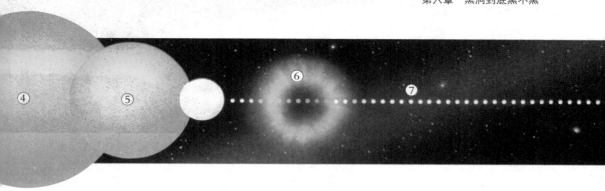

子星的半径通常只有 10 英里左右，其密度却是 10^{11} 千克 / 立方厘米，即每立方厘米的质量竟达到一亿吨！对比一下，如果把地球压缩成这样的密度，估计地球的直径将只有 22 米！简单来讲，白矮星的密度虽然大，但还在正常物质结构能达到的最大密度范围内，即电子还是电子、原子核还是原子核。但在中子星里，压力如此之大，以至于电子被压缩到了原子核中，同质子中和为中子，使原子变得仅由中子组

1. 原恒星
2. 主序阶段
3. 膨胀阶段
4. 红巨星
5. 收缩状态
6. 行星状星云
7. 白矮星

成。这样一来，整个中子星就完全是由这样的原子核紧挨在一起形成的，中子星的密度就是该原子核的密度。当中子星第一次被预言的时候，人们并没有任何方法去观察它，直到很久以后，它们才被观察到。

恒星的最终命运：恒星最终会坍缩成一个点吗

　　爱因斯坦的广义相对论是用于描述宇宙演化的神奇理论。在经典广义相对论的框架里，霍金和英国科学家彭罗斯证明了，在很一般的条件下（也就是不需要特定条件），空间—时间一定存在奇点。在奇点处，所有定律以及可预见性都失效。最著名的奇点即是黑洞里的奇点以及宇宙大爆炸处的奇点。

　　奇点可以看成空间时间的边缘或边界。只有给定了奇点处的边界条件，才能由爱因斯坦方程得到宇宙的演化。由于边界条件只能由宇宙外的造物主所给定，所以宇宙的命运就操纵在造物主的手中。这就是从牛顿时代起一直困扰人类智慧的第一推动力的问题。

　　因此，我们谈到质量比昌德拉塞卡极限还大的恒星在耗尽其燃料时，会出现一个问题：在某种情形下，为使自己的质量减少到极限之下而避免引起灾难性的引力坍缩，这些恒星可能会爆炸或抛出足够的物质。这看起来非常难以置信，因为不管恒星有多大，这个情形似乎都会发生。可是，我们怎么知道它必须损失重量呢？或者说，就算恒星可以设法失去足够多的重量以避免坍缩，那如果给白矮星和中子星加上足够

1. 主序阶段
2. 膨胀阶段
3. 红巨星
4. 超新星
5. 中子星
①

▲当具有超过太阳1.4倍质量（昌德拉塞卡极限）的恒星离开主序时，它膨胀形成红巨星。最终它以剧烈的超新星的形式爆发，并将其外层物质吹向宇宙中。其内核在引力作用下崩塌形成微小的、异常致密的中子星。当恒星成为超新星时，它的亮度增加了10^8倍，这将持续数天时间。

多的质量，它们会怎么变化呢？会坍缩到无限密度吗？看起来，继续坍缩的结果似乎最终会形成一个点，即恒星最终会坍缩成一个点的。然而，这样一个结果太过匪夷所思，以至于很多人拒绝相信，其中就包括昌德拉塞卡的老师爱丁顿。在爱丁顿看来，一颗恒星是绝不可能坍缩成一点的。而大科学家爱因斯坦也对此写了一篇论文，宣布恒星的体积不会收缩为零。这些外界的压力和否定动摇了昌德拉塞卡继续研究的决心，于是他只能放弃这方面的工作转而研究其他天文学问题。不过，真正有价值的工作是经得起时间考验的。1983年，昌德拉塞卡被授予诺贝尔奖，其原因或多或少都与他早年所做的关于冷恒星的质量极限的工作有关。

昌德拉塞卡曾专门指出，不相容原理事实上并不能够阻止质量大于昌德拉塞卡极限的恒星发生坍缩。那么，根据广义相对论，这样的恒星又会发生什么情况呢？这个问题一度被搁浅，直到1939年年轻的美国人罗伯特·奥本海默首次解决了它。不过，奥本海默的研究成果非常富有戏剧性——他所获得的结果竟然表明，用当时的望远镜去检测是不会再有任何观测结果的。这样的情形再加上"二战"的到来，促使奥本海默投入到了紧张而密集的原子弹计划中去，无暇再顾及这个问题。而"二战"之后，多数科学家都被原子和原子核尺度的问题所吸引，不再关注这个引力坍缩的问题。于是，这一问题就慢慢被遗忘了。然而，问题迟早是问题。在20世纪60年代，现代技术的应用使天文观测的范围和数量都大大增加，重新激起了人们对天文学和宇宙学大尺度问题的兴趣。于是，奥本海默曾经的研究工作开始被重视，并被重新发现和推广，而引力坍缩问题也再次登上物理学的舞台。

奥本海默的贡献：被引力"拉弯"的光线，无法从恒星表面逃逸

罗伯特·奥本海默，美国物理学家，曼哈顿计划的主要领导者之一，被誉为"原子弹之父"。这个在科学史上留下浓墨重彩的科学家，最早被科学界所注意，便是在1939年利用广义相对论解释了光线逃逸的问题。

③ ④ ⑤

奥本海默出生于美国纽约一个家境富裕的犹太人家庭，父亲是德籍犹太人，母亲是一个天才画家，但在奥本海默9岁时去世。作为一个早慧的天才，奥本海默三年读完大学，1925年以荣誉学生的身份从哈佛大学毕业。之后，他到英国剑桥大学深造，逐渐迷上了量子力学，开始攻读理论物理，并加入到著名的卡文迪许实验室。1926年，他转到德国哥廷根大学继续学习，并于1927年以量子力学论文获德国格丁根大学博士学位。接下来的两年，奥本海默在瑞士的苏黎世和荷兰的莱顿大学做进一步的研究。"二战"期间的1942年8月，奥本海默被任命为研制原子弹的"曼哈顿计划"的实验室主任。

在一次演讲中，奥本海默说出了自己一生所追求的目标——"我们应该保持我们美好的感情和创造美好感情的能力，并在那遥远的不可理解的陌生的地方找到这个美好的感情。"看起来，奥本海默确实在践行他的这一理想，因为他将他的智慧倾注在了天文学和物理学上，发现了恒星引力场改变光线的情况。

从奥本海默的工作中，我们知道恒星的引力场改变了光线通过时空的路径，使之和原先没有恒星情况下的路径不一样。换言之，被引力"拉弯"的光线，无法从恒星表面逃逸！在物理学中，光锥表示光从其顶端发出后在空间—时间里传播的轨道。而在恒星表面附近，光锥会稍微向内偏折。日食时观察远处恒星发出的光线，可以看到这种偏折现象。当该恒星收缩时，其表面的引力场变得很强，光线向内偏折得更多，从而使得光线从恒星逃逸变得更为困难。这时候，对于在远处的观察者而言，光线就变得更暗淡更红。最后，当这颗星收缩到某一临界半径时，其表面的引力场变得非常强，以至于光锥向内偏折得这么多，连光线也逃逸不出去。

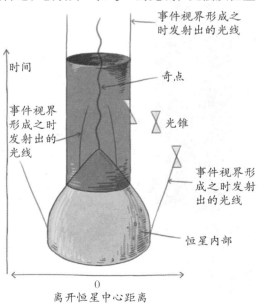

事件视界形成之时发射出的光线

奇点

时间

事件视界形成之时发射出的光线

光锥

事件视界形成之时发射出的光线

恒星内部

0

离开恒星中心距离

而由于广义相对论预言没有东西比光的速度更快，因此如果光都逃逸不出来，其他东西更不可能逃逸，都会被引力拉回去。也就是说，存在一个事件的集合或空间——时间区域，光或任何东西都不可能从该区域逃逸而被远处的观察者所看到。这样的一个区域就被称作黑洞，其边界被称作事件视界，它和刚好不能从黑洞逃逸的光线的轨迹相重合。

黑洞的形成：在坍缩恒星上的航天员，会被拉成意大利面

在奥本海默的发现的基础上，我们可以以一个实际的例子来理解黑洞的形成。在此之前，需要提醒你的是，如果你有幸观察一个恒星坍缩并形成黑洞，为了理解你所看到的情况，你必须记得在相对论中没有绝对时间，也就是说每个观测者都有自己的时间测量。我们知道，引力会使时间变得缓慢，并且引力越强，这个效应也就越大。因此，在恒星引力场的影响下，在恒星上的某个人的时间将和在远处另外一个人的时间完全不同。

让我们假设有一个大无畏的、愿意为了科学而献身的航天员成为我们的试验品。现在，这个航天员正身处恒星表面与恒星一起坍缩。假设我们已经达成共识，航天员会根据自己的表每一秒钟发射一个信号到一个绕着该恒星转动的空间飞船上去。然而由于坍塌恒星的巨大引力，这个航天员比绕着恒星转动的空间飞船上的同伴处于更强

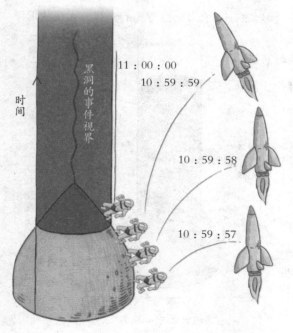

的引力场中，这样对他来说，1秒钟会比他同伴的1秒钟更长久。并且伴随着恒星的坍塌，这种感觉将会越来越明显，而那些在宇宙飞船里的伙伴则会觉得，这个宇航员传回的信号越来越慢，这一串信号的时间间隔越变越长。对此，我们再次假设在航天员手表的11点钟，恒星刚好收缩到它的临界半径以下。这时候，引力场已经强大到没有任何东西可以从中逃逸，也就是说他的信号再也无法从恒星表面传到空间飞船上了。于是，随着11点的临近，在空间飞船上的伙伴们会发现，从

航天员那里传来的信号间隔时间越来越长。然而，这个效应在 10 点 59 分 59 秒之前是非常微小的。确切地说，在收到 10 点 59 分 58 秒和 10 点 59 分 59 秒发出的两个信号之间，他们只需等待比一秒钟稍长一点的时间。但是，接下来他们必须为 11 点发出的信号等待无限长的时间。根据航天员的手表，光波在 10 点 59 分 59 秒和 11 点之间由恒星表面发出，而从空间飞船上看，那光波被散开到无限长的时间间隔里。当宇航员的手表到达 11

点钟，恒星刚好收缩到它的临界半径，此时引力场强到没有任何东西可以逃逸出去，他的信号也就再也不能传到空间飞船了。

作为观察者的你，也许并不能知晓宇航员们之间的信息，但接下来的一幕将让你瞠目结舌——你会惊悚地发现这个宇航员会被渐渐拉成意大利面条那样，然后被撕裂成两半！

要知道，你离开恒星越远则引力越弱，由于你脚部比头部离地球中心近 1 ~ 2 米，所以作用在你脚上的引力比作用到你头上的大。地球上的我们自然体会不到如此大的差别，但是对于这个身处坍塌恒星表面的宇航员来说，问题就没这么简单了。事实上，当这个宇航员没到达临界半径时，他不会有任何异样的感觉，甚至在达到那"永不回返"的那一点时，他都不会注意到。然而，当坍缩继续，几个钟头之内，作用到航天员头上和脚上的引力之差就会变得极其大，以至于将其撕裂。

如何检测黑洞，在煤库里找黑猫

黑洞的边界：事件视界——没有任何东西能从这里逃离黑洞

我们前面提到过，英国科学家罗杰·彭罗斯和霍金在 1965   1970 年间在经典广义相对论的框架里证明了，在很一般的条件下，空间—时间一定存在奇点，最著名的奇点即是黑洞里的奇点以及宇宙大爆炸处的奇点。

根据目前的黑洞理论，黑洞中心存在一个密度与质量无限大的奇点，所以要定义黑洞，必须先定义奇点。

借用爱因斯坦的橡皮膜类比，假如一个物体的能量或者质量足够大，它就会将橡皮膜刺出一个洞，而这个洞很可能就是所说的奇点。

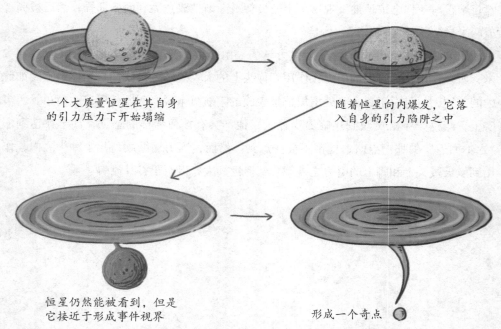

一个大质量恒星在其自身的引力压力下开始塌缩

随着恒星向内爆发，它落入自身的引力陷阱之中

恒星仍然能被看到，但是它接近于形成事件视界

形成一个奇点

▲一个收缩的恒星增长的引力场对周围空间的效应可以把想象的空间具体化为一张敏感的弹性纸。这样，越重的物体，凹陷就越深。

其实从本质上来说，黑洞中心的奇点和大爆炸奇点相当类似，只不过它是一个坍缩物体和航天员的时间终点而已。我们已知，在此奇点处，一切科学定律和我们预言将来的能力都将失效。然而，对任何留在黑洞之外的观察者来说，这一影响显得无足轻重，因为从奇点出发的无论

▲两个相互公转的恒星甚至黑洞可以产生强烈的引力波。

是光还是任何其他信号都不能到达他那儿。这样一个令人惊奇的事实促使罗杰·彭罗斯提出了宇宙监督假想，意译即是"上帝憎恶裸奇点"。具体来说，宇宙监督假想指明的是这样一种情形：由引力坍缩所产生的奇点只能发生在像黑洞这样的地方，在那儿它被事件视界遮住而无法被外界看见。严格来说，这被称为弱的宇宙监督猜测，即它使留在黑洞外面的观察者不致受到发生在奇点处的可预见性失效的影响，但这个观察者无法帮助那位落到黑洞里的可怜的航天员。

对于经典黑洞而言，黑洞外的物质和辐射可以通过视界进入黑洞内部，而黑洞内的任何物质和辐射均不能穿出视界，因此又称视界为单向膜。视界并不是物质面，它表示外部观测者从物理意义上看，除了能知它（指视界）所包含的总质量、总电荷等基本参量外，其他一无所知。

事件视界，也叫事象地平面，是一种时空的曲隔界线，也就是空间—时间中不可逃逸区域的边界。它要说明的是，事件视界以外的观察者，无法利用任何物理方法获得事件视界以内的任何事件的信息，或受到事件视界以内事件的任何影响。这一点依然跟光速有关，因为即便速度快如光也无法逃出事件视界的范围。也正因为如此，产生了"视界"这样的译词，作为外界观察者可看见范围的界线。在霍金看来，黑洞的事件视界酷似诗人但丁口中的"地狱"——从这儿进去的人必须抛弃一切希望。对任何人或任何事件来说，一旦进入事件视界，就如同进入了永久的"地狱"，再也不会有任何东西留下，更不会被任何人观察或记录到。

黑洞的形状：从球形开始坍缩还是坍缩成球形

黑洞有形状吗？这个问题，说起来非常复杂。

广义相对论预言，运动的重物会导致引力波的辐射，那是以光速旅行的空间曲率

的涟漪。而事实上，引力波和电磁场的涟漪光波非常类似，但更难被探测到——它像光一样带走了发射它们的物体的能量。不过，借助于引力波引起的临近自由落体之间距离非常微小的变化，人们有望观察到它。目前，美国、欧洲和日本正在建造一些检测器，试图将 10 万亿亿分之一的位移，或把在 10 英里距离中的比一个原子核还小的位移测量下来。

我们可以肯定，因为任何运动中的能量都会被引力波的辐射所带走，所以在引力坍缩形成黑洞的过程中，运动会被引力波的发射阻断。这样一来，能预料到的情况是，不需要太长时间，黑洞就会平静下来，并逐渐趋于某种稳定状态。以现实中的情形来模拟就是，假设你扔一块软木到水中，软木一开始会翻上翻下折腾好一阵，然而一旦水面的涟漪将其能量带走，软木就会平静下来。不过，对星系而言情况更复杂。例如，绕太阳公转的地球就产生引力波，这个能量损失的效应会改变地球的轨道，让其越来越接近太阳，并最终撞到太阳上去。然而实际情况是，地球和太阳在此种情形下的能量损失非常小，也就只能点燃一个电热器，完全没办法短时间内撞到太阳上去！所以，担忧这个问题的人完全可以高枕无忧了。

与地球和太阳相比，恒星在引力作用下坍缩成黑洞时，产生的任何运动都要快得多。正因为如此，相应的能量被带走的速率也要高得多。因此很短时间内就会达到某种稳定的状态。可问题是，这个最终状态究竟是什么样子呢？是像地球一样呈现椭圆形还是完美的圆形？过去的人们曾认为，最终状态应该取决于形成黑洞的恒星的所有特征和细节。因此，黑洞可能会大小不一，形体各异，且其形状有可能是不断变化的。

形状不断变化？一会儿是圆形一会儿是方形？黑洞可能是这样的吗？为找出最终答案，加拿大科学家外奈·伊斯雷尔在 1967 年发表了一篇关于黑洞的革命性论文。在该论文中，伊斯雷尔证明了：任何无自转的黑洞都必须呈现完美的球形，其大小只依赖于它们的质量，且任何两个这样的同质量的黑洞必须是等同的。事实上，这可以由爱因斯坦方程的一个解来表述，这个解是在广义相对论发现后不久的 1917 年由卡尔·史瓦西找到的。一开始，伊斯雷尔的这一发现结果，被许多人甚至他本人认为是黑洞只能从具有完美圆球形的天体坍缩而成的证据。然而，由于实际上任何一个真实的天体都不可能是完美无缺的圆球形，因此这个结论意味着一般情形下的引力坍缩会形成裸奇点。

这该如何解释呢？如果恒星在引力坍缩下形成的是裸奇点，那黑洞从何而来？为解释这一矛盾点，英国科学家罗杰·彭罗斯和美国物理学家约翰·惠勒提出了一种全新的见解，且解释得非常细致。他们认为，黑洞的行为看起来就像一个液体球。一开始，尽管一个天体的初始状态并非完美的圆球形，但随着它坍缩并形成黑洞，在引力

波的发射过程中该天体会逐渐平静下
来，并最终形成圆球状态。不久
后，这种观点得到了更详细
的计算支持，并最终为人
们普遍接受。

　　需要注意的是，伊斯
雷尔的结果只处理了由无
自转天体形成的黑洞。而
与液体球相类似，人们也会
想到一个有自转的但并非由完
美球形天体形成的黑洞。考虑到
自转效应，这样的黑洞应该会在其
赤道周围表现出某种隆起。事实

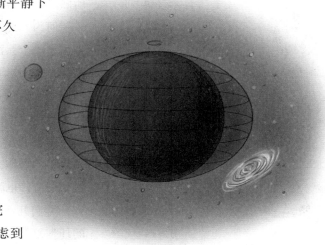

▲当一个"克尔"黑洞加快旋转时它的赤道附近会鼓
起来，而零旋转的黑洞是完美的球形。

上，人们已经在太阳上观测到了这种隆起。而在 1963 年，新西兰人罗伊·克尔发现
了广义相对论的黑洞解，且比史瓦西解更具有普遍意义。这些"克尔"黑洞以恒常速
度自转，其大小和形状只取决于它们的质量和自转速率。假如自转速率为零，黑洞便
具有完美的球形，此时的解就和史瓦西解一致。假如有自转，黑洞便会在其赤道附近
向外隆起。由此人们推测，对一个有自转的天体来说，它经历坍缩形成黑洞的最终状
态就应该用克尔解来描述。

最终的稳态：黑洞没有毛——旋转但不能搏动的态

　　对于黑洞最终形态的讨论，一直是科学家研究的热点。1970 年，霍金在剑桥的
一位同事和研究生同学布兰登·卡特为证明此猜测跨出了第一步。他指出，如果一
个以恒定速率自转的黑洞像一个陀螺一样，有一个对称轴，那么黑洞的大小和形状
就应该只与它的质量和自转速率有关。随后的 1971 年，霍金证明了，任何以恒定速
率自转的黑洞确实应该有这样的一个对称轴。再后来的 1973 年，伦敦国王学院的大
卫·罗宾逊利用卡特和霍金的结果证明了这个猜测的正确性，即这样的黑洞确实必须
是克尔解。

　　这样一来，可以看到，黑洞经引力坍缩之后一定会平静下来，它可以有自转，但
不会出现脉动式变化，且它的大小和形状，只取决于它的质量和自转速率，而与坍缩
成为黑洞的原来天体的性质无关。后来，这样的结果就以一句非常有趣的谚语被公众

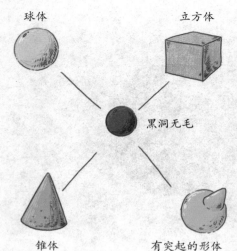

球体

立方体

黑洞无毛

锥体

有突起的形体

▲黑洞的最终形态依赖于它的质量和转速。

所熟知，即黑洞没有毛。

何为"黑洞没有毛"呢？对于物理学家来说，一个黑洞或一块方糖都是极为复杂的物体，因为对它们的完整描述，即包括它们的原子和原子核结构在内的描述，需要有亿万个参量。与此相比，一个研究黑洞外部的物理学家就没有这样的问题。黑洞是一种极其简单的物体，如果知道了它的质量、角动量和电荷，也就知道了有关它的一切。

黑洞几乎不保持形成它的物质所具有的任何复杂性质。它对前身物质的形状或成分都没有记忆，它保持的只是质量、角动量、电荷。消繁归简或许是黑洞最基本的特征，而有关黑洞的大多数术语的发明家约克·惠勒，在60年前把这种特征称为"黑洞无毛"。

一开始，这只是一种猜测，20世纪70年代得到了严格的数学证明。这是包括默东天文台的布兰登·卡特和澳大利亚的加里·班亭在内的理论物理学家15年努力的结果。他们证明，描述一个平衡态黑洞周围的时空几何只需要3个参量，从而证实了惠勒的表述。

黑洞的参量是可以精确测量出来的，尽管是借助于理想实验。可以把一颗卫星放在围绕黑洞的轨道上，并测量卫星的轨道周期，从而得到黑洞的质量。黑洞的角动量可以通过比较朝向视界的不同部分的光线的偏转来测量。

分析来看，由于"无毛"定理极大地限制了黑洞的可能类型，因此它具有非常大的实际重要性。由此，人们可以制造可能包含黑洞的物体的具体模型，并将此模型的预言和观测相比较。不过，由于在黑洞形成之后，我们只能测量关于原来坍缩物体的质量和自转速度，因此关于该物体的其他诸多信息都损失了。也就是说，"无毛"定理意味着，在黑洞形成的过程中，形成黑洞的物体的信息大量损失了。

如何检测黑洞：利用引力，在煤库里找黑猫

综观科学史，人们往往是先通过观测取得证据证明某个理论成立，然后才借助数学模型来进行非常详尽的推导。而反观黑洞的情形，却恰恰相反。它竟然是先通过数学模型进行推导后，才通过观测得出了证据。仅凭这一点，很多科学家就对黑洞持反

对意见。这也无可厚非，毕竟关于这些天体的唯一证据还是根据广义相对论计算出来的，你怎么能要求人们去相信这种仅凭计算得出的理论呢？

看看黑洞的定义就知道，它不能发出光，那我们该怎样检测它呢？这就好比在煤库里找黑猫一样，难度可想而知。难道就真的无计可施吗？答案是否定的，我们有一种办法，正如约翰·米歇尔在他 1783 年的先驱性论文中指出的，黑洞仍然将它的引力作用到它周围的物体上。

1963 年，加利福尼亚的帕罗玛天文台的天文学家马丁·施密特发现了一个微弱的恒星状天体。该天体位于名为射电波元 3C273 的方向上，3C273 指的是剑桥第三射电源表中编号是 273 号的射电源。施密特测出了该天体的红移，发现其红移量非常大，绝不可能是引力场造成的。因为如果这是引力引起的红移，该天体肯定具有巨大的质量，并且离我们非常近，进而影响到太阳系中行星的运行轨道。那么，究竟是什么引起的红移呢？看起来，这只能是由宇宙膨胀引起的，而这又说明该物体离我们非常远。进一步来讲，既然在这么远的距离上我们还能看到它，那就说明它肯定非常明亮，且所发出的能量一定非常大。

为找到能产生如此大能量的原因，唯一可行的方案似乎就是引力坍缩，当然这不是一颗恒星的坍缩，而是星系整个区域的坍缩。幸运的是，在此之后，人们又陆续发现了若干个类似的其他类恒星状天体，即类星体。这些类星体虽然都有非常大的红移，但它们离我们非常遥远，很难借助观测它们来证实黑洞的存在。

终于在 1967 年，剑桥的一位研究生约瑟琳·贝尔发现了天空发射出无线电波的

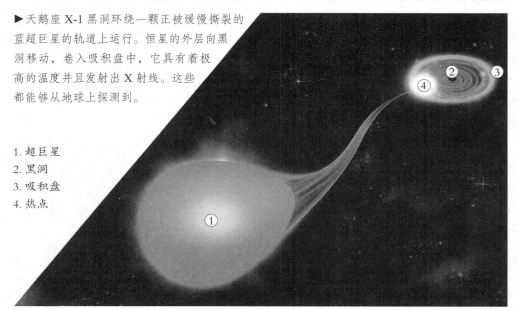

▶天鹅座 X-1 黑洞环绕一颗正被缓慢撕裂的蓝超巨星的轨道上运行。恒星的外层向黑洞移动，卷入吸积盘中，它具有着极高的温度并且发射出 X 射线。这些都能够从地球上探测到。

1. 超巨星
2. 黑洞
3. 吸积盘
4. 热点

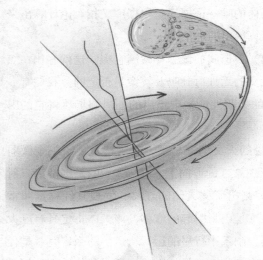

▲一个正在公转的黑洞的强大引力场从它的伴星扯开物质，产生了朝着事件视界旋进的吸积盘。

规则脉冲的物体，对黑洞存在的预言带来了进一步的鼓舞。有趣的是，一开始贝尔和她的导师安东尼·休伊什诧异地认为，他们可能接触到了外星文明！因为这个原因，他们还将这四个最早发现的源称为 LGM1 LGM4，LGM 表示"小绿人"（"Little Green Man"）的意思。

但后来，他们和所有其他人都得到了不太浪漫的结论，即这些被称为脉冲星的物体，事实上是旋转的中子星，这些中子星由于它们的磁场和周围物质复杂的相互作用，从而发出无线电波的脉冲。对霍金来说，这无疑是个好消息——这是第一个中子星存在的证据。如前文所述，中子星的半径大约是10英里，只相当于恒星变成黑洞的临界半径的几倍。如果一颗恒星能坍缩到这么小的尺度，那么由此推想其他恒星也可能坍缩到更小的尺度并成为黑洞就理所当然了。

天文学家观测了许多恒星系统，在这些系统中，两颗恒星由于相互之间的引力吸引而互相围绕着运动。他们还看到了其中只有一颗可见的恒星绕着另一颗看不见的伴星运动的系统。人们当然不能立即得出结论说，这伴星即为黑洞——它可能仅仅是一颗太暗以至于看不见的恒星而已。如天鹅座 X-1即为其中一例。对这现象的最好解释是，物质从可见星的表面被吹起来，当被抛向不可见的伴星之时，发展成螺旋状的轨道（这和水从浴缸流出很相似），并且变得非常热而发出 X 射线。为了使这机制起作用，不可见物体必须非常小，像白矮星、中子星或黑洞那样。

现在，从观察那颗可见星的轨道，人们可推算出不可见物体的最小的可能质量。在天鹅座 X-1 的情形，不可见星大约是太阳质量的 6 倍。

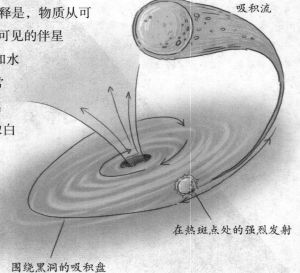

可见星

吸积流

在热斑点处的强烈发射

围绕黑洞的吸积盘

按照昌德拉塞卡的结果，它的质量太大了，既不可能是白矮星，也不可能是中子星，所以看来它只能是一个黑洞。

不会"变小"的黑洞：不随时间变化，面积不会减小

对黑洞的探索一直在进行中，也许是女儿的出生给了霍金某些思想上的灵感，霍金开始思考当时困扰科学界的一个问题：究竟时空中有哪些点位于某个黑洞之内，又有哪些点位于黑洞之外呢？

由于大爆炸和黑洞奇点是如此之小，以至于其尺度趋向于零，所以科学家们不得不考虑其量子效应。在使用量子力学的理论对黑洞进行分析时，黑洞令人完全意想不到的性质被逐步揭示出来。我们将会看

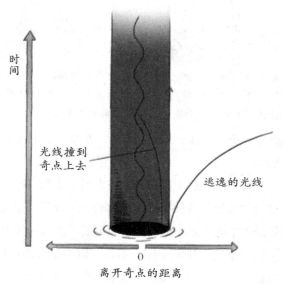

时间

光线撞到奇点上去

逃逸的光线

离开奇点的距离

0

到，我们生活的宇宙比我们想象的还要神秘，并且十分完美。

在当时，霍金和好友彭罗斯讨论过给黑洞下一个定义的想法，即把黑洞定义为时间的某种集合，光线不可能逸出一段大的距离，而现在这正是人们所普遍采用的定义。这意味着黑洞的边界，或者说是事件视界，是恰好无法摆脱黑洞的那些光线组成的。

打一个比方，情况就像一个人在摆脱警察的追捕，他始终能保持跑得快一步，但不能彻底逃掉。

然而霍金很快意识到，这些光线的路径永远不可能互相靠近。如果它们靠近了，它们最终就必须互相撞上。这正如另一个人从对面跑来，正好和刚才领先警察一步的人相撞——这两个倒霉的人都会被紧随后面的警察抓住。或者说，这两条光线在这种情形下都会落到黑洞中去。但是，如果这些光线被黑洞所吞没，那它们就不可能在黑洞的边界上待过。所以我们可以推测，在事件视界上的光线的路径必须永远互相平行运动或互相远离。

理解上面所讲述的景象的另外一个途径便是，事件视界（也就是黑洞的边缘）就好比是阴影的边缘。它是光线逸出一段大的距离之边缘，但同样也是即将到来的

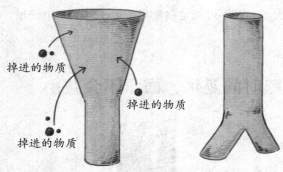

掉进的物质

掉进的物质

掉进的物质

▲当物质落入黑洞，事件视界的面积增加。与此同时，两个黑洞碰撞产生一个新的黑洞，该黑洞的事件视界比原先两个黑洞的视界面积的和更大。

厄运之阴影的边缘。如果你看到在远距离上的一个源（譬如太阳）投下的影子，你就会发现边缘上的光线不会互相靠近。

于是，我们也许可以得出这样一个结论：如果从事件视界（亦即黑洞边界）来的光线永远不可能互相靠近，则事件视界的面积可以保持不变或者随时间增大，但它永远不会减小，因为这意味着至少一些在边界上的光线必须互相靠近。事实上，只要物质或辐射落到黑洞中去，这面积就会增大。

如果想法更加大胆点，或者两个黑洞碰撞呢？它们会合并成一个单独的黑洞，这最后的黑洞的事件视界面积就会大于或等于原先黑洞的事件视界面积的总和。事件视界面积永远不减小的性质给黑洞的可能行为加上了重要的限制。

这个发现让霍金振奋不已，以至于夜不能寐。第二天，霍金给罗杰·彭罗斯打电话，讲述了这个令人振奋的发现，彭罗斯肯定了霍金的看法，最后两个人达成了共识：只要黑洞不再活动并处于某种稳恒的状态，那么黑洞的边界及其面积都应是一样的。

从黑洞旁的"虚空"中，发射出了粒子

热力学第二定律：系统的熵是这样合并的 1+1 > 2

无独有偶，黑洞面积的这种永不变小的行为，容易让人联想起被叫作熵的物理量的行为，熵可以用来测量一个系统的无序程度。

常识告诉我们，如果不进行外加干涉，事物总是倾向于增加它的无序度（比如你可以停止打扫你的房间，你会很快发现房间变得乱糟糟）。人们可以从无序中创造出有序来（例如你可以花一天时间打扫你的房间），但是必须消耗精力或能量，因而可以得到的有序能量也就减少了。

著名的热力学第二定律便是这个观念的一个准确描述。热力学第二定律的内容包含以下内容：不可能把热从低温物体传到高温物体而不产生其他影响；不可能从单一热源取热使之完全转换为有用的功而不产生其他影响；不可逆热力过程中熵的微增量总是大于零。热力学第二定律体现了客观世界时间的单方向性，这也正是热学的特殊性所在。

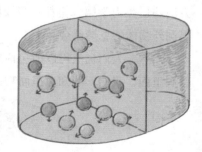

这个定律里最后一点指出，一个孤立系统的熵总是增加的，永远不会随着时间而减少。并且将两个系统连接在一起时，其合并系统的熵大于所有单独系统熵的总和。

例如，我们可以设想含有一盒气体分子的系统。分子可以认为是不断互相碰撞并不断从盒子壁反弹回来的弹力球，它们会互相碰撞，也可以从盒子的壁上弹回来。气体的温度越高，分子运动得越快，这样它们撞击盒壁越频繁越厉害，而且它们作用到壁上的向外的压力越大。假定在这个系统最初的时

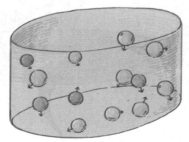

▲ 充满气体分子的盒子中，起初气体分子被一块隔板限制在盒子的左半边。一旦隔板移开，分子就会散开占据整个盒子，处于更低序的状态。

刻，将所有分子用一块隔板限制在盒子的左半部，接着将隔板除去，这些分子将散开并充满整个盒子。

在以后的某一时刻，所有这些分子偶尔会都待在右半部或回到左半部，但最大的可能性是在左右两半分子的数目大致相同。这种状态比原先分子在左半部分的状态更加无序，所以人们说熵增加了，也就是无序度增加了。类似地，我们将一个充满氧分子的盒子和另一个充满氮分子的盒子连在一起并除去中间的壁，则氧分子和氮分子就开始混合。在后来的时刻，最可能的状态是两个盒子都充满了相当均匀的氧分子和氮分子的混合物。这种状态比原先分开的两盒的初始状态更无序，即具有更大的熵。

"搞例外"的黑洞：跟黑洞合并后，熵到底是增加还是减少

上一节提到的热力学第二定律的情况和一些别的科学定律譬如牛顿引力定律相比，颇有些不同。例如，它只是在绝大多数的而非所有情形下成立，而牛顿引力定律是一种绝对定律，也就是说它们始终是成立的。就拿我们前面提到的盒子系统来说，在以后某一时刻，第一个盒子中的所有气体分子在盒子的一半被发现的概率也许就几万亿分之一，但它们可能发生。所以，如果附近有一黑洞，就会存在一种非常容易的方法违反热力学第二定律：只要将一些具有大量熵的物体譬如一盒气体扔进黑洞里，黑洞外物体的总熵就会减少。

当然，人们仍然可以说包括黑洞里的熵的总熵没有降低，但是由于没有办法看到黑洞里面，我们不能知道里面物体的熵为多少。因此如果我们可以利用黑洞的某一特征，让黑洞外的观察者得以探知黑洞的熵，这个情况真是想想便令人激动。也许我们会看到如下的景象——只要携带熵的物体一落入黑洞，黑洞的熵就会增大。霍金提出只要物体落入黑洞，它的事件视界面积就会增加，普林斯顿大学一位名叫雅可布·柏肯斯坦的研究生根据霍金的这一结论提出，事件视界的面积即是黑洞熵的量度。由于携带熵的物质落到黑洞中去，它的事件视界的面积就会增加，这样黑洞外物质的熵和事件视界面积的和就永远不会降低。

▲当一个装有气体的盒子进入黑洞时，黑洞外的总熵会下降，而宇宙的总熵却可能保持常量。

看来在大多数情况下，这个想法都能不违背热力学第二定律。不过，这里还存在一个致命的瑕疵。如果一个黑洞具有熵，那它也应该有温度，而一个有非零温度的物体必须以一定的速率发出辐射。从日常经验知道，只要将火钳在火上烧至红热就能发出辐射。但在低温下物体也发出辐射，只是因为其辐射相当小而没被注意到。为了不违反热力学第二定律，这辐射是必需的，所以黑洞必须发出辐射。但正是按照其定义，黑洞被认为是不发出任何东西的物体，所以看来，不能认为黑洞的事件视界的面积是它的熵。

1972 年，霍金和布兰登·卡特以及美国同事詹姆·巴丁合写了一篇论文，在论文中他们指出，虽然在熵和事件视界的面积之间存在许多相似点，但还存在着这个致命的缺点。后来霍金承认，写此文章的部分动机是因为被柏肯斯坦所激怒，霍金觉得他滥用了事件视界面积增加的发现。但是最终霍金发现，虽然是在一种柏肯斯坦肯定没有预料到的情形下，但他基本上还是正确的。

黑洞到底是否具有熵：从黑洞旁边的"空虚"中发射出的粒子

至此，黑洞究竟是否具有熵成为科学家研究的热点。1973 年 9 月，已经颇有威望的霍金应邀访问莫斯科，和当时苏联两位最主要的专家雅可夫·捷尔多维奇和亚历山大·斯塔拉宾斯基讨论黑洞问题，三个人对当时黑洞最前沿的问题进行了讨论，最终这两位科学家说服霍金，按照量子力学不确定性原理，旋转黑洞应产生并辐射粒子。经过一番讨论之后，霍金在物理学的基础上相信他们的论点，但是对他们计算辐射所用的数学方法并不满意。所以霍金开始着手设计一种更好的数学处理方法，并于 1973 年 11 月底在牛津的一次非正式讨论会上将其公布于众。

不过在那个时候，霍金还没计算出实际辐射多少出来。在霍金心中，他预料要去发现的正是捷尔多维奇和斯塔拉宾斯基所预言的从旋转黑洞发出的辐射。然而，当霍金做了计算，得出的结果更让他迷惑——并不是旋转黑洞才会发出辐射，即使是无自转的黑洞，它们显然也应该会以某种恒定的速率产生并发射粒子。

一开始霍金以为，这种辐射表明在计算过程中，他所采用的若干项近似中，有一项是不成立的。霍金担心如果柏肯斯坦发现了这个情况，他就一定会用它去进一步支持他关于黑洞熵的思想，而这也是霍金竭力想避免的。然而，越仔细推敲，霍金越觉得这些若干近似项其实应该有效。但是，正如霍金自己所言，最后使他信服这辐射真实的理由是，这辐射的粒子谱刚好是热物体的辐射谱，这证明了黑洞以恰到好处的速率不断地发射出粒子，从而保证不去违反第二定律。此后，其他人用多种不同的形式重复了这个计算，所有人都证实了黑洞必须如同一个热体那样发射粒子和辐射，其温度只依赖于黑洞的质量——质量越大则温度越低。

　　但是，黑洞不是任何东西都可以吞噬的吗？何以黑洞会发射粒子呢？量子理论给我们的回答是，粒子不是从黑洞里面出来的，而是从紧靠黑洞的事件视界的外面的"空"的空间来的！我们可以用以下的方法去理解它：被我们设想为真空的空间不可能完全空无一物，不然的话各种场——如引力场和电磁场等——都必然严格为零，然而场的强度及其时间的变化率可类比为粒子的位置和速度，根据量子力学里的"测不准原理"，对其中的一个量知道得越准确，另外一个量就越不可能测准。因此，在虚无空间里，场是不可能始终保持严格为零的，不然就会出现场的强度值恰好为零，同时它的变化率也恰好为零，即它既有准确的值（零）又有准确的变化率（也是零）。

　　实际情况就是，就一个场的强度而言，必须存在某种最小的不确定性值，或者说量子起伏，我们可以把这种起伏设想为光或引力的粒子对，它们在某个时刻同时出现，因运动而彼此远离，然后再度相遇并互相湮灭。

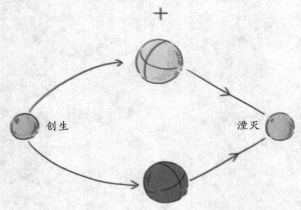

▲ "空"的空间里充满了虚粒子反粒子对。它们被一同创生，相互离开，之后再回到一起然后湮灭。

　　这些粒子被我们称为虚粒子，它们不像真的粒子那样能用粒子加速器直接探测到。然而，我们并不是束手无策，我们可以测量出它们的间接效应——如同绕着原子运动的电子能量发生的微小变化是可以测出来的——并且以异乎寻常的精确度与理论预期值相吻合。不确定性原理还预言了类似的虚的物质粒子对的存在，例如电子对和夸克对。然而在这种情形下，粒子对的一个成员为粒子而另一成员为反粒子（光和引力的反粒子正是其自身）。

　　根据能量守恒，虚粒子对中的一个"成员"有正的能量，而另一个有负的能量。由于在正常情况下实粒子总是具有正能量，所以具有负能量的那个粒子寿命非常短暂，它必须找到它的伙伴并与之相互湮灭。我们可以推出，接近大质量物体的一个实粒子比它远离此物体时能量更小，因为这个实粒子要花费能量抵抗这个大质量物体的引力吸引后，才能"逃逸"到远处。正常情况下，这粒子的能量仍然是正的。但是黑洞里的引力是如此之强，甚至在那儿一个实粒子的能量都会是负的。所以如果存在一个黑洞，某个带有负能量的虚粒子落到黑洞里变成实粒子或实反粒子是可能的。这种情形下，它不再需要和它的伙伴相湮灭了，它被抛弃的伙伴也可以落到黑洞中去。同时，具有正能量的它也可以作为实粒子或实反粒子从黑洞的邻近逃走。

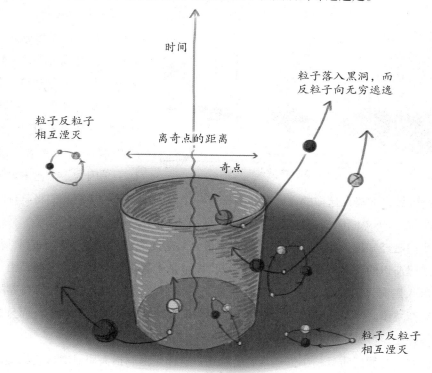

时间

离奇点的距离

奇点

粒子反粒子
相互湮灭

粒子落入黑洞，而
反粒子向无穷逃逸

粒子反粒子
相互湮灭

▲如果黑洞存在，虚对的一个成员会落入黑洞并且成为实粒子。另一成员会从黑洞邻近逃逸。

对于一个远处的观察者而言，这看起来就像粒子是从黑洞发射出来一样。黑洞越小，负能粒子在变成实粒子之前必须走的距离越短，这样黑洞发射率和表面温度也就越大。

"太初"黑洞：宇宙诞生之初的黑洞"鼻祖"

黑洞的大小引起了科学家的猜测，最早科学家们考虑过存在质量比太阳小很多的黑洞的可能性，但是因为它们的质量比昌德拉塞卡极限低，所以不能由引力坍缩产生——这样小质量的恒星，甚至在耗尽了自己的核燃料之后，还能支持自己对抗引力。只有当物质由非常巨大的压力压缩成极端紧密的状态时，这么小质量的黑洞才得以形成。一个巨大的氢弹可提供这样的条件：物理学家约翰·惠勒曾经算过，如果将世界海洋里所有的重水制成一个氢弹，则它可以将中心的物质压缩到产生一个黑洞。当然，我们也没办法去验证这个说法，因为那个时候地球上将没有人能生存！更现实

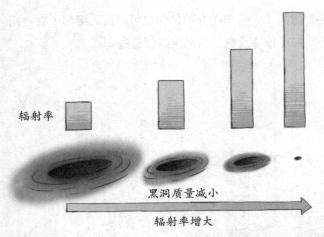

辐射率

黑洞质量减小

辐射率增大

的可能性是，早期宇宙必须存在一些无规性，否则现在宇宙中的物质分布仍然会是完全均匀的，而不可能形成如今漫天璀璨的恒星或者星系。当早期宇宙并非完全光滑和均匀的时候，在高温和高压条件下会产生这样一个比太阳质量小很多的黑洞。如果要给个理由的话，是因为一个比平均值更紧密的小区域，才能以这样的方式被压缩形成一个黑洞，这样的黑洞我们将其称为"太初黑洞"。这类黑洞应当有高得多的温度，发出辐射的速率也会大得多。

我们已经知道，黑洞向外辐射的正能量会与落入黑洞的负能量粒子流取得平衡，根据爱因斯坦的著名方程式 $E=mc^2$，能量与质量是有着线性关系的，因此，由于负离子流落入黑洞，黑洞的质量便会减小，随着黑洞质量的损失，黑洞事件视界的面积便会逐渐减小，但是黑洞熵的这种减小会因为所发出辐射的熵得到补偿，而且是"超额"的补偿，可见这绝对没有违反热力学第二定律。

还有，黑洞的质量越小，则其温度越高。这样当黑洞损失质量时，它的温度和发射率增加，因而它的质量损失得更快。

人们并不很清楚当黑洞的质量最后变得极小时会发生什么。但我们给出最可能的结论是，它最终将会在一个巨大的、相当于几百万颗氢弹爆炸的发射爆中消失殆尽。

而对于一个质量为太阳的若干倍的黑洞来说，温度应当为绝对温标的千万分之一度，这比充满宇宙的微波辐射的温度（大约 2.7K）要低得多，所以这种黑洞的辐射比它吸收的还要少。假设宇宙命中注定一直要不断地永远膨胀下去，那么微波辐射的温度最终会降到低于这类黑洞的温度，黑洞便会开始损失能量，但是要等它完全蒸发大概需要 10^{66} 年，而这个数字远远比宇宙的年龄长得多，后者仅为 10^{10} 年。

直到今天，我们依旧不是很清楚形成恒星和星系的"无规性"是否导致形成相当数目的"太初"黑洞，这要依赖于早期宇宙的条件的细节。所以，如果我们能够确定现在有多少太初黑洞，我们就能对宇宙的极早期阶段了解很多。科学家估计，质量大于 10 亿吨（一座大山的质量）的太初黑洞，我们还是可以通过一些手段侦测到的，比如通过它对其他可见物质或宇宙膨胀的影响来进行探测。

黑洞不都是那么黑：白热的太初黑洞

我们已经知道，在宇宙的极早期阶段存在由于无规性引起的坍缩而形成的质量极小的太初黑洞。这样的小黑洞会有高得多的温度，并以大得多的速率发生辐射。具有 10 亿吨初始质量的太初黑洞的寿命大体和宇宙的年龄相同。初始质量比这小的太初黑洞应该已蒸发掉了，不会留下任何痕迹，但那些比这稍大的黑洞仍在辐射出 X 射线以及 γ 射线。这些 X 射线和 γ 射线似乎与光波类似，只是波长短得多。这样的黑洞几乎不配"黑"的绰号，它们实际上是白热的，正以大约 1 万兆瓦的功率发射能量。

要是我们能够驾驭黑洞的功率，一个这样的黑洞可以抵得上 10 个大型的发电站。然而，想想这点都会觉得困难：首先，这黑洞的质量和一座山差不多，却被压缩成万亿分之一英寸大小，意味着比一个原子核的尺度还小！如果在地球表面上有这样的一个黑洞，任何力量都无法阻止它透过地面落到地球的中心。它会穿过地球而来回振动，直到最后停在地球的中心。所以仅有的能放置黑洞并利用其发出能量的地方是绕着地球转动的轨道，而唯一能将其放到这轨道上的办法是，用在它之前的一个大质量的吸引力去拖它，这和在驴子前面放一根胡萝卜相当像。的确，这个主意太疯狂了，至少在最近的将来，这个设想并不现实。

退一万步说，即使我们不能利用这些太初黑洞的能量，我们观测到它们的机遇又有多少呢？事实上，我们可以去寻找在太初黑洞寿命的大部分时间里发出的 γ 射线辐射。虽然它们在很远的地方，且从大部分黑洞发射来的辐射都非常弱，但是总的辐射是可以检测得到的。

现在，我们确实观察到了这类 γ 射线背景，下图表示的就是观察到的强度随频率的变化。

然而，这个背景并不能为太初黑洞的存在提供任何确凿的证据。而图中曲线的真实含义是，假设在每立方光年里平均有 300 个太初黑洞，它们所发射的 γ 射线的强度应如何随频率而变化。这个数据告诉我们，在宇宙中每立方光年不可能有平均 300 个以上的太初黑洞。这个极限数值说明了，太初黑洞最多只能构成宇宙中百万分之一的物质。

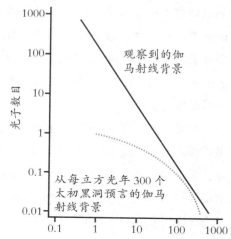

如何观测太初黑洞：γ 射线——太初黑洞的辐射

▲康普顿天文台卫星是 NASA 在 20 世纪 90 年代发射的环地球轨道任务卫星。它在进入地球大气层中并被烧毁之前，发回了许多关于伽马射线暴的信息。它的工作将由欧洲航天总署的 INTEGRAL 卫星接替并且其职责范围进一步扩展。

太初黑洞实在太过罕见，因此宇宙中不太可能存在一个近到我们可以将其当作一个单独的 γ 射线源来观察的太初黑洞。但是由于引力会将太初黑洞往任何物质处拉近，所以在星系里面和附近应该会稠密得多。虽然 γ 射线背景告诉我们，平均每立方光年不可能有多于 300 个太初黑洞，但它并没有告诉我们太初黑洞在我们星系中的密度。打个比方，如果它们的密度再高上 100 万倍，则离我们最近的太初黑洞可能大约在 10 亿千米远，这与已知的最远的行星冥王星距离差不多。在这个距离上去探测黑洞恒定的辐射，即使黑洞的功率达到 1 万兆瓦，仍是非常困难的。

为了观测到一个太初黑洞，人们必须在合理的时间间隔里，譬如一星期，从同方向检测到几个 γ 射线量子。否则，它们仅可能是 γ 射线背景的一部分。从普朗克量子原理（普朗克认为辐射能只能以他称为量子的这个基本单位的整数倍形式辐射出来。根据普朗克学说，一个光量子的大小取决于光的频率且与一个物理量成正比。普朗克把这个物理量缩写为 h，现在被称为普朗克常数）得知，因为 γ 射线有非常高的频率，每一个 γ 射线量子具有非常高的能量，这样甚至发射一万兆瓦都不需要许多量子。而要观测到从冥王星这么远来的、如此少的粒子，需要一个比任何迄今已造成的更大的 γ 射线探测器。况且，由于 γ 射线不能穿透大气层，此探测器必须放到地球以外的空间。

假设一颗像冥王星这么近的黑洞已达到它生命的末期并爆炸开来，我们去检测其最后爆炸的辐射就不是一件难事了。但是，如果一个黑洞已经辐射了 100 亿～200 亿年，那么它在未来若干年里到达它生命终结的可能性也是极小极小的！在过去或者将来的几百万年内，也许有这样或者类似的事件发生过。所以，霍金打趣道："在你的研究津贴用光之前，为了有一合理的机会看到爆炸，必须找到在大约 1 光年距离之内检测任何爆炸的方法；还有一个问题是，你需要一个巨大型的 γ 射线探测器，以能观测到由爆炸产生的几个 γ 射线量子。"

而科学家利用原先用来监督违反禁止核试验条约的卫星检测到了 γ 射线暴，这种 γ 射线暴每个月似乎发生 16 次左右，并且大体均匀地分布在天空的所有方向上。

除此之外，有一种 γ 射线探测器也许有能力找出太初黑洞，那就是地球的整个大气层，一旦有一个高能量 γ 射线击中地球大气中层的原子，它就会产生一些正负电子对，当这些电子对又击中其他一些原子时，便会继续产生更多的正负电子对，这样一来便出现了所谓电子簇射的现象，其结果便是产生某种形式的光，我们将它称为切伦科夫辐射，因此，通过对夜空中光闪烁的搜寻，便可能探测到 γ 射线暴。

对于霍金来说，他非常希望这种情形成真，但是他必须承认，还可以用其他方式来解释 γ 射线暴，例如中子星的碰撞。不过，他乐观地表示，未来几年的观测，尤其是像 LIGO 这样的引力波探测器，应该能使我们发现 γ 射线暴的起源。

现在看来对太初黑洞探索的结果可能是否定的，但即便如此，这一结果仍然会给我们提供有关宇宙极早阶段的重要信息。如果早期宇宙曾经是紊乱或无规的，或者物质的压力很低，那么可以预料的是，会产生比我们对 γ 射线背景所作的观测所设下的极限更多的太初黑洞。只有当早期宇宙是非常光滑和均匀的，并有很高的压力，人们才能解释为何没有观测到太初黑洞。

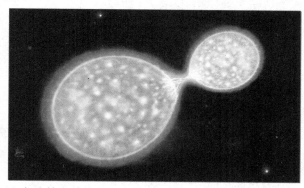

▲ 伽马射线暴的另一个来源可能是两颗中子星的合并。这些微小的恒星遗迹有时被观测到由于其曾经是双星系统，因而成对运行。如果它们持续螺旋靠近并且最终相撞，科学家们计算得出它们应释放出短期但是强烈的伽马射线脉冲。

黑洞辐射意味着：被撕裂的航天员可以"循环再生"了

黑洞辐射依赖于 20 世纪两个伟大理论，即广义相对论和量子力学所作的共同预言的第一个例子，因为它推翻了已有的观点，所以一开始就引起了许多反对。"黑洞怎么会辐射东西出来？"当霍金在牛津附近的卢瑟福 – 阿普顿实验室的一次会议上，第一次宣布自己的计算结果时，他受到了普遍质疑。甚至当霍金演讲结束后，会议主席、伦敦国王学院的约翰·泰勒宣布这一切都是毫无意义的，他甚至为此还写了一

篇论文。

不过，事实是不以人们的主观意志而转移的。最终包括约翰·泰勒在内的大部分人都得出结论：如果我们关于广义相对论和量子力学的其他观点是正确的，黑洞就必须像热体那样辐射。这样，虽然我们还不能找到一个太初黑洞，但是如果找到的话，大家都认为它必须正在发射出大量的 γ 射线和 X 射线。霍金笑言，如果确实找到一个这样的黑洞，将肯定获得诺贝尔奖。

黑洞辐射的存在意味着，引力坍缩不像我们曾经认为的那样是最终的、不可逆转的。如果一个航天员落到黑洞中去，黑洞的质量将增加，但是最终这额外质量的等效能量会以辐射的形式回到宇宙中去。

这样，此航天员在某种意义上被"再循环"了。然而，这是一种非常可怜的"永生"：当他在黑洞里被撕开时，他任何个人的时间概念几乎肯定都达到了终点，甚至最终从黑洞辐射出来的粒子的种类都和构成这航天员的不同——这航天员所遗留下来的仅有特征是他的质量或能量。

霍金用以推导黑洞辐射的近似算法在黑洞的质量大于几分之一克时颇有效果，但是，当黑洞在它的生命晚期，质量变成非常小时，这近似就失效了。最可能的结果看来是，它至少从宇宙的我们这一区域消失了，带走了航天员和可能在它里面的任何奇点（如果其中确有一个奇点的话）。这可以算得上是一个可能，说明量子力学有可能回避经典广义相对论所预言的奇点。不过霍金和其他人在 1974 年所用的方法不能回答诸如量子引力论中是否会发生奇点的问题。

所以，从 1975 年以来，霍金根据理查德·费曼对于历史求和的思想，开始发展一种更有效的途径来研究量子引力，这种方法对宇宙的开端和终结，以及其中的诸如航天员之类的存在物给出了答案，这些将在后文中讲述。我们将看到，虽然不确定性原理对于我们所有预言的准确性都加上了限制，同时它却可以排除发生在空间—时间奇点处基本的不可预言性。宇宙的状态及其所含种种内容，包括我们自身在内，在达到测不准原理设定的极限之前，完全由物理学定律所决定。

第七章

宇宙的起源和命运

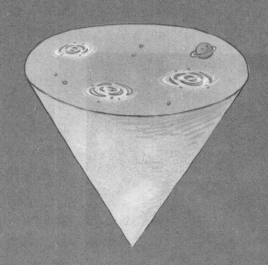

膨胀宇宙中，星系如何形成

热大爆炸模型：大爆炸后 1 秒钟，宇宙什么样

目前，热大爆炸模型得到了科学界和观测最广泛最精确的支持。简单来讲，大爆炸就是描述宇宙诞生初始条件及其后续演化的宇宙学模型。宇宙学家通常所指的大爆炸观点是：宇宙是在过去有限的时间之前，由一个密度极大、温度极高的太初状态演变而来，并经过不断的膨胀到达了今天这样的状态。根据 2010 年的最新观测结果显示，这些太初状态大约存在于 133 亿年至 139 亿年前。

如前文所述，广义相对论预言了黑洞中的奇点，且任何抛进黑洞的东西都将在奇点处被毁灭，只有其引力效应能继续被外界感觉到。与此同时，量子效应表明物体的质量和能量会最终回归宇宙，黑洞和其内的奇点也会被一起蒸发并消失。这样一来，人们不禁要问，量子力学对宇宙大爆炸和大挤压奇点也会产生同样的效应吗？或者说，在宇宙极早期或极晚期，当引力效应如此之强，以至于必须考虑量子效应时，会发生什么呢？

▲由于宇宙大爆炸，星系逐渐向外膨胀。创世大爆炸学说揭示了宇宙的起源，指出整个宇宙最初聚集在一个无限小的聚点中，100 亿　200 亿年以前，该小点发生了大爆炸，碎片向四面八方散开，逐渐演变成了现在的宇宙。

要弄明白量子力学究竟是如何影响宇宙的起源和命运的，我们必须先按照"热大爆炸模型"来理解宇宙的历史，这也是大家广为接受的宇宙模型。按照大爆炸模型，当宇宙膨胀时，其中的任何物体或辐射的温度都会不断下降。例如，当宇宙尺度变为原来的两倍，它

的温度就会降低一半。前面我们提到过，因为温度即是对粒子平均能量的一种量度，因此这种冷却过程会对宇宙中的物体产生重大的影响。温度很高时，粒子通常会以极高的速度向不同方向运动，结果就是粒子不可能因为核力和电磁力的吸引而彼此聚集在一起。然而，随着温度不断降低，人们可以预料，粒子会相互吸引并且聚集在一起。

从亚里士多德开始，人们就一直在研究物质的构成。如今我们知道，化学反应中的最小微粒是原子，原子由电子、质子和中子组成，而质子和中子又由更小的夸克组成。此外，每一种粒子都有与之对应的、质量相同但电荷及属性都相反的反粒子存在。例如，电子的反粒子就叫作正电子，它具有正电荷，与电子的电荷相反。需要注意的是，当反粒子和粒子相遇时，它们会相互湮灭。而光是以另一类被称作光子的无质量粒子的形式参与进来的，邻近的太阳核反应炉对地球来说就是最大的光子源。太阳还是另一种粒子即中微子（和反中微子）的巨大源泉。

现在让我们重回大爆炸模型。在大爆炸瞬间，宇宙的尺度为零，因此温度是无穷高的。但随着宇宙不断膨胀，温度逐渐降低，在大爆炸后 1 秒，宇宙已经膨胀到足以使温度下降大约 100 亿摄氏度，这大约是现在太阳中心温度的 1000 倍，也是氢弹爆炸时产生的温度。此时，宇宙主要包含光子、电子、中微子及它们的反粒子，还有一些质子和中子。由于这些粒子曾经的能量很大，因此当它们碰撞时会产生很多不同的粒子或反粒子对。而新产生的粒子中的一些就会与反粒子同胞碰撞并湮灭。随着宇宙继续膨胀，温度继续降低，越来越多的电子和反电子对相互湮灭，同时产生出光子。不过，中微子和反中微子并没有互相湮灭掉，因为它们相互之间以及和其他粒子间的作用非常微弱，因此直到今天它们依然存在。当然，如果我们可以观测到它们，我们就能为非常热的早期宇宙阶段的图像提供一个好证据。不过，由于它们的能量实在太低了，因此我们根本无法直接观测到。

特殊的中微子：膨胀宇宙中，谁能逃脱互相湮灭的命运

中微子又被称作微中子，字面意义是"微小的电中性粒子"，是组成自然界的最基本粒子之一，常用符号 ν 表示。中微子不带电，个头非常小，质量几乎为 0，以接近光速运动。在自然界中，中微子广泛存在，可以轻松地穿过人体、建筑甚至地球，但几乎不与物质作用，被称为"鬼粒子"。

1930 年，奥地利物理学家泡利提出了一个假说，即在 β 衰变过程中，除电子外还有一种新粒子释放出去，并带走了另一部分能量。这种粒子被命名为"中微子"。1956 年，物理学家柯温和弗雷德里克·莱因斯观测到了中微子诱发的反应，第一次

从实验上得到了中微子存在的证据。

产生中微子的途径有很多，大多数粒子物理和核物理过程都伴随着中微子的产生，如核反应堆发电、太阳发光、天然放射性、超新星爆发、宇宙射线等。此外，地球上岩石等各种物质的衰变等也会产生中微子。事实上，宇宙中充斥着大量中微子，大部分是宇宙大爆炸的残留。但奇特的是，中微子与物质的相互作用非常微弱，所以人们一直难以深入地认识它，甚至不知道它是否具有质量。

一开始，人们认为中微子是没有质量的，永远以光速飞行。但1998年，日本超神冈实验以确凿的证据发现了中微子振荡现象，即一种中微子能转换为另一种中微子。这间接地证明了中微子具有微小的质量。从那以后，许多实验都验证了这一结果。但即便如此，由于它的质量实在太小了，至今我们仍然没有测出准确的数值。另外，中微子的飞行速度非常接近光速，但同样到现在也没有测出其与光速的差别。

所有的中微子都不参与电磁相互作用和强相互作用，但参与弱相互作用。因此，中微子具有最强的穿透力，可以毫无障碍地穿越其行进道路上的任何东西，甚至是像地球直径那么大的物质。但在它们运动的过程中，100亿个中微子中只有一个会与物质发生反应，所以很难探测到它们。

正如前面讲到的，原生的中微子是在宇宙大爆炸时产生的，现在已经成为温度很低的宇宙背景中微子。另外，虽然单个中微子的质量非常小，但在整个宇宙中，中微子的数量非常巨大，密度可与光子相提并论，比其他所有粒子都要多出数十亿倍。有科学家因此推测，中微子或许就是组成神秘暗物质的物质，而暗物质目前被认为是构成宇宙质量的重要物质。虽然中微子振荡尚未完全研究清楚，但它不仅在微观世界最基本的规律中起着重要作用，而且与宇宙的起源与演化关系密切，如宇宙中物质与反物质的不对称就可能是中微子造成的。

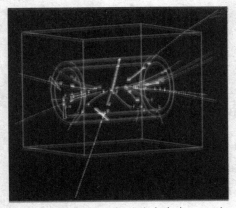

▲携带弱核力的W粒子的存在在1983年的一次粒子加速器实验中被揭示出来。一个质子和一个反质子相互碰撞并且湮灭，之后作为一个电子和一个中微子重新出现。在这一过程中，W粒子发生衰变。

当然了，正因为中微子只参与弱相互作用，所以当宇宙大爆炸发生后，中微子和反中微子并没有像其他正反粒子一样湮灭掉，而是"存活"了下来。如今，这些诞生于宇宙最早期的粒子，已成为我们观测宇宙早期阶段图像的检验。如果中微子确实像近几年的实验所暗示的那样，具有微小的质量，那么我们就能间接地检测到它们。就像前面说到的一样，中微子可以是"暗物质"的一种形式，这样一来它们就有足够的引力去遏止宇宙的膨胀，使之重新坍缩。所以说，中微子其实决定着宇宙是膨胀还是收缩。

宇宙的热早期阶段图像：炙热状态后，氦核形成了

当宇宙温度继续下降，最早期的原子核就将形成。大约在大爆炸后的100秒，宇宙温度降到了10亿摄氏度，这也是最热的恒星内部的温度。在这样的温度下，一种被称作强核力的力使得质子和中子被捆绑在一起而形成了核。我们知道，在足够高的温度下，质子和中子具有很高的运动能力，以至于可以在相互碰撞中独立地出现。但一旦温度降低到10亿摄氏度，它们就不再有足够的、能够克服强核力的能量，因此只能结合在一起而产生氘（即重氢）的原子核。这之后，包含一个质子和一个中子的氘核，会和更多的质子中子相结合形成氦核，它包含两个质子和两个中子，还产生了少量的一对更重的元素——锂和

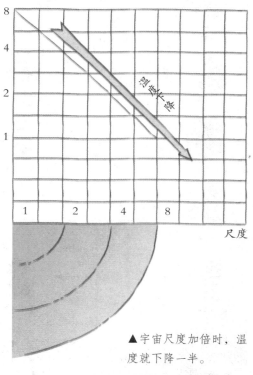

▲宇宙尺度加倍时，温度就下降一半。

铍。我们可以计算出，热大爆炸模型中大约有1/4的质子和中子转变成了氦核，还有少量的重氢和其他元素。而余下来的中子则会衰变成质子，这正是通常氢原子的核。

宇宙的热早期阶段图像的首次提出，是在1948年。当时，美国科学家乔治·伽莫夫和他的学生拉夫·阿尔法在合写一篇著名论文时，第一次提出了宇宙的热早期阶段的图像。当时，伽莫夫颇具幽默感地成功说服了核物理学家汉斯·贝特将他的名字加到这篇论文之上，由此使得其作者为"阿尔法、贝特、伽莫夫"，这正是希腊字母的前三个：阿尔法、贝他、伽马。这个名字对一篇关于宇宙开初的论文来说尤为适合！他们在该论文中给出了一个惊人的预言：来自宇宙非常热的早期阶段的辐射今天仍然存在，只不过由于宇宙膨胀，它的温度已经降低到只比绝对零度高几摄氏度。而这事实上正是彭齐亚斯和威尔逊在1965年发现的微波背景辐射。

事实上，由于对质子和中子的核反应了解得并不多，因此当时阿尔法、贝特和伽

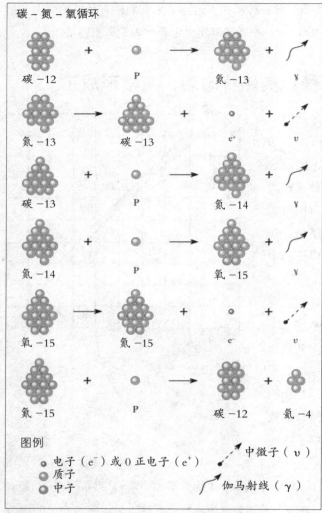

碳 - 氮 - 氧循环

碳 -12 + P → 氮 -13 + γ

氮 -13 → 碳 -13 + e⁺ + υ

碳 -13 + P → 氮 -14 + γ

氮 -14 + P → 氧 -15 + γ

氧 -15 → 氮 -15 + e⁺ + υ

氮 -15 + P → 碳 -12 + 氦 -4

图例

○ 电子（e⁻）或 0 正电子（e⁺）
● 质子
● 中子

·····▶ 中微子（υ）

∿→ 伽马射线（γ）

▲ 碳 - 氮 - 氧循环为比太阳更大质量的主序星提供了能量。它在恒星内核温度超过 1.5 亿 K 时取代质子 - 质子链成为主要的能量来源。它使用碳作为生成氦的催化剂。

莫夫在论文中对早期宇宙不同元素比例所作的预言相当不准确。不过，按照更科学的方法重新进行计算后，现在的数据已经和我们的观测非常符合了。更何况，要解释为何宇宙中大约 1/4 的质量都处于氦的形式，无论用什么方法都很困难。因此可以这么说，至少一直回溯到大爆炸后大约一秒钟，这个宇宙的热早期阶段图像是准确的。

继续按宇宙的热早期阶段图像来描述宇宙，我们可以看到，在大爆炸后的几个小时内，氦和其他元素的产生就停止了。而在接下来大约 100 万年时间内，宇宙只表现为继续膨胀，而没有发生太多其他事情。最终，一旦宇宙温度降低到几千摄氏度，电子和原子核就不再有足够的能量来克服它们之间的电磁吸引力，而开始结合形成原子。这之后，宇宙作为整体会继续膨胀变冷，不过在那些密度略高于平均密度的区域内，膨胀会因为额外的引力吸引而减慢。

膨胀之后的坍缩：在坍缩中旋转诞生的星系和恒星

接上一节所述，在大爆炸发生的几分钟后，宇宙密度降低到大约空气密度的水平。此时，虽然在大尺度上宇宙物质几乎均匀分布，但仍然存在某些密度稍大的区域。因此，在此后相当长的一段时间内，这些区域内的物质会通过引力作用吸引附近的物质，使自身密度更大，最终导致该区域内的膨胀停止并开始坍缩。当它们坍缩时，这些区域之外的物体的引力可能会使它们开始很慢地旋转。而随着坍缩区域越来越小，它的自转也会越来越快，这就像在冰面上自转的滑冰者，当他把双臂收紧时身体就会旋转得更快。最终，当这个区域变得足够小时，它会旋转得足够快以至于能够和引力的吸引相平衡。这样一来，蝶状的旋转星系就诞生了。与此同时，在其他一些区域，由于刚好没有得到旋转，就顺势形成了被叫作椭圆星系的椭球状的物体。在这些星系中，由于星系的个别部分稳定地围绕着它的中心旋转，因此它会停止坍缩。不过，这样的星系整体是不旋转的。

时间流逝中，星系中的氢气和氦气会碎裂成一些更小的云块，它们会在自身的引力下坍缩。在它们收缩的过程中，气体的温度会升高，而一旦温度增高，核反应就开始了，它会将氢转变成更多的氦。这些类似于核弹爆炸的反应释放出的热一方面会使恒星发光，另一方面还会增大气体的压力，由此导致星云不再继续收缩。正是以这样的方式，星云合并成了类似于太阳的恒星，将氢燃烧成氦，并把得到的能量以光和热的形式辐射出来。这个状态有点像气球——在试图使气球膨胀的内部空气压力和试图使气球缩小的橡皮张力之间，存在着一个平衡。

热气体星云一旦合并成恒星，核反应所产生的热和引力吸引相平衡，恒星就会稳定地维持很长时间。不过对质量更大的恒星来说，由

▲ 宇宙演化

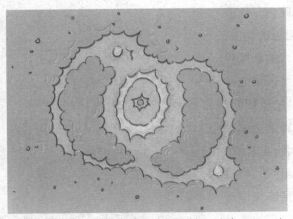

▲超新星爆发，中央的斑点是形成的新的中子星，斑点周围的环是爆发吹散的膨胀物质。

于引力的作用更强，需要有更高的温度与之相平衡。因此，它们里面的核聚变反应会进行得非常快，在大约 1 亿年的时间里燃料便会消耗殆尽。这时候，恒星会表现为略微收缩，并随着温度的不断升高而把氢转变成更重的元素，如碳和氧。然而，由于这一过程并不会释放出太多的能量，因此就产生了危机。

接下来的事情，对人们来说其实是未知的，因为人们并不清楚会发生什么。不过，大体来看，恒星的中心区域有可能会坍缩成某种非常紧致的状态，就像中子星或黑洞。此外，恒星还可能经历一次剧烈的爆炸而把它的外层抛出去，这个巨大的爆炸就是超新星爆发。这时候，恒星的亮度会超过星系中所有其他恒星的亮度。另一方面，一些恒星在寿终正寝之际还会产生一些较重的元素，这些元素会被抛回到星系内的气体中，为下一代恒星提供原材料。

对我们的太阳来说，因为它属于一颗第二代或第三代恒星，因此它大约含有 2% 的此类重元素。具体来说，太阳大约形成于 50 亿年前的一块自转气体云。该气体中含有更早时期超新星爆发的碎屑，云块中的大部分气体经过演化形成了太阳，或者被向外吹走。而另外一些较少量的元素聚集在一起，形成了绕太阳运动的天体——行星。我们的地球，就是这些行星中的一颗。至此，热大爆炸模型中宇宙天体的形成就完成了。

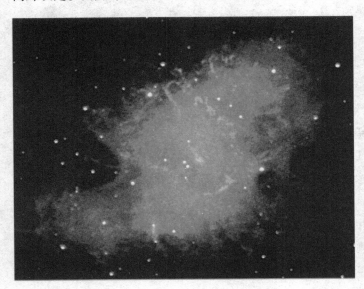

◀蟹状星云是一颗在 1054 年爆炸的恒星的遗迹。这一爆炸被当时的中国和日本天文学家所记录。研究表明在周围的云层中有着大量的氢，这是在恒星爆炸前产生的。

生命 = 原子的偶然结合 + 自我复制

生命的形成：原子的偶然结合 + 锲而不舍的自我复制

地球的形成我们知道了，那么生命是如何形成的呢？

一开始，当地球刚刚凝聚起来时，它非常炙热而且没有大气。随着时间流逝，地球逐渐冷却下来，从岩石中溢出的气体开始成为大气。当然，这时候的大气是无法使生命存活的，因为它不包含氧气，却包含很多对生命有毒的气体，如硫化氢（臭鸡蛋味的难闻气体）。不过，即便条件苛刻，还是有一些生命的原始形式生存繁衍了下来。

人们认为，最开始的生命原始形式的形成，可能得益于原子的偶然结合。这些偶然结合形成了某种叫作宏观分子的大结构，并在海洋中发展开来。同时，这种宏观分子结构还能将海洋中其他的原子都聚集起来，再次形成与自身相类似的结构。于是，这样的发展方式逐渐进阶，这些分子不断自我复制并繁殖下去。当然，某些时候，复制也会出现偏差，且多数偏差都会使宏观分子失去复制能力而死亡，但为数不多的误差会产生出新的宏观分子。这些新的宏观分子可以更有效地复制自己，能力更强，更有优势，也就自然而然取代了原先的宏观分子。

人们推测，进化正是以这样的方式开始，逐渐导致了越来越复杂的自我复制有机体的发展。现在看来，当时形成的第一种原始的生命形式消化了包括硫化氢在内的不同物质而释放出氧气，使得大气更加适合生命生存。随着这种过程的逐步发展，地球上的大气渐渐被改变到今天这样的成分，并且允许鱼类、爬行动物、哺乳动物以及像人类这样的高等生命形式发展。

事实上，自我复制是生命系统不同于化学系统的特征。在地球诞生后很久，遗传物质出现了。这些物质越聚越多，分子间互相影响而形成了更复杂的混合物。这些混合物再加上来自外太空的陨石提供的某些元素，最终产生了 DNA（脱氧核糖核酸）。DNA 有两个特质：一是它能通过转录产生 mRNA（信使核糖核酸），而 mRNA 能翻译出蛋白质；二是它能自行复制。DNA 的这两个特质也是细菌类有机生物的基本特质，而细菌是生命界最简单的生命体，也是目前我们能找到的最古老的化石。

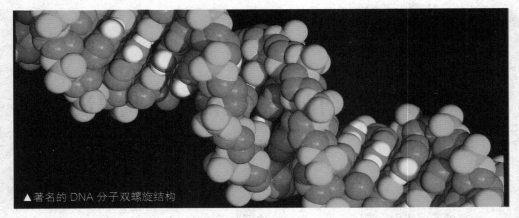

▲著名的 DNA 分子双螺旋结构

　　狭义地说，自我复制指的是 DNA 分子的解旋、两链分开，各自合成互补链，从而形成两个新的却又相同的分子。广义地说，它包括细胞分裂和繁殖。当然，分裂和繁殖也是在分子复制的基础上进行的，就结果来说，它所形成的是两个相同的个体。生命繁殖具有周期性，还会因为疾病、杂交等原因造成某些生物失去繁殖力，因此繁殖难以作为生命的基本属性。与此相反，只要不是处于解体状态下的生命，总存在自我复制。因此，自我复制是贯穿生命过程始终的属性。

　　DNA 的复制本领来自其自身特殊的构造。DNA 是双股螺旋，细胞的遗传信息都在上面。不过，复制过程会出错，或是分子群的一小部分出错，这样复制工作就不完美，制造出的蛋白质就可能不完全相同。但正因如此演化才得以进行——一旦生命有了不同的形态，自然就开始实施淘汰和选择的法则，使得生物一步步演化下去，由此形成我们今天看到的地球面貌和我们自身。

混沌边界条件：在无限多个宇宙中，人类是偶然的存在吗

　　虽然说，宇宙大爆炸理论，即宇宙由热状态开始膨胀然后逐渐冷却，跟我们现在的观测结果非常一致，但关于宇宙，还有很多问题无法解答。

　　例如，早期宇宙为何这么热？在大尺度上，为何宇宙看起来如此一致？为何在空间的所有地方和所有方向上宇宙看起来都是一样的？特别是，当我们朝不同方向看时，微波背景辐射的温度为何都相同？很明显，大爆炸开始时连光都来不及从一个区域传到另一个区域，更别提其他东西了。我们看到的景象却是，所有的区域看起来都是一样的。此外，宇宙为何在今天仍然以临界速率膨胀？大爆炸模型中，宇宙一开始即以这样一种接近于区分坍缩和永远膨胀模型的临界膨胀率膨胀，可现在都过去了 100 亿年，它为何还保持这样的膨胀率？要知道，哪怕在大爆炸后第一秒膨胀率小

了 10 亿亿分之一，今天也不可能出现这样的宇宙——宇宙早已经坍缩了。与此同时，虽然在大尺度上宇宙看起来均匀一致，但从局部来看它包含许多无规则性，例如恒星和星系。如果这样的理解是正确的，即这些是从早期宇宙中不同区域间的密度很小的差别发展而来，那么这些密度起伏的起源又是什么呢？

根据前文所述我们可以发现，广义相对论本身无法解释上述问题。相对论预言一切开始于大爆炸奇点处，而在奇点处一切科学定律都失效。因此，我们根本无法得知从奇点处会出来什么。换言之，如果我们要在相对论下研究宇宙，奇点就是我们最大的障碍，我们必须从此理论中割除奇点。这样一来，如同人为设制的一个界限一样，时空就有了一个边界，即大爆炸的开端。

人们认为，可能是上帝颁布了一组定律让宇宙开始，然后又让它按照这些定律来自行演化。可是，上帝是怎样选择宇宙的初始状态和结构的呢？时间起始处的"边界条件"又是什么呢？为此有人猜测，上帝或许是以一种超出我们理解范围的原因选择

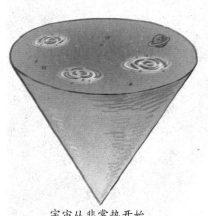

宇宙从非常热开始

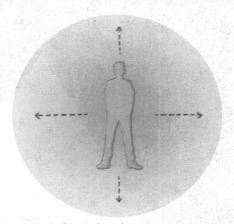

微波背景温度在所有方向几乎完全相同

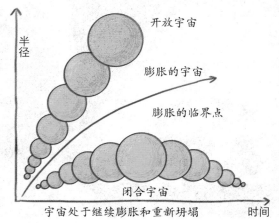

宇宙处于继续膨胀和重新坍塌

宇宙密度的微小起伏导致星系和恒星的形成

▼在普朗克时间内，唯一可能的结构是夸克。随着时间的流逝，质子和中子形成，之后是电子，它们共同形成了原子。它们之间产生结合力从而形成简单分子。随着更为复杂分子的合成，有机含碳分子等更大分子形成，这些分子随后形成了活的细胞，进而产生更为复杂的社会化生命，如蜜蜂等。在这一进程发展的顶峰，是人类等有知觉的创造性生物，例如作曲家莫扎特。

1. 夸克
2. 核子
3. 原子
4. 简单分子
5. 大分子
6. 简单生物
7. 社会化生物

▼沃尔夫冈·阿玛迪乌斯·莫扎特是富有创造性的天才。

了宇宙的初始结构。可问题又来了，既然其选择让宇宙以我们无法理解的方式开始，又为什么让宇宙按照一种可以被我们理解的定律去发展呢？其为什么不干脆让一切都按照我们无法理解的方式去发展？这样一来，我们或许从一开始就不会费心去研究所谓的宇宙开端和演化了。事实上，这个秩序可以是，也可以不是由神灵主宰的。但无论如何，只有假定这种秩序不但适用于定律，而且能应用在时空边界处的初始条件才是自然的。也就是说，宇宙的秩序可以是由上帝制定的，但这个秩序必须既适用于定律，也适用于时空边界处的初始条件。在这个前提下人们想象，可以有大量具有不同初始条件、服从定律的宇宙模型，但应该存在某种原则，去抽取一个初始状态，即一个模型来代表我们的宇宙。

那么，有没有这样一种模型呢？很快，答案就揭晓了。人们提出了混沌边界条件。该条件假定，要么宇宙空间是无限的，要么存在无限多个宇宙。在混沌边界条件下，大爆炸之后空间区域具有任意结构，换言之，空间区域在任意给定结构上的概率跟其他结构的概率是完全一样的。这其实就说明了一点，宇宙初始态的选择完全是随机的。那么我们完全可以假定，早期宇宙是非常紊乱和无规则的。这是因为，跟光滑和有序的宇宙相比，紊乱和无序的宇宙存在的概率更大。当然，这样假定的问题也是显而易见的，即这样紊乱无序的初始条件，究竟是如何导致了今天这个看起来平滑和规则的宇宙的？

如果混沌边界条件是正确的，即宇宙确实是空间无限的或存在无限多个宇宙，那么就会存在某些从光滑一致的形态开始演化的大的区域。也就是说，人类很可能就诞生在这样的区域内。这种情形下，生命诞生的过程就颇具戏剧性，非常像那个经典的故事———群猴子在敲打字机，多数猴子打出来的都是废话，但纯粹出于偶然，某些猴子可能碰巧打出了莎士比亚的一首十四行诗。同样的道理，对宇宙中的智慧生命人类来说，我们也可能就是以这样偶然的方式出现并存在的。

人存原理：宇宙之所以如此，是因为唯有如此我们才能存在

人类是偶然产生的？这个看似荒诞的说法，却得到了理论上的支持。为解决混沌边界条件中所讲的人类可能是偶然诞生的问题，人们又提出了人存原理。假定只有在光滑的区域里星系、恒星才能形成，才能有合适的条件使得像人类这样复杂的机体存在，并能质疑宇宙为何如此光滑的问题。这就是人存原理。用一句话来解释就是：我们看到的宇宙之所以如此，是因为我们的存在。

1973 年，在纪念哥白尼诞辰 500 周年的"宇宙理论观测数据"会议上，天体物

理学家布兰登·卡特首次提出了人存原理的概念。不过，他当时的理论站在了哥白尼的对立面上。要知道，哥白尼的理论其实否认了人类在宇宙中的特殊地位，即地球并不是宇宙的中心，而太阳也只是一颗位于银河系的典型恒星。但卡特大唱反调，在其论文中明确写道："虽然我们所处的位置不一定是'中心'，但不可避免地，在某种程度上我们仍处于特殊的地位。"

如今，在宇宙学中，人存原理是一种被认为物质宇宙必须与观测它的智能生命相匹配的理论。它被阐释为：如果万物与自然定律存在，那么万物与自然就一定会被人类发现；如果万物与自然定律不以这个状态出现，那么人类就不会知道它们是怎样出现的；如果只有在存在人类的很少一些宇宙中，智慧和生命才能发展并质疑宇宙为何是这个样子，那么答案很简单——如果它不是这个样子，我们就不会在这里。

存在着两个版本的人存原理——弱人存原理和强人存原理。在一个大的或具有无限时空的宇宙里，只有在某些有限的区域内才存在智慧生命发展的必要条件。这被称

▲强人存原理假设，存在许多具有不同初始膨胀率和其他基本物理性质的不同的宇宙。只有一些适合于生命。

为弱人存原理。它说明了这样一个事实——如果人类发现自己在宇宙中所处的位置满足人类生存所需的条件，他们不应为此惊讶，因为事实正是如此。此外，弱人存原理还可以解释大爆炸为何发生在约 100 亿年前。原因很简单，因为智慧生物确实需要这么长时间的演化。介于此，很少有人怀疑弱人存原理的合理性。

比起弱人存原理，强人存原理走得更远。

它认为，还存在许多不同的宇宙或一个单独宇宙的许多不同区域，每个区域都有自己的初始结构或科学定律。大多数宇宙都不具备复杂机体发展的条件，只有少数像人类存在的这样的宇宙中智慧生命才得以发展并对宇宙发出质疑。

事实上，科学并不仅仅包括理论，它还包括许多基本数，如电子电荷的大小及质子和电子的质量比。目前，人类只能由观测找到它们而不能从理论上预言它们。可奇怪的是，这些数值看起来非常适合生命发展，或者说，它们似乎被刻意调整到了适合生命发展的地步。举例来说，假设我们调整一下电子的电荷数，哪怕仅仅调整一点点，恒星都无法燃烧产生氢和氦，或者从未爆炸过。有人针对此现象猜测，或许存在其他不需要太阳这样的恒星的智慧生命，这样这些数值就不用被这么重视了。然而，这依然说明了，允许任何智慧生命形式发展的数值范围都是很小的。或者说，在大部分数的集合中，宇宙也会产生，但它不会包含任何一个能质疑宇宙的人。看起来，这一点非常支持强人存原理。

当然，强人存原理存在很多问题。例如，我们如何确定所有不同的宇宙都存在？如果不同的宇宙都互相分开，我们怎样观测在其他宇宙中发生的事情？另一方面，看起来强人存原理和整个科学史的潮流背道而驰。因为我们长久构建起的从托勒密的地心宇宙论发展而来的现代宇宙图像，却被强人存原理宣布为仅仅是因为我们的缘故而存在。这简直令人难以置信！如果这是真的，那么与我们太阳系或者银河系无关的其他星系，又有什么存在必要呢？事实上，如果人们能够证明，许多宇宙的初始状态都可以演化为我们现在看到的宇宙，那么至少能说明弱人存原理是有意义的。而且，若事实确实如此，那么一个从某些随机的初始条件发展来的宇宙，就该包含许多光滑一致并适合智慧生命演化的区域。另外，如果宇宙的初始条件必须仔细地选择才能出现现在我们看到的这一切，那么宇宙就不太可能包含有生存存在的区域。在大爆炸模型中，热并不能在任意方向上从一个区域流到另一区域。这说明，介于我们现在观测到的宇宙微波背景辐射在每个方向上温度都相同，因此宇宙的初始状态在每一处都必须有同样的温度。与此同时，宇宙的初始膨胀率也必须被精确地选择以至于直到现在它仍能用来避免坍缩。一切都表明，如果直到时间的开端处热大爆炸模型都是正确的，那么我们就必须非常仔细地选择宇宙的初始态。

宇宙处于一个巨大的泡泡中吗

暴胀宇宙：解决诸多难题的理论——无法想象的急剧膨胀

新的问题接踵而来，有没有能从许多不同初始状态演化到像现在这样的宇宙的宇宙模型呢？科学家的工作就在于此，因此答案仍然是肯定的。麻省理工学院的科学家阿伦·固斯提出了一种新的模型，即暴胀宇宙。他认为，早期宇宙可能存在过一个非常快速膨胀的时期，这种膨胀叫作"暴胀"。它指的是，在一段时间里，宇宙不像现在这样以减少的而是以增加的速率膨胀。

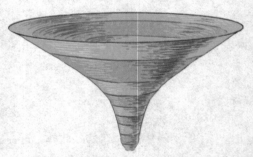

▲热大爆炸模型中的膨胀率总是随时间而减小，但暴胀模型中的膨胀率却在早期阶段迅速增大。

这可以用物价暴涨的案例来理解：第一次世界大战之后的德国，一个面包的价格从原来的不到 1 马克，在几个月之内迅速上涨到数百万马克。而宇宙的情况要比这大得多：仅仅在远小于 1 秒钟的时间里，宇宙的半径就增大了 100 万亿亿亿倍。

暴胀理论显示，宇宙是以一个非常热且相当混乱的状态从大爆炸开始的。人们推测，随着宇宙温度从高到低，一个渐进的过程发生了——在高温下，强核力、弱核力和电磁力都被统一成了一个单独的力——随着膨胀继续宇宙变冷，粒子能量开始下降，最后相变出现了，力与力之间的对称性被破坏，强力变得和弱力及电磁力不同。所谓的相变可以用水结冰来解释。我们知道，液态水是对称的，即在任何一点和任何方向上都是相同的。然而当水结成冰后，冰晶体会有确定的位置，且会沿着某一方向排列成行。如此一来，水的对称性就被破坏了。

值得注意的是，对水来说，只要处理得当，你可以将它的温度降到冰点（0℃）以下而让它不结冰。而同样的道理也可以被应用到宇宙上。固斯就认为，宇宙温度可以降低到临界值以下而不会使不同的力之间的对称遭到破坏。若果真如此，那么宇宙就会处于某种非常不稳定的状态，其能量就会比发生对称破缺时更大。而这特殊的额外能量会呈现出反引力效应，其作用就像一个宇宙常数。宇宙常数是爱因斯坦在试图建立一个稳定的宇宙模型时引进广义相对论中去的。大爆炸发生后，宇宙本已处于急速膨胀中，而宇宙常数的排斥效应刚好会让宇宙以更大的速率加速膨胀。与此同时，在宇宙中那些物质粒子多于平均值的区域，宇宙常数的排斥力同样会抵抗引力的吸引而使该区域也加速膨胀。如此一来，所有的物质粒子都会越分越开，最终形成一个几乎不包含任何粒子、仍处于过冷状态的膨胀宇宙，而宇宙中的任何不规则性也会因此而被抹平，形成现在这样光滑而有序的状态。

　　如果情况确实如此，那么我们就可以这么说，宇宙现在光滑一致的状态，可以是从许多不同的、非光滑一致的初始状态演化而来的。此外，这种情形还能解答另一个问题，即为何早期宇宙中的不同区域具有同样的性质。更幸运的是，在这种情形下，宇宙的膨胀率也会自动变得很接近由宇宙能量密度所决定的临界值。看起来，暴胀理论似乎非常完美地解答了关于宇宙的一些疑惑。那么，事实确实如此吗？

暴胀的原因和运用：宇宙竟然是最彻底的免费午餐

　　宇宙暴胀，最早由美国物理学家阿伦·固斯于1981年提出，指的是早期宇宙的一段快速膨胀过程。该理论显示，在大爆炸后的 10^{-36} 秒，宇宙温度会下降到 10^{28}K，并在某种负压力的真空能量驱动下膨胀。温度继续下降，宇宙进入过冷状态，真空开始发生对称破缺而进入伪真空状态。这样的结果是真空发生相变，释放出大量能量驱动宇宙呈指数式暴胀。即将结束时，暴胀的能量会变成粒子和热能，宇宙开始进入再加热阶段

▲宇宙在最初时刻的快速膨胀将宇宙展平，并且使膨胀几乎成为临界值。

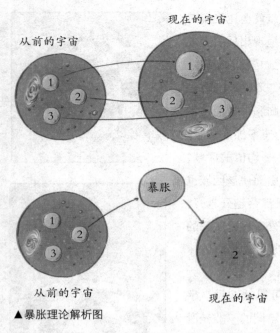

现在的宇宙

从前的宇宙

1
2
3

1
2
3

暴胀

从前的宇宙

1
2
3

现在的宇宙

2

▲暴胀理论解析图

迅速变热，并建立起热平衡。虽然整个暴胀过程仅历时 10^{-33} 秒，但宇宙的尺度却因此增大了 10^{26} 倍，空间至少膨胀了 10^{78} 倍。

暴胀理论解释了大爆炸理论一直以来的许多问题，例如为何宇宙是如此平坦、均匀和同向性。但除此之外，暴胀的思想还能解释为什么宇宙中存在这么多物质。事实上，在我们能观察到的宇宙区域中，大约有1亿亿亿亿亿亿亿亿亿亿亿（1后面80个0）个粒子。这么多粒子都是从哪里来的呢？答案就是，根据量子力学，粒子可以以粒子/反粒子对的形式由能量中产生。不过，这马上又引出了另一个问题，即能量从何而来。而这个问题的答案就是，宇宙的总能量刚好为零。

事实上，要让宇宙达到暴胀的境界，需要有一个与引力相反而能与其相抗衡的作用力。最早提出这个力的是爱因斯坦。在宇宙膨胀被发现之前，爱因斯坦制作了自己的宇宙模型。当时他认为，宇宙既不膨胀也不收缩，而是永恒不变的，但引力会破坏这种永恒。于是，为找到一个可以与引力相抗衡的力，他于1917年提出一种新观念，即空间自身具有一种斥力效应，能抵消物质引力的吸引效应。这个空间所具有的斥力后来被叫作"宇宙斥力"或"宇宙常数"。虽然在宇宙膨胀被证实后爱因斯坦曾抛弃了宇宙常数，但它无疑对暴胀理论很有用。

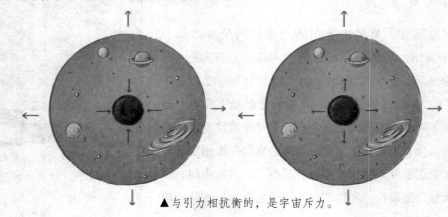

▲与引力相抗衡的，是宇宙斥力。

在暴胀理论中，宇宙中的物质都是由正能量构成的。然而，引力的存在会让所有物质都彼此吸引。这样一来，差别就出现了。那些相互靠得很近的物质无疑要比那些相互靠得很远的物质能量小。原因很明显——你必须得花费更大的力气来将隔得很近的物质分开。对此，人们做了一个假定，即引力场具有负能量。这样一来，人们完全可以证明出是这个负引力能量抵消了物质所具有的正能量，由此导致宇宙的总能量保持为零。

既然宇宙总能量为零，那么在能量守恒定律内，我们就可以把宇宙中的正物质能量和负引力能量同时加倍而毫无影响。或者说，宇宙可以任意地同时增加其正物质能量和负引力能量。然而事实上，当宇宙膨胀时，随着宇宙变大其内部物质的能量密度会减少。这显然不符合正负能量同时改变的情形。不过，暴胀时期却会发生这种情况。在暴胀时期，虽然宇宙也在膨胀，但其中过冷态的能量密度始终保持不变。也就是说，由于暴胀时期宇宙的尺度会增大到一个非常大的倍数，因此其能用于制造粒子的总能量就会变得非常大。正因为如此，暴胀理论的提出者固斯曾这样说："都说这世上没有免费的午餐，但宇宙是最彻底的免费午餐！"

新暴胀模型：我们的宇宙，处于一个巨大的泡泡之中吗

虽然暴胀可以解释诸多宇宙问题，但有一点是需要人们知道的，即暴胀并不会一直持续——我们现在看到的宇宙就不是以暴胀方式膨胀的。那么，显而易见的问题就是，是什么阻止或者说消除了暴胀时期的膨胀率？

可以预见到的情况是，随着宇宙加速膨胀和慢慢冷却，宇宙中的物质或者说粒子间力与力的对称性会最终被破坏。这样一来，那些未破缺的对称状态的额外能量就会被释放出来，而这些能量必定会导致宇宙再度升温。当然，接下来的过程依然是宇宙继续膨胀并冷却。不同的是，为何宇宙会恰好以临界速率膨胀，且为何在不同的区域仍然有着相同的温度？

固斯曾认为，对称性破缺的过程是突然出现的——就像沸腾的水中冒出的蒸汽泡一样，新的对称破缺的"泡泡"会在旧的对称相中形成。固斯推测，这些泡泡会膨胀并且相互碰撞，直到整个宇宙都进入新相。然而，宇宙膨胀得太快了，这些泡泡根本来不及合并就相互远离开来。这样的结果是宇宙最终变成一种高度不均匀的状态，这显然跟我们今天观测到的宇宙不一致。

1981 年，霍金在莫斯科参加量子引力会议时遇到了一位年轻的听众。这个名叫安德雷·林德的苏联人提出了一种新思路，即我们宇宙的整个区域都被包含在一个单独的泡泡之中。这个想法避免了泡泡不能合并在一起的问题。但它有一个要求，即

在此泡泡中从对称到对称破缺的变化过程必须进行得非常缓慢。幸运的是，这一点在大统一理论的范围内完全可能实现。

林德关于对称性缓慢破缺的思想是极其出色的，但有一个问题，即他所说的那些泡泡在那一时刻会比宇宙的尺度还要大！对此，霍金从另一个角度给出了解读，即对称性会在所有的地方同时破缺，而不仅仅是在泡泡的内部。这样一来，我们便会得到一个如我们所观察到的那种均匀的宇宙。

就在林德提出他的对称性缓慢破缺的思想后不久，宾州大学的保罗·斯特恩哈特和安德鲁斯·阿尔伯勒希特也独立地提出了和林德非常相似的观点。如今，他们三人分享了以缓慢对称破缺思想为基础的"新暴胀模型"的荣誉。而固斯关于形成泡泡后快

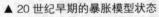
▲ 20 世纪早期的暴胀模型状态

速对称破缺的原始设想，则被看作旧的暴胀模型。此后的 1983 年，鉴于新暴胀模型预言的宇宙微波背景辐射的温度变化比观察到的要大得多，林德又提出了一个名为"混沌暴胀模型"的更好的模型。该模型不但具有原先暴胀模型的所有优点，还能给出微波背景辐射温度起伏的合理幅度，并与观测相符合。但遗憾的是，该模型依然无法说明为何宇宙的初始结构是这样的。霍金认为，新暴胀模型作为一个科学理论事实上气数已尽，但它对宇宙学研究的推动作用是不可磨灭的。

探寻暴胀的证据：进行漫长宇宙之旅的重力子

牛顿认为，万有引力的本质是一种即时的超距离作用，不需要任何传递的"信使"。爱因斯坦却认为，引力的本质是一种跟电磁波一样的波动，即引力波，也叫重力波。在爱因斯坦的广义相对论中，重力是时空的扭曲，而时空扭曲在空间中的传播就是重力波。从基础粒子的知识层面来看，被称为光子的基础粒子成群结队运动形成了电磁波，而被称为重力

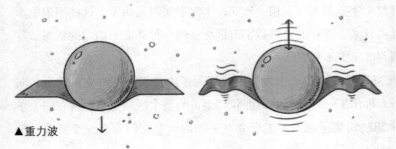
▲重力波

子的基础粒子成群结队运动形成的就是重力波。

物理学上，重力波也叫引力波，指的是时空曲率的扰动以行进波的形式向外传递。这些波从星体或星系中辐射出来的现象叫作重力辐射。理论分析认为，重力波非常微弱，我们预料能观测到的最强重力波也要来自很远且很古老的事件。这事件中大量的能量发生剧烈移动会产生重力波，而这些波动会造成地球上各处相对距离的变动。不过，这些变动的数量级太过微小，顶多只有 10^{-21}，以至于即便它们出现都很难观测到。

前面我们讲过，宇宙间星系、星系团的形成是宇宙最初形成的密度波动成长起来的结果。那么，这个密度波动是何时、怎样形成的呢？我们已经知道，暴胀就是空间爆发式地扩大，其结果就是即便空间中还存在凹凸不平的区域，但在大范围内看起来也是平滑的。不过，由量子力学我们得知，在暴胀的过程中会不断生成极小的凹凸。事实上，量子力学中所有的量都没有确定的值，而是在不停地波动，这被称为量子波动。而正是这种微小的波动导致了宇宙的密度波动，进而形成了恒星和星系。

这样一来我们知道，暴胀引起所有的基础粒子产生量子波动，重力子也因此在暴胀中生成。让人惊奇的是，虽然重力子在与其他基础粒子的反应上比中微子更强，但在暴胀结束后它完全不再与其他任何物质发生反应。而从那以后直到现在，它一直保持着不与其他任何物质发生反应的"孤独"宇宙之旅。这其实就是充满宇宙的重力子背景辐射，也叫作重力波背景辐射。

人们推测，如果能够检测到重力波背景辐射，我们就能找到宇宙开始发生暴胀的直接证据。可怎样检测重力波的存在呢？虽然重力波和电磁场的涟漪光波类似，但想检测到它则困难得多。确切来说，重力波的存在只是广义相对论中的一个预言。目前所有被"认可"的引力理论所预言的重力辐射都各有千秋，以至于人们根本无从判断。这样一来，要确认重力辐射或者重力波的存在就非常具有挑战性。有些人建议采用干涉计，它是一种把激光用半透明的镜片分成两束光线，让它们各自反射后再返回原点并且再次重合的装置。使用干涉计时，如果有重力波通过，两束光线的路径长度就会改变，从而引起或者不引起光特有的干涉现象，这样就能检测到重力波。

事实上，检测重力波的最大困难在于，即便我们的实验设备再精确，我们也无法保证光束不受其他外界因素的影响。常见的情形是，为最大限度地降低地球引力对实验产生的影响，防止光线因为激光产生的温度而改变路径，科学家们要不断对仪器进行改进。目前我们已然得到了关于重力波存在的"间接"证据。为此，科学家们相信，直接证明重力波存在的证据在不久的将来也一定会被发现。

宇宙没有边界，不被创生不被消灭

宇宙终极理论特征一：虚时间和欧几里得时空

奇点定理说明宇宙开端处存在一个奇点，但同时，广义相对论预言一切科学定律和预言都在奇点处失效。这样一来，我们想找出一个在奇点处适用的统一定律几乎不可能。那么，寻求统一理论的道路该如何继续呢？

奇点定理从另一方面给了我们希望。事实上，它真正说明的是，引力场变得如此之强，以至于量子引力效应变得相当重要。也就是说，人们可以用量子引力理论取代经典理论来描述宇宙的极早期阶段。在量子引力理论中，通常的科学定律可能在任何地方有效，甚至包括时间开端这一点。换言之，量子引力理论中根本不存在任何奇点，因此我们也不必再为奇点假设任何新的定律。

看起来，在量子引力论的框架下，我们完全有可能找到制约宇宙的终极理论。只不过，人类目前的科技水平还未达到这一层。然而，关于终极理论的一些特征已经被人们找到，其中一个就是虚时间。

具体来说，终极理论应该兼容弗里德曼提出的按照对历史求和，并用公式来表述量子理论的思想。而在弗里德曼的历史求和方法中，一个粒子并非只有一个历史，而被认为是通过空间—时间里的每一个可能的路径，且每条途径都有一对相关的数（一个代表波的幅度，另一个代表它在循环中的位置）。因此，粒子通过某一特定点的概率就是将通过此点的所有可能的历史的波相叠加。然而当人们实际地进行这些求和时，遭遇到了严重的技术问题。要回避这个问题，人们必须对发生在所谓的"虚"的时间内的粒子的途径的波进行求和，而不是对发生在你我经验之内的"实"的时间内的粒子的途径的波进行求和。

在数学中，你取任何一个平常的数（或"实的数"）和它自己相乘，结果肯定是一个正数，如2乘2是4，但 −2 乘 −2 也是4。然而，存在一种特别的数，也就是虚数，它们自乘时得到的是负数。这里的虚数单位叫作 i，它自乘时得到 −1，$2i$ 自乘得 −4。人们可以通过图解来理解实数和虚数。

实数可用一根从左至右的线代表，中间是零点，–1、–2 等负数在左面，1、2 等正数在右面。虚数，则由书页上一根上下的线来代表，i、2i 等在中点以上，–i、–2i 等在中点以下。换言之，如果实时间是书页上从左至右的水平线，那么虚时间就是书页的上方和下方，即和实时间呈直角。

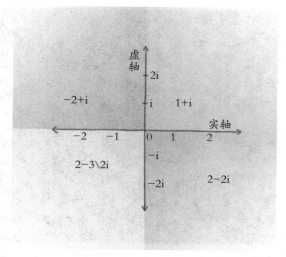

事实上，实时间内的时间只有两种可能，一是时间可以往过去回溯直到无穷，另一种是时间在一个奇点处有一个开端。这样一来，人们可以把实时间认为是从大爆炸起到大挤压止的一根直线。然而，虚时间的出现使人们完全可以考虑和实时间成直角的另一个时间方向。在这个时间的虚方向，不需要任何形成宇宙开端或终结的奇点。

实际计算中，人们必须利用虚数而不是用实数来测量时间。这个时候，时空的区别就完全消失了。像这样事件具有虚值时间坐标的时空被称为欧几里得型，它是以建立了二维面几何的希腊人欧几里得的名字来命名的。如果我们把这样的二维时间模型扩展到四维，就得到了类似今天我们称之为欧几里得时空的东西。在这样的时空中，时间方向和空间方向没有什么不同。另一方面，在常用的实的时空里，事件的时间坐标被赋予实数，因此人们很容易区别这两种方向——在光锥中的任何点都是时间方向，除此之外是空间方向。

宇宙终极理论特征二：弯曲时空的行为——宇宙的量子态

虚时间的概念有些类似于将负数这个概念引入数学中。常见的情况是，在"真实"世界中，如果一个篮子里根本就没有放鸡蛋，那么篮子里的鸡蛋数目是不可能减少的。但在包含了负数的数学中，人们却可以这样理解：篮子里其实有 –2 个鸡蛋。通过这样引进"虚"时间的概念，霍金开始了构筑早期宇宙状态的所有要素。

终极理论的另一个特征是爱因斯坦的思想，即引力场是由弯曲的时空来代表的。爱因斯坦认为，一般情况下，粒子在弯曲的时空中总是试图沿着最接近于直线的某种路径来走，但因为时空并不像原先看起来那么平坦，因此粒子走的路径就似乎是被引力场折弯了。事实上，如果我们将范围扩大，用弗里德曼的历史求和方法去处理弯曲

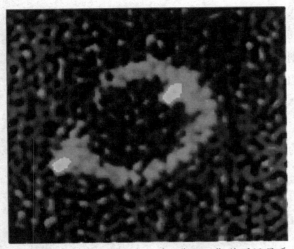

▲这是一张科学界称之为"爱因斯坦环"的遥远星系的太空照片，首次发现于 1987 年。爱因斯坦预言了这种环的存在：在一些特殊的情况下，由于星系引力场的作用，遥远天体所发出的光线会严重变形，以至于产生一个完整的圆环。

时空的观点，那些粒子的历史求和的东西就变成了代表整个宇宙历史的完整又弯曲的时空。

不过，正如上一节所说，为了避免实际操作时遇到的技术困难，这些弯曲的时空必须采用欧几里得时空。换句话说就是，时间必须是虚的，并且是与空间的各个方向不可区分的。这样一来，对一个具有一定性质的时空来说，为计算它可能出现的概率，我们必须在具有这种性质的叙事中，把跟全部历史相对应的波相叠加。唯有如此，我们才能弄清楚宇宙在实的时间里可能会有什么样的历史。

前面我们提到过，在广义相对论的经典理论中，宇宙只能以两种方式来行为：其一，是它已经存在了无限长的时间，其二，是它在过去的某一个有限时间的奇点处有一个开端。事实上，根据我们已经讨论过的内容，我们相信宇宙并没有存在很久。而如果宇宙具有一个开端，那么我们就必须知道它的初始状态。这是因为，根据广义相对论，要想知道究竟该用爱因斯坦方程的哪个解来描述宇宙，就必须知道宇宙是如何开始的。简单来说就是，在广义相对论的经典理论中，其实存在着许多不同的、可能弯曲的时空，而每个都对应于宇宙的不同初始态。而如果我们知道宇宙的初始状态，我们就能知道它的整个历史。

与此相同，在量子引力论中，也存在着许多不同的可能的宇宙量子态。如果我们知道在历史求和中的欧几里得弯曲时空在早期时刻的行为，我们也就能知道宇宙的量子态。

量子理论的创新：宇宙没有边界，它不被创生也不被消灭

仔细分析会发现，在量子理论中，除了宇宙可能存在的两种方式（或者它已经存在了无限长时间，或者在有限的过去的某一时刻的奇点处有个开端）外，还存在第三种可能。由于量子理论中的时空是欧几里得型，即时间方向和空间方向具有相同的地

位，因此时空在范围上可能是有限的，但没有形成边界或者边缘的奇点。这样的时空其实就像地球的表面，只不过变成了四维。这种可能下的宇宙是具有"虚"时间的宇宙，它避免了制造麻烦的奇点问题，使所有参与到宇宙演化的要素都能存在于初始状态的宇宙中去，甚至包括我们所理解的时间和空间也能发生弯曲。

一个例子可以很好地理解霍金的无边界宇宙概念。假设一个人走在地球表面上，无论他走多远，也不管他朝着哪个方向走，就算他整年整年不停地走下去，他也不会遇到任何一个标志东西边界的路牌。现在，让这个人走在一个巨型气球的表面上，情况会怎样呢？很明显，情况是一样的。事实上，这个人不但可以走在气球的外表面上，也可以走在气球的内表面上。这样的情形其实并不要求这个无边界的宇宙具有一定的形状和大小，它只需要给出连续的时间和空间，并像气球的外表面和内表面那样没有边界就行了。

事实上，如果欧几里得时空可以延伸到无限的虚时间，或在一个虚时间的奇点处开始，那么我们就会再次遇到那个问题，即上帝知道宇宙如何开始，我们却对此毫不知情且一头雾水。另一方面，量子引力论提出了一种新的可能性，因为在这里时空没有边界，因此根本没必要指定边界上的任何行为，也就不存在上帝或某些新定律给时空设定边界条件的时空边缘。这样一来，宇宙就是完全自足的，它不会被任何在它之外的东西所影响，不被创生也不被消灭，它就是存在。我们完全可以说，宇宙的边界条件就是它没有边界。

从数学角度来说，我们有理由认为，一个量子化的初始宇宙经演化后最可能形成的就是一个具有无边界性质的宇宙。不过，我们还不能从其他原理中推导出时空有限而无界的结论。因此，在量子理论的情况下，我们也就无法判断其预言和观测究竟是否一致。事实上，虽然我们已经知道了量子引力论所具有的特征，但我们还没有能力将其准确地定义出。而且，任何一种描述整个宇宙的模型用数学方法来计算都是极其复杂而困难的，这使得我们根本没办法通过计算去做出准确的预言。

以"无边界"假定来看宇宙：实时间和虚时间中不同的宇宙历史

除了描述粒子的路径，弗里德曼的历史求和方法还能用来描述时空。那么，它对于时空中的具体事物如人类，有什么贡献呢？答案是它也能描述复杂的人类。

以历史求和方法来描述人类的话，任何一种历史都是可能的。那么，我们完全可以这么认定，我们生存其中的这个历史之所以是这个样子，是因为我们生存其中，而丝毫不用过问其他那些历史究竟有什么意义。看起来，这个结论为人存原理提供了有

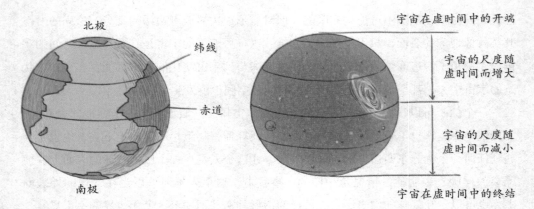

北极
纬线
赤道
南极

宇宙在虚时间中的开端
宇宙的尺度随虚时间而增大
宇宙的尺度随虚时间而减小
宇宙在虚时间中的终结

力支持。而产生这样结论的量子引力论无疑会让人更加满意。

"无边界"假定告诉我们，相比于遵从大多数历史来演化，宇宙事实上更倾向于遵从一族特别的历史来演化。这样的一族历史看起来就像地球的表面。地球表面与北极的距离代表虚时间，与北极等距离的圆周长代表宇宙的空间尺度。假设宇宙作为单独的一点从北极开始，那么当你一直往南走，离开北极等距离的纬度圈就越变越大，这就仿佛宇宙正随着虚时间在膨胀。

继续下去，在赤道处宇宙尺度最大，并逐渐随虚时间的继续增加而收缩，最终在南极汇成一点。这个过程中，虽然宇宙在南北两极的尺度为零，但这两个点并不是奇点，因此在宇宙诞生之初，科学定律在这里仍然有效。

然而，如果把宇宙的历史放在实时间中来描述，结果则相当不同。它的过程如下：在宇宙诞生之初，距今大约100或200亿年以前，它有一个最小的尺度，该尺度相当于在虚时间里的最大半径。这之后，宇宙就像林德设想的混沌暴胀模型那样急速膨胀，并最终膨胀到一个非常大的尺度。

接下来，宇宙开始坍缩，并最终变成一个像奇点一样的东西。如果实时间中的这个历史是正确的，那么显而易见，人类注定要被毁灭。

避免人类毁灭的方法就是以虚时间来描述宇宙历史。正如上文所讲，奇点定律真正揭示的是引力场会强到

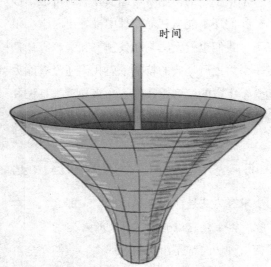

时间

▲宇宙在虚时间里就像从北极到赤道的地球表面那样膨胀，但在实时间里却以增加的暴胀率膨胀。

必须重视量子引力效应的地步。这样一来，在虚时间中宇宙的尺度是有限的，但它没有边界或不存在奇点。不过，一旦我们回归实时间，我们依然会面临存在奇点的问题。

面对这样一个有些诡异的情形，人们不得不产生这样的想法，即所谓的虚时间才是真正的实时间，而我们称为实时间的东西恰恰是子虚乌有的产物。毕竟在虚时间中，并不存在奇点，也就不必寻找能描述奇点的理论。所以，虚时间可能才是真正的、更为基本的观念，而所谓的实时间仅仅是用来帮助我们描述宇宙模样的方法。

那么，到底"实"时和"虚"时哪个才是真实的？如果你执念于这个问题的答案，那你就得不偿失了，因为这个问题本身是没有意义的。要知道，我们所构建起的科学理论仅仅是一种数学模型，在此模型中的一切事物都只是用来说明我们的观测结果，而不具有更多现实意义。简言之，"虚"时和"实"时并不具有现实意义，只是哪一个描述更有用而已。

被证实的无边界条件预言：宇宙背景探险者卫星COBE的重要发现

应用对历史求和以及无边界假设，人们可以计算出，在具有现在密度的某一时刻，宇宙在所有方向上以几乎相同速率膨胀的概率。令人欣慰的是，在迄今被考察的简化模型中，人们发现这个概率非常高。换言之，无边界假设似乎说明了一个事实，即宇宙现在每个方向上的膨胀率是极有可能相同的。这其实就说明了在任何方向上宇宙都具有几乎完全相同的强度。

在人们研究无边界条件的进一步预言时，一个特别有趣的问题出现了，即早期宇宙中对物质均匀分布的少量偏离究竟有多大。普遍的看法是，这类偏离会导致宇宙中首先形成星系，然后是恒星，最后是像我们这样的生命。不确定性原理显示，早期宇宙中粒子的位置和速度存在某些不确定性或者起伏，这导致早期宇宙不可能保持均匀一致的状态。而无边界条件又说明，宇宙必须由不确定性原理所允许的最小可能的非均匀性开始，然后像暴胀模型所描述的那样经历一段快速膨胀时期。这期间，那些一开始的非均匀性会被放大，直到能用来解释我们周围观察到的结构的起源问题。

1989年，美国宇航局发射了宇宙背景探险者卫星，简称为COBE。利用COBE，科学家准确地测量出了宇宙背景辐射的温度为2.725K。接下来，在1992年，COBE首次检测到微波背景辐射随着方向发生的极其细微的变化。而正是这个细微的变化显示了宇宙早期的形态，进而导致了如今宇宙中各种物质的形成：在一个各处物质密度稍有变化的膨胀宇宙中，引力导致较紧密区域的膨胀减慢，并开始收缩，最终导致了星系、恒星和像人类这样的生命出现。这样看来，无边界设想事实上是一种好的科学理论——它可以被观测证伪，它的预言却被证实了。因此我们可以说，一切我们在宇宙中看到的复杂结构，其实都能借助宇宙无边界条件和不确定性原理来解释。

人们为探索宇宙论而建造的第一颗卫星即是 COBE，它也被称为探险家 66 号。大致来说，它主要用于调查宇宙间的宇宙微波背景辐射（CMB）。其测量结果有助于我们了解宇宙的形状。在诺贝尔奖委员会看来，宇宙背景探测的计划可被视为宇宙论成为精密科学的起点。因此，这个计划的两位主要成员乔治·斯穆特和约翰·马瑟获得了 2006 年的诺贝尔物理学奖。

总而言之，无边界思想的出现对于上帝在宇宙事物中的作用的论证意义重大。事实上，随着科学理论的不断发展，多数人都相信上帝允许宇宙按照一套定律来演化但不介入其间。然而，这些定律并没有也不会告诉我们宇宙诞生之初的样子。我们可以这么认为，只要宇宙拥有一个开端，那么就可能存在一个造物主。但如果宇宙确实是自足的，无任何边界或边缘，那它就没有开端和终结。这样一来，还会有造物主存在吗？

第八章

时间箭头

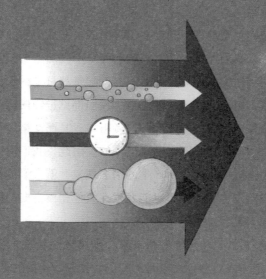

为什么我们只能记住过去

时间迷雾：为什么我们记住的是过去而不是将来

逝者如斯夫！对所有人来说，时间都是极其神秘而又难以掌控的。那么，你有过这样的疑惑吗：为什么在时间的洪流中，我们记住的总是过去而不是将来？

作家 L.P. 哈特利在他的著作《中间人》中写过这样一段话："过去，乃是异国他乡，那里人的行事方式与这里颇不相同。但是，为什么过去与未来总会有这么大的差别？为什么我们记得的是过去，而不是未来？"

以物理学的角度来讲，这个问题其实就是，为什么我们感知到的时间总是一直往前的？它与宇宙在膨胀这一事实有任何关系吗？

在相对论中，时间和空间是一起创造出时空的。但从生活经验来说，人们对时空的概念仍然感到迷茫。我们能感受到时间和空间是不同的。对空间来说，我们离开一个地方后，总能再回到相同的地方。而时间，看起来却只是一味地向着前方奔跑，方向单一绝不复返，更不可能回到曾经的起点。我们都见过钟摆运动。如果你长时间地看着钟摆运动，你会发现，由于空气摩擦或者阻力，其摆动幅度会越来越小直到最终静止。当然，静止状态的钟摆是不会重新摆动的。由此，我们可以区分出钟摆过去和未来的状态。同样的道理，自然界所产生的诸多现象，就人们的经验来说，都如同钟摆一样是在某一个方向发生的，绝不可能发生在其他相反方向。因此，人们感受到的时间都是由过去流向未来的。

事实上，科学定律并不区分过去和未来。确切来说就是，物理学定律在被称为 C、P 和 T 的联合作用（或对称）之下是不变的。这里，C 指的是用反粒子代替粒子；P 的意思是取镜像，也就是左右彼此互换；T 指的则是颠倒所有粒子的运动方向——这样的结果就是使运动倒退回去。在所有的正常情况下，支配物质行为的物理定律不会因为 CP 联合而自行改变。也就是说，对其他行星上的居民来说，如果他们是我们的镜像并且由反物质而非物质构成，那么他们的生活就会刚好和我们一样。唯一需要注意的是，由于正反粒子相遇会一同湮灭，因此如果你刚好遇到了来自这样一个行星

▲杯子落地图

的人，你千万不要与他握手，否则你们两个会瞬间消失掉。

接下来，如果科学定律在 CP 联合作用以及 CPT 联合作用之下都不变，那么它们也必须在单独的 T 作用下不变。然而，日常生活中的时间在前进和倒退的方向之间还是有一个巨大的差异。设想你面前有一杯水从桌子上跌落，撞到地板后摔得粉碎。如果把这个过程用摄像机拍摄下来，你会很容易区分该过程是向前进还是向后退。此时，如果你将其倒退放映，你就会看到杯子的碎片组合成一个完整的杯子，并跳回到桌面上。对此，你会百分之百地确定该录像在倒放，因为日常生活中绝不会出现这样的行为。

那么，为什么我们看不到破碎的杯子重新跳回到桌面呢？

时间箭头：无序度总是随着时间而增加

对我们总是看不到破碎的杯子重新恢复并跳上桌面的问题，人们通常这样解释：这种行为违反了热力学第二定律。

根据热力学第二定律，在任何闭合系统中，无序度或者熵总是随着时间而增加。换句话说，它是墨菲定律的一种形式，即事情总是越变越糟糕！桌面上一个完整的杯子处于高度有序状态，而地板上破碎的杯子则是一个无序的状态。因此，可以从过去桌面的完整杯子变为未来地板上的破碎杯子，但反过来则不行。而无序度或者熵随着时间增加，正是所谓的时间箭头的一个例子。时间箭头将过去和未来分开，使时间有了方向。

在微观层次上，物理学几乎完全是时

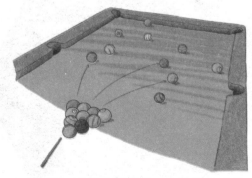

▲ 台球是一个闭合的系统，一旦游戏开始，原本高度有序的状态就会变得无序，且无法用任何一杆使所有球回到开始的位置。

间对称的，也就是物理定律在时间流逝的方向倒转之后仍然保持为真。但在宏观层次上，时间存在着明显的方向。时间箭头，就用于描述这种不对称现象。这里，所谓的"在微观层次上时间对称"，通俗讲，就是随着尺度的减小，事件逆向发生的概率会逐渐趋近于正向发生的概率。而当尺度非常小时，我们会认为两者是近似相等的。一个模拟实验有助于理解时间对称性：若时间对称，你将影片的一段镜头倒过来放映也能理解发生的事情。例如，如果引力是对称的，你将一个行星绕太阳运转的轨道倒过来放，其路径仍然符合引力定律。现在再想象一下，你在月球上往上扔了一个球并录了像。现在，当录像正放时，你会看到球在向上移动的过程中逐渐慢了下来。但如果倒放，你会看到球往下掉的速度越来越快。显然，这是不对称的，一个上升得越来越慢，一个下降得越来越快，但两种情况下球都是向着月球加速的，也就是说引力始终是对称的。事实上，多数物理定律都类似上述的例子，但一有时间箭头情况就不一样了。

广义来说，时间箭头就是为我们指明时间方向的一些规律，由这些规律我们可以明确地指出事件发生的先后顺序。而狭义上，时间箭头指的是那些非时间对称的物理规律。由于这些物理规律是非时间对称的，因此可以据此在物理学上明确地指出时间的方向。通常认为，这些狭义上的时间箭头其实是其他所有时间箭头的本质。

至少存在三种不同的时间箭头。热力学时间箭头，指的是在这个时间方向上无序度或者熵增加，即随着时间流逝系统总是越来越无序；心理学时间箭头，指的是我们日常感觉的时间流逝的方向，在此方向上我们总是从过去走向未来，并且记住过去而非未来；宇宙学时间箭头，指的是在此方向上宇宙在膨胀而非收缩。

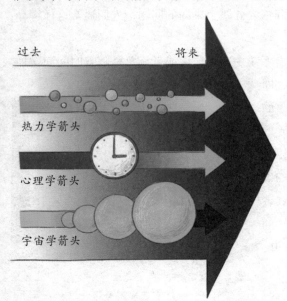

过去　　　　　　将来

热力学箭头

心理学箭头

宇宙学箭头

三个时间箭头都指向同一方向。在接下来的章节中，我们将详细阐述，宇宙的无边界条件和弱人存原理一起即可解释为何三个时间箭头指向同一方向。另外，我们还会阐述为何必须存在一个被定义得很好的时间箭头。更重要的是，我们将通过论断得出，只有当另两个时间箭头和宇宙学时间箭头保持一致时智慧生命才会形成。

◀至少存在三种时间箭头：无序度增加的方向，我们感觉时间流逝的方向，以及宇宙尺度增大的方向。

时间的真相：我们如何区分过去和未来

时间箭头的存在，在人们的日常生活中，并不是理所当然就能看到的。因此，一旦要详细说明它，还显得有些困难。实际上，从某个意义上来说，人们看到的时间其实是不会流动的。物理学领域中的多数法则都决定了，仅从时间上来说，我们是无法区分过去和未来的。

例如，将杯子中的水满溢出来的情形录下来，然后倒着放映。此时我们会看到，满溢的水很自然地呈现出回到杯子里的影像。对此我们知道，这一定是倒带，因为现实中绝不会发生这样的事情。但现在，如果我们不再关注一整杯的水，而是只关注其中的一个水分子，把该水分子的运动过程录下来并倒放，会出现什么状况呢？

在物理世界的运动法则中，如果某一运动被允许，那么它的反运动也会被允许。因此，从杯子溢水的现象中我们能发现，若只取出其中一个分子来观察，那么运动方向中过去和未来的区别就会不复存在。事实上，物理学领域中不只是运动法则，像重力法则、电与磁的法则等，都是无法区别过去和未来的。由这些基本的物理法则，我们可以推导出时间不会流动的结论。

可事实上，我们能感受到时间在流逝，因此上述结论明显是错的。但从另一方面来说，许多实验验证过的物理法则的正确性也是毋庸置疑的。我们知道，现实生活中发生的许多现象，都有着无数粒子参与其中。例如，一公斤的水里含有无法计数的水分子，尽管一个粒子的运动没有过去和未来之分，但无数粒子都参与其中时就会显出过去和未来的区别。

将一枚硬币放置在桌子上，然后连续地敲打桌面，使硬币翻转过来。将此过程录影之后并倒带来看，你会发现与原本的影像之间无法区分。对此，如果认为敲打桌面是人为机械性的动作，那么就这枚硬币的运动而言，可以说是没有过去和未来的差别的。

现在，拿出 10 枚硬币并排放在桌面上，然后重复做同样的运动。一开始，先将正面并排放，这样一旦开始敲打桌面，10 枚硬币总会有几枚翻转过来。像这样一直持续敲打直到最终，你会发现，其结果大概是平均有 5 枚硬币是正面的，剩下的 5 枚是反面的。当然，这只是一个大概数字，或许有时是 4 枚和 6 枚之分，但总体上是一半对一半的。如果把上述过程录下来并倒带来看，你会发现，情况变成了最初的正面 5 枚反面 5 枚，最后逐渐变成了全部是正面并排的影像。

现实生活中，像这样的事情并非不可能发生。只不过，因为它如此之罕见，我们难免会觉得不可思议。可以看到，硬币数目越多，它们全部呈正面并排的情形就越不可能发生。这样想来，就发生某项运动来说，其相反的运动未必会实现是可以理解的。因为一旦从多数硬币运动来看，就会出现方向性，也就能逐渐区分出过去和未来。

时间的方向 = 事情越来越糟糕

熵增大法则：越变越糟的事情——越来越无序的状态

在我们生活的这个世界上，虽然能量守恒定律几乎对所有的事情都适用，但事实是，能量一旦扩散为分子运动，再想要恢复原状，就力学的理论来说几乎不可能。

在希腊语中，熵是"变化"的意思，指的是系统在热平衡状态下一点点变化时，将其所吸收的热量按温度划分所得出的一个数值。1850 年，德国物理学家克劳修斯提出了"熵"这个术语，用来表示任何一种能量在空间中分布的均匀程度。通常，能量分布得越均匀，熵就越大。而当某个系统的能量完全均匀分布时，该系统的熵就达到最大值。简单来说，熵其实就是一种表示其系统中纷杂或者无序的量。通常，一个没有物质或者热量出入的系统的熵是不可能减少的。因此，它内部的东西必然会无方向地乱窜，直到某天崩溃坏死。

事实上，上一节的 10 枚硬币实验的结果，可以称为熵增大法则。另外，在不受外界影响而自然产生的现象中，熵并未递减。以 10 枚硬币为例来理解熵的概念，10 枚硬币代表的是所要研究的物理系统，而系统状态则指的是 10 枚硬币中有几枚是正面的。在这个系统中，包含着 1 枚正面、2 枚正面、3 枚正面等共 10 种状态，而这 10 种状态的概率数是相对应的。这样一来，全部为正面状态的概率数就是 1，9 枚为正面状态的概率数就是 10，5 枚为正面状态的概率数则高达 252。

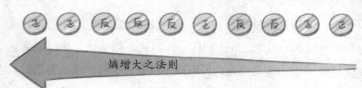

熵增大之法则

由此可知，在概率数目朝向多数时，状态就会发生变化。而所谓的熵增大法则，简言之就是

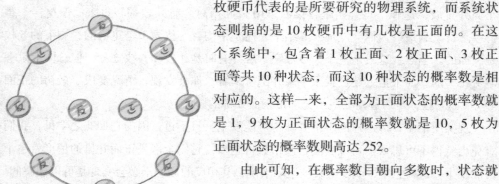

▲硬币实验

朝向概率数目较多的状态的转变引起了系统的改变。与此同时，在10枚硬币实验中，一个需要考虑的问题是，必须有一个人从外面敲打桌子。然而，熵增大法则适用的情况并非如此：它是在没有外部影响的情况下进行的，其变化来源于内部。在硬币实验中，由于内部缺乏使其变化的原因，因此才必须有人在外面敲打。不过，千万不要因此做出使特定的硬币翻转的行为。

硬币实验除了能得出熵增大法则，还能由此划定宏观和微观两种状态。而正是由于宏观状态的熵较大，才失去了微观状态的信息。当然，这并不说明微观状态就不存在。以硬币实验为例，以指定几枚是正面的方法决定的状态就是宏观状态，而与此相对，关注每一枚硬币是正面还是反面的状态就是微观状态。事实上，即便粒子的个别运动有微小变化也不会使宏观状态产生变化，因此绝大多数微观状态是对应于一个宏观状态的。例如，10枚硬币中有5枚是正面的宏观状态，会有252种的概率数目，这可理解为252个微观状态对应一个宏观状态。

宏观状态的熵，其实是指对应该状态的微观状态所产生的量。熵的概念其实并不适用于微观状态，对应着微观状态的数越多的宏观状态，熵也会越大。即便微观状态的数越来越少，只要指定宏观状态，仍能得出对应微观状态的大致情况；而微观状态的数越多，就算指定宏观状态，微观状态的情形也几乎无法了解到。由此可知，熵若处于宏观状态，就会失去像粒子的个别运动般的微观信息，由此失去微观状态的信息。

热力学时间箭头：我们对时间的感知，由热力学时间箭头决定

我们该知道，热力学第二定律基于的是这样一个事实：总是存在着比有序状态多得多的无序状态。例如，对一盒拼板玩具来说，存在着一种且只有这一种排列方式可以拼成一幅完整的图案。另一方面，如果把这些拼板做无序的安放并且不构成一幅图案，那么排列方式的数目是非常多的。

现在我们假定，有一个系统一开始就处于这种极其少见的有序状态。随着时间推移，该系统会按照物理学的定律演化，它的状态也就随之发生变化。由于存在着更多的无序状态，因此一段时间之后，该系统会以很大的概率处于一种较为无序的状态。由此可见，只要系统遵循一个高度有序的初始条件，那么其无序程度就会表现出随着时间增大的趋势。

现在再次假设，拼板玩具盒的纸片是从排成一幅图案的有序组合开始的。此时如果你摇动盒子，这些纸片将会采取其他的方式组合。同样，由于存在着更多的无序状态，因此此时形成的很可能是一幅图画的无序的组合。当然，有一些纸片仍然可能

形成部分图画，但随着你摇晃盒子的次数越来越多，这些图画就越有可能被分开。最终，拼板会呈现出一种完全杂乱无章的状态，这时候它们不会组成任何有序的图案样式。因此，如果一开始这些拼板遵循的是出于某种高度有序状态的初始条件，那么它们的无序程度就会随着时间的增加而增大。

然而，假设上帝决定宇宙不管从何种状态开始，它都必须结束于一个高度有序的状态，那么，早期宇宙就很可能处于无序的状态，而且无序度将随着时间而减小。也就是说，你会看到破碎的杯子自行结合在一起，然后跳回到桌面上。这样一来，任何观察杯子的人都将生活在无序度随时间而减少的宇宙中，这样的人会有一种倒溯的心理学时间箭头。也就是说，他们会记住将来的事件，而不是过去的事件。

谈论人的记忆力相当困难，因为我们并不清楚大脑的运作细节。不过，我们已经掌握了计算机存储器的工作原理，因此可以谈论计算机的心理学时间箭头。这里，我们假设计算机和人的时间箭头是一样的，要不然，人们就会因为拥有一台记住明天价格的计算机而在股票交易中大发横财。

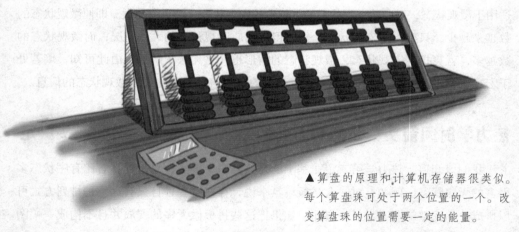

▲算盘的原理和计算机存储器很类似。每个算盘珠可处于两个位置的一个。改变算盘珠的位置需要一定的能量。

本质来讲，计算机存储器是一种能对两类状态取其一的设备。拿金属线的超导回路来说，如果电路中有电流通过，因为不存在任何电阻，所以电流会持续不断地流动。但是，如果没有电流，回路中就会保持无电流的状态。存储器的这两种状态可以用"1"和"0"来表示。

通常，在某条记录被存储器记录之前，存储器处于无序状态，对1和0有相同的概率。然而，一旦存储器与系统互动并成为有记忆状态后，它就会根据系统的状态，明确取上述两类状态中的一种。这样一来，存储器就从无序状态变成了有序状态。不过，为确保存储器处于正确状态，需要使用一定的能量（如给计算机接通电源）。当这些能量以热的形式耗散，宇宙中的无序程度就会因此增大。可以证明的是，无序程度的这种增量，要比存储器有序程度的增量来得大。这样一来，由计算机冷却风扇排出的热量表明，计算机将一个项目记录进它的记忆器中时，宇宙无序度的总量就会增加。

可以看到，计算机记住了过去，它所取的时间方向与无序度增大的方向相同。因此，我们对时间方向的主观感受，即心理学时间箭头，是由在我们头脑中的热力学时间箭头来决定的。就像一个计算机一样，我们必须在熵增加的顺序上将事情记住。这样一来，热力学定律看起来就成了毫无意义的东西。我们完全可以这么理解——之所以无序度会随时间增大，原因就在于我们正是沿着无序度增大的方向来度量时间的。

宇宙学的时间箭头：从宇宙演化看热力学时间箭头的存在

关于热力学时间箭头，其实还存在诸多疑问。为何热力学时间箭头必须存在呢？换句话说就是，为什么在我们称之为过去的时间的一端，宇宙要处于高度有序的状态呢？既然无序状态的概率更大，那它为什么不在所有的时间里都处于完全无序的状态？另外，为什么无序度增加的时间方向和宇宙膨胀的方向保持一致？

在广义相对论中，由于所有的已知科学定律都在奇点处失效，因此我们无法预言宇宙是如何开始的。这样，宇宙就可以是从一个非常光滑、有序的状态开始的。这就导致了定义得很好的热力学时间箭头和宇宙学时间箭头。但同样地，宇宙也可以从一个非常起伏的无序状态开始。这时候，由于宇宙本身已经处于完全无序的状态，因此无序度不会随时间增加。事实上，这时宇宙中的无序度要么会保持一个常数，这样就不会产生定义得很好的热力学时间箭头；要么会减少，这样热力学时间箭头就会和宇宙学时间箭头反向。可在现实世界中，这些可能性的任何一种都不符合我们观察到的情况。不过，正如我们所见，广义相对论预言了它本身的崩溃——当时空曲率变大，量子引力效应就变得重要，而经典理论不再能很好地描述宇宙。这样，人们就必须用量子引力论去描述宇宙究竟是如何开始的。

在量子论中，考虑到宇宙全部可能的历史，其中每个历史都有两个数字与之相联系。这两个数字一个代表了波的幅度，另一个代表了波的相位，即究竟是波峰还是波谷。为了给出宇宙具有某一个特定性质的概率，我们应当确认具有这种性质的全部历史，然后再把表征这些历史的波相叠加。推测得知，这些历史应当是一些弯曲的空间，它们代表了宇宙随时间的演化情况。另外，还需要弄明白的是，在过去的时空边界上，宇宙可能有的那些历史应当会有怎样的行为。当然，我们不知道，也不可能知道过去宇宙的边界条件。但是，如果宇宙的边界条件就是没有边界，那这个问题就不存在了。换言之，在范围上所有可能的历史都是有限的，但它们没有任何边界或奇点。这种情况下，时间的起点应该是时空中一个规则又平滑的点。这就意味着，宇宙其实是以一种非常平滑而又有序的状态开始膨胀的。事实上，宇宙不可能绝对均匀，其粒子密度和速度必然都存在少量的涨落，否则便会违反量子理论的不确定性原理。不过，无边界条件暗含了这样一层意思，即类似这样的涨落会尽可能地小，并与不确定性原理保持一致。

我们知道，诞生之初的宇宙有一个呈指数暴胀的时期，其尺度会因此而极度增大。在这种急剧膨胀的过程中，密度起伏一开始非常小，但后来就越变越大。在一些密度比平均密度稍大的区域，额外质量的引力吸引会导致膨胀变慢。最终，这类区域的膨胀会停下来并坍缩形成星系、恒星及像我们这样的生命。

总结以上会发现，宇宙最初应当处于一种平滑有序的状态。随着时间推移，它变成呈团结构的无序状态。这可以用来解释热力学时间箭头的存在。前面我们说过，心理学时间箭头所指的方向和热力学时间箭头相同。因此，我们对时间的主观感知应当沿着宇宙正在不断膨胀的方向，而不是相反方向。也就是说，宇宙不会处于不断收缩之中。

时间是否会反演：倒退着生活，在出生之前就已死去了吗

很多科学幻想都涉及宇宙从膨胀到收缩的命题。如果宇宙停止膨胀并开始收缩会发生什么？热力学时间箭头会不会因此而倒转过来，且无序度开始随时间减少？那些从宇宙膨胀相存活到收缩相的人们，是否会看到杯子的碎片集合起来跳回到桌面上？又是否会记住明天的股票价格，并在股票市场上发家致富？

话说回来，宇宙毕竟要到100亿年后才开始收缩，现在就担忧那时会发生什么似乎有点没必要。不过，倒真有一种比较快捷的方法能用来揭示那时会发生些什么——跳到一个黑洞中去。我们已经知道，恒星坍缩形成黑洞的过程和整个宇宙坍缩的后期阶段很相似。因此，如果在收缩相中

▲沙漏图

宇宙的无序度减小，那么在黑洞内部无序程度就也是减小的。这样一来，对一个落入黑洞的航天员来说，在他投赌金之前，他或许能靠记住赌盘上球的走向而赢钱。然而遗憾的是，他并没有太长时间来玩赌局，因为黑洞中极强的引力场会很快将他拉成一条意大利面。

一开始，霍金相信当宇宙再次坍缩时，其无序度应当会减小。他推想，一旦宇宙又变得很小，它必然要回复到一种平滑有序的状态中去。这意味着，收缩阶段就是膨胀阶段的时间反演。对处于收缩相的人来说，他们的生活经历和今天我们的生活应该是相颠倒的。也就是说，他们将以倒退的方式生活，去世在前，出生在后，并会随着宇宙的收缩而变得越来越年轻。

毫无疑问，这种观念是很吸引人的。它表明，宇宙在膨胀和收缩相之间存在一个漂亮的对称。但是，人们不可能只采用这样一个概念，而置宇宙的其他概念于不顾。问题就在于，这种概念究竟是无边界条件隐含的结果，还是与无边界条件不相协调呢？

最初，霍金确实认为无边界条件意味着无序度会在收缩相中减小，这部分是因为我们前面提到的宇宙和地球的类比。事实上，如果人们把宇宙的开端对应于北极，那么宇宙的终结就应该类似它的开端，就像南极与北极类似。但是，北南二极只是对应于虚时间中的宇宙开端和终结，在实时间中的开端和终结却有着很大的差异。另外，霍金那种观点的基础乃是就某种简单宇宙模型所做的工作，而在该模型中，收缩相看上去就像是膨胀相的时间反演。对此，霍金的同事——宾夕法尼亚大学的当·佩奇——首先指出，无边界条件并不要求收缩相必须是膨胀相的时间反演。而霍金的学生雷蒙·拉夫勒蒙也发现，在一个稍复杂的模型中，宇宙的坍缩和膨胀就非常不同了。

由此，霍金意识到自己犯了一个错误。事实上，无边界条件隐含了在收缩期无序度应当继续维持增大，而不管是宇宙开始再度收缩，还是在黑洞内部，热力学时间箭头和心理学时间箭头都不会反转。

早期宇宙的状态"孕育"了时间箭头

膨胀的证据：只有在膨胀的宇宙中，智慧生命才能生存

除了时间箭头，还有一个问题，即为何我们观察到的热力学和宇宙学箭头都指向同一方向？也就是，为何无序度增加的时间方向正好是宇宙膨胀的时间方向？再详细一点就是，如果人们相信无边界设想隐含的那样，宇宙是先膨胀再收缩的，那么，为何我们应该处于膨胀相中而不是处在收缩相中？

对这一问题，我们可以用弱人存原理来回答。事实上，收缩相的条件不适合智慧人类存在，然而正是他们提出了这个至关重要的问题——为何无序度增加的时间方向和宇宙膨胀的时间方向相同？实际来讲，无边界设想预言的宇宙在早期阶段的暴胀其实就意味着，宇宙必须以非常接近于临界速度的速度膨胀，这个临界速度刚好可以用以避免坍缩。这样，宇宙才能在很长的时间里保持不坍缩的状态。而到那时，所有的恒星都会燃烧殆尽，其中的质子和中子也可能会衰变成轻粒子和辐射，整个宇宙几乎处于完全无序状态。这时是不会有很强的热力学时间箭头的。

不过，也正因为宇宙已经处于几乎完全无序的状态，因此无序度不会再随着时间而增加很多。不过，对智慧生命的行为来说，他们仍需要一个强的热力学时间箭头。要想生存下去，人类必须进食并由此获得热量。这里，食物是消耗能量的一种有序形式，热量则是能量的一种无序形式。等于说，人类的生存需要一种从有序到无序的转换。因此，智慧生命是不能生存在宇宙的收缩相中的。这样一来，为何我们观察到的热力学和宇宙学时间箭头保持一致的问题就得到解答了：并不是宇宙的膨胀导致了无序度的增加，而是无边界条件引起了无序度的增加，且只有在膨胀相中人类才能够生存。

综上所述，如前面所说，科学定律并不能区分前进和后退的时间方向。不过，至少存在三个时间箭头能将过去和未来区分开。它们是热力学时间箭头——无序度增加的时间方向；心理学时间箭头——在这个时间方向上，我们能记住过去而不是未来；宇宙学时间箭头——宇宙膨胀而不是收缩的方向。这其中，心理学时间箭头本质上和热力学时间箭头相同。而由于宇宙必须从光滑有序的状态开始，因此宇宙的无边界假

设预言了存在定义得很好的热力学时间箭头。与此同时，由于智慧生命只能在宇宙膨胀相中存在，因此热力学时间箭头必须和宇宙学时间箭头保持一致。最后一点，由于收缩相中没有强的热力学时间箭头，所以宇宙的收缩相不适合它自身的存在。

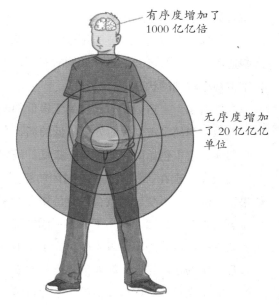

有序度增加了1000亿亿倍

无序度增加了20亿亿亿单位

可以想见，人类理解宇宙的进步，其实就是在一个无序度增加的宇宙中建立了一个很小的、有序的角落。比如说，如果你看完并记住了这本书中的每一个词，假设大概有200万单位，那么你的大脑就记录了200万单位的信息。然而，当你阅读这本书时，你的身体将至少以食物形式的大约1千卡路里的有序能量，转化为以汗液释放到周围空气中的热量的形式的无序能量。仅此一举，就将使宇宙的无序度增大大约20亿亿亿单位，或者增大你头脑中的有序度——前提是你确实能记得书中的每一个词——的1000亿亿倍。

时间箭头存在的根源：早期宇宙，处于极低的熵状态

精确来讲，热力学时间箭头的情况是这样的：要使时间从过去流向未来，就必须在最初时刻准备好极低状态的熵。

以硬币实验为例。一开始，全部的硬币都正面朝上，这可作为低状态的熵；接着，由于状态的改变硬币产生了不同的方向性。假设一开始有一半的硬币正面朝上，这可作为高状态的熵。那么，它就会一直维持在一半硬币是正面的状态，不会发生任何改变。事实上，跟熵这种从低状态的过去迈向高状态的未来一样，时间的流逝也是如此。

最开始时之所以要事先准备好低状态的熵，其实正是探索时间箭头的关键所在。生活中我们常见到一些低状态的熵。例如，由黏土制造出的茶碗就是低状态的熵的实例。现在试想下，为何黏土会被制造成茶碗？原因很明显——有烧黏土的炭等能源。而就算我们使用的电气，也同样需要能够发电的石油等能源。这些能源在被燃烧之前，熵都是处于非常低的状态的。不过，虽然这些都是可以燃烧的能源，但它们无法从燃烧剩下的渣滓中再次燃烧起来。简言之，我们必须先准备好低状态的熵，才可以

使用它们制造出高状态的熵。而且，这些低状态的熵，还能进一步被作为高状态熵的能源。例如，类似石油这样的化石燃料，就是利用过去的植物吸收太阳能这种低熵状态制造出来的。而过去的这种低熵的原因，当然也可以继续往更过去的低熵追溯，直到宇宙初始时刻的状态。

这样看来，宇宙创始时其实处于极低的熵状态。而这才是时间箭头存在的根本原因。那么，为何宇宙创始时处于极低的熵状态呢？

其实，宇宙创始时之所以处于极低的熵状态，就是因为发生了宇宙因膨胀而"收缩"的现象。现在，假设在一个封闭的箱子中，我们制造出了熵的最大状态。对此，如果箱子的大小不变，熵就会一直停留在原来的状态。由于箱子的大小决定了熵的最大状态是否改变，因此产生了许多不同的细微过程。而这些细微过程会朝向新的熵的最大状态而使得状态不断发生变化。事实上，问题就出在膨胀的速度上——虽然跟微小过程发生的速度相比，膨胀的速度看起来非常缓慢。这样一来，由于使状态发生变化的时间很充足，所以熵才能处于常保持的最大状态。不过，由于没有足够的时间可以产生细微的过程，所以并不能实现熵的最大化，而只能出现维持低熵的状态。

这就刚好如前文所述的，宇宙正进行着减速膨胀。换句话说就是，由于在宇宙创始时膨胀速度是最快的，熵无法达到最大状态而只能逐渐"落后"，所以才形成了低熵的状态。

我们可以用一个例子来说明上述情况。在创始时，宇宙发生了元素合成现象。推论可知，如果宇宙根本没有高速膨胀，元素合成就会逐渐形成，甚至连最稳定的铁元素也会被制成。然而，在急速膨胀的宇宙中，元素合成反应"落后"了。这种情况下，就算已经制造出了氢等较轻的元素，元素合成结束后宇宙也只是留下了氢和氦等元素。我们知道，太阳大部分都是由氢元素组成的。所以，如果在宇宙初期铁就被合成的话，那么太阳是不可能形成的。如今宇

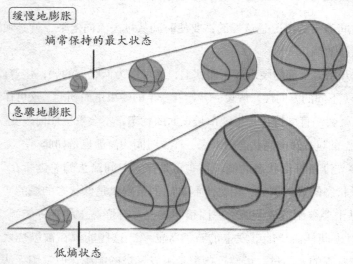

缓慢地膨胀

熵常保持的最大状态

急骤地膨胀

低熵状态

▲如果在一个封闭的篮球里制造出熵的最大状态，由于熵的最大状况由篮球的大小决定，因此篮球膨胀的速度决定了熵的状态。

宙中存在的恒星，如太阳等，若追本溯源，应该都是由宇宙初期所发生的"落后"所造成的。因此，"落后"也并非一无是处。

薛定谔的猫：生命的本质——生物赖负熵为生

在莎士比亚的名著《哈姆雷特》中，主人公哈姆雷特说过一句非常经典的话："生存还是毁灭，这是个问题！"事实上，如果"薛定谔的猫"中的那只"猫"能说话，估计它也要发出这样的感慨："活着还是死去，这是个问题！"

事实上，这真的是个问题。在"薛定谔的猫"中，猫处于一种死—活的叠加态，它既死了又活着。在爱因斯坦看

▲薛定谔的猫

来，这个理论非常好地揭示了量子力学的悖谬性。为证明量子力学在宏观条件下的不完备性，奥地利物理学家薛定谔提出了这样一个思想实验：把一只猫放进一个封闭的盒子里，并把这个盒子连接到一个包含一个放射性原子核的装有有毒气体的容器的实验装置上。假设，该原子核一小时内发生衰变的概率是50%，且一旦发生衰变它将发射出一个粒子，而该粒子将会触发这个实验装置，打开装有毒气的容器杀死这只猫。由量子力学可知，在我们没进行观察时，这个原子核是处于已衰变和未衰变的叠加态的。不过，如果在一个小时后打开盒子，我们只能看到"衰变的原子核和死猫"或"未衰变的原子核和活猫"两种情况。

以上系统中，最关键的问题是：究竟是从何时开始，该系统不再处于两种不同状态的叠加态而成为其中的一种？简言之，在打开盒子之前，这只猫究竟是死了还是活着或者半死不活？原本，该实验只是想说明，若不能对波函数坍缩及这只猫所处的状态给出一个合理解释，量子力学本身就是不完备的。然而，实验的真正意义在于，它将量子理论从微观领域带入了宏观领域，并导出了一个和一般常识相冲突的结果。由此，我们可以将薛定谔的猫视为一个佯谬。这个由"不确定"的衰变——检测器——毒药——猫的生死构成的一条因果链，将量子的不确定与宏观物质（即猫的生死）的不确定性联系了起来。而根据日常经验，无论我们观察与否，猫必处于生或死的两种状态之一。

薛定谔的猫，是薛定谔非常著名的思想实验。除此之外，他还有一句广为传播的名言——生物赖负熵为生。

薛定谔是奥地利著名的物理学家，量子力学的奠基人之一。1943年，他应爱尔兰都柏林大学邀请，做了题为《生命是什么》的系列演讲。次年，他的《生命是什么》小册子就在科学界引起了强烈反响。在这本小书中，薛定谔宣称，他希望探索这样一个问题：在一个生命有机体的空间范围内，该如何用物理学和化学知识来解释空间和时间上的事件。

在书中，薛定谔首先提出了遗传密码传递的概念。他认为，这种密码储存在"非周期性晶体"，即具有亚显微结构的染色体纤丝中。而这种储存着密码的非周期性晶体，其实就是生命的物质载体。这为后来生物科学家发现DNA做了精确的预言。

事实上，负熵指的就是负的熵。从某些角度来看，熵可以看作物质利用价值的程度。能利用价值多的状态，就是熵越低的状态。这样，转移到没有利用价值的状态，看起来就是熵增大法则。而对生物体来说，要维持生命活动，仅仅靠摄取能源是不够的。生物体因为摄入到体内的能源，产生了化学变化。以熵增大法则来看，在此过程中普通的熵被生成了，也就是说，体内开始堆积起废物了。而由于废物的利用价值较低，所以熵就成为利用价值很高的物质。

当然，撇开生命组织不谈，我们可认为是熵增大后最终难免消亡的结果。而要避免这一点，我们必须将那些已老化的废物进行分解，或排出体外。正因为如此，我们才必须食用负的熵或呈现负熵的状态，即生物赖负熵为生。

从熵的角度来看进化：自然界定律之最——熵定律

第五章我们讲过，热力学第二定律表明了，在自然过程中，一个孤立系统的总混乱程度（也就是"熵"）不会减少。其实，热力学第二定律也叫熵定律，而从熵的角度来看进化，我们会发现熵定律是自然界的定律之最。

一提到进化，人们就会想到生物的进化。前面我们讲过，宇宙随着膨胀而造成的收缩或"落后"，可以被认为是进化的原因。不过，生物的进化过程是极其复杂的，因此我们暂时先把系统的进化当作由单纯构造迈向复杂构造的变化。其实，社会的进化也差不多是这样，只不过有时候会发生退化。

首先要说的是，究竟是什么东西导致了进化一说得以流行。答案是太阳的存在。事实上，太阳的存在及其内部物质的燃烧并释放能源等，都是从宇宙初始期出现"落后"（或收缩）后开始的。由此可见，"落后"（或收缩）正是进化的真正原因，因为地球上所有生物体都是利用太阳的能源才产生进化的。

接下来，假设要考虑如何从单纯的进化变为复杂的进化。乍一看，这似乎与熵增

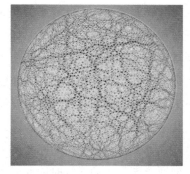

▶该图模拟的是许多波在球体表面运动路径的叠加情况。由此产生的随机波是量子无序性表现方式的一种。经典的无序性是指各种波的运动方向任意的情况，量子无序性指的是量子波动随机组合的情况。该随机模型由埃里克·海勒建立。

大法则相矛盾。要知道，就普通情况来说，单纯的熵怎么可能高于复杂一方的熵呢？不过，从前文装有熵的箱子以不同速度膨胀的例子可得知，熵增大法则成立的前提就是不受外界的影响。一旦接受了外来能源，熵就很可能会降低。例如，冰箱就能使其内部温度比周围温度低，并让水变成冰。

　　通常，大气温度在0℃之上的话，水是不会结冰的，这要归因于熵减少的过程。不过，由于冰箱从外界接受了电能，所以可以使其内部的熵减少。进化的情况也正是如此。可以想象，我们正是通过利用太阳的能源来减少自己的熵。这样一来，来自太阳的能源就必须流到宇宙中去，从而也必须减少熵，并且以热量的形式发散出去。然而冰箱之所以越来越冷，就在于其内部的熵正以热的形式发散。现在的重点是，因为宇宙在膨胀，所以充满空间的辐射的温度在逐渐下降。

　　目前，宇宙背景辐射的温度是−270°。由于这个温度已远低于地球或太阳，所以热量可以流向宇宙空间。进一步来说，由于空间如同箱子的容积越来越大一样在膨胀，因此熵可以舍弃的场所也越来越宽裕。总之，引起这类进化的原因，归根结底还是宇宙初期的"落后"和宇宙膨胀所造成的低温。

　　事实上，熵增定律反映的正是非热能和热能之间转换的方向性。这可以表述为，非热能转变为热能的效率可达100%，但热能转变成非热能的效率小于100%。正是这种规律，制约着自然界能源的演变方向，极大地影响着人类的生产和生活。在重力场中，热流方向是由体系的势焓（势能＋焓）差决定的。也就是说，热量自动从高势焓区传导到低势焓区，一旦出现高势焓区低温和低势焓区高温，热量就自动从低温区传导到高温区而不需付出其他代价，即绝对熵减过程。很显然，熵所描述的能量转化规律比能量守恒定律更重要。简单来讲，熵定律就像老板，决定着企业发展的方向，而能量守恒定律像出纳，负责企业的收支平衡。因此，熵定律才是自然界的最高定律。

宇宙起源假说之一：可以区分过去和未来的奇异点理论

　　由宇宙膨胀所造成的"落后"，我们得出了时间箭头的进化问题，可仅此一点并不能解决所有的问题。

　　由前文所述我们得知，宇宙膨胀的速度是个大问题。简单来说就是，由于重力会导致膨胀减速，因此膨胀初期如果速度不在某种程度上加快的话，宇宙就可能在形成过程中崩溃。此种情况下，如果膨胀速度太快，密度的晃动就无法成长，银河系、星球也就无法形成。因此，为使密度的晃动成长，必须借助重力集中起周围的物质。可另一方面，一旦宇宙膨胀的速度足够快，在集中其周围的物质之前，重力也就逃之夭夭了。看起来，只有一种情况能够成立，那就是假如膨胀的速度恰巧非常有利，刚好让宇宙的年龄变得非常长，以此产生银河系和星球。

那么，为何宇宙的膨胀要采取这样有利的速度呢？如果你还记得前面提到过的类似通货膨胀式的暴胀时期的话，你就会知道答案了。

暴胀理论是说，在刚形成时，宇宙面临了通货膨胀式的暴胀而急剧膨胀，并因此幸免于崩溃。也就是说，如果暴胀不发生的话，宇宙就会在极短的时间内崩溃。但是，假设宇宙以通货膨胀式持续地膨胀，银河和星球就永远没办法产生了。因此，就暴胀这个理论来说，使地球变得足够大后，产生急速膨胀的真空能源就会变为辐射，以维持宇宙全体的温度。所以说，如果宇宙缺少了真空能源，它就会自动以那种有利的速度来膨胀。

不过，有人并不赞同这个观点，他就是英国著名科学家彭罗斯。彭罗斯一方面认为人类迄今为止都没有了解奇点理论，另一方面认为用该理论即可区分时间的过去和未来。同时他还提出，宇宙的创始和结束，会因为时空的参差不齐而有所不同。

在彭罗斯看来，时空是在整齐均衡、顺畅自然的状态下产生的。也就是说，宇宙一开始是均衡、整齐的状态。接着发生了大爆炸，并由大爆炸的能量产生了一些基本粒子。这些粒子在能量的作用下，逐渐形成了宇宙中的各种物质。这就是目前最有说服力的关于我们的宇宙的图景理论。

当然，在时间箭头的作用下，宇宙最终会变成满是黑洞的时空。像一个垂暮的老人一样，那时的宇宙或者说所谓的时空会逐渐老化凋零。也正因为如此，彭罗斯认为奇点理论可以区别时间的过去和未来。无论怎样，时间箭头的起源就在于，我们的宇宙是在非常特殊的状态下产生的。至于它的理由，无论是什么，至少目前还没有答案。

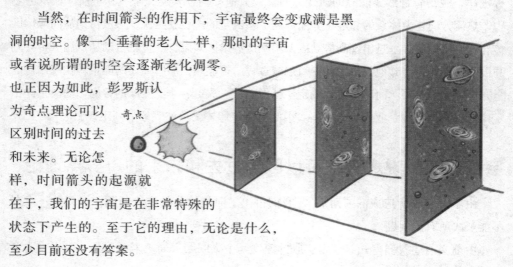

奇点

第九章

虫洞和时间旅行

理论上，我们可以做时间旅行

时间旅行是否真的可行：我们真的能前往过去和未来吗

"我想乘坐这架机器去时间里旅行。"1895年，当这句话出现在英国作家H.G.威尔斯的小说《时间机器》中时，所有人都被这个"时间旅行"的概念给惊呆了。在时间里旅行？前往过去和未来？这太不可思议了！

可事实证明，这个不可思议的想法有着异常旺盛的生命力！《时间机器》之后，描述时间旅行的作品层出不穷。日本动画片《哆啦A梦》中，机器猫用写字台的一个抽屉往返于过去未来中；电影《超时空效应》中，主角道格·卡琳利用一种类似于房间的时光机器回到二十多个小时前拯救受难的人们；《哈利·波特》中，哈利和朋友们则使用魔棒和咒语跑到另一个时间……

当然，各种各样的科学幻想并不能代表真正的科学理论，人们更关心的是，时间旅行是否真的可行？我们到底能否前往未来或者回到过去？

在相对论出现之前，人们一定会毫不犹豫地否定这种可能性。"昨日之日不可留"，时间是恒定的，过去的时间永远不可能再回来！但爱因斯坦"相对论"的提出，彻底颠覆了人们的时间观念，并将"时间旅行"的可能性纳入科学讨论的范畴。在相对论中，爱因斯坦提出"时间是相对的"的说法，认为我们感知到的时间其实是相对的、可以伸展和收缩的、视观察者移动多快而决定的。此外，爱因斯坦还提出光速不变假设，即光的速度是恒定的，一切物质的运动速度都无法超越光速。因此，假设一个人的运动速度接近或达到光速，那么时间就会变慢或静止。

这太令人振奋了！由相对论，人们意识到，时间旅行是可行的。当我们以接近光速移动时，时间将变得缓慢；跟光速一样的速度移动时，时间将静止；而以超

▲艺术家笔下的反物质太空飞行器

越光速的速度移动时，时光将会倒流。为印证这一点，1971 年，物理学家乔·哈菲尔和理查·基廷将高度精确的原子钟放在飞机上绕世界飞行，然后把读到的时间跟留在地面上一模一样的时钟作比较。结果证实，飞机上的时钟走得比实验室里的慢。也就是说，运动速度变快时，时间确实变慢了。当然，由于飞机的速度无法跟光速相比，实验测得的数值差距非常小。

现在我们知道，理论上的时间旅行是可行的，可实际上，要实现时间旅行科学家还需要做很多努力。不过，一些神秘莫测的事件却似乎预示着时间旅行早已存在于我们的世界中。

1966 年 1 月，从阿鲁巴岛出发的帆船"尤利西斯"号在百慕大三角神秘失踪，却于 1990 年突然出现在委内瑞拉的一处海滩上，船上的三名水手年龄和生理状况竟然跟 24 年前毫无差别！同样在 1990 年，一架 1955 年在百慕大三角海区失踪的飞机完好无损地出现在了原定目的地的机场，按时间计算，机上的飞行员年龄已经 77 岁了，但他看起来只有 40 岁！

以上事例并不罕见。似乎在我们不知因由的情况下，时间旅行已悄悄地发生了。当然，科学家一直试图以更清晰的科学原理来解释这些诡异现象，他们中的一些人就认为，物质周围的时空在某些情况下会出现扭曲现象，从而将物质带到别的时空，这些离奇消失和再现的人或许就是这么来的！无论怎样，随着人类科技水平的提高，我们总能弄清楚这些神秘事件背后的真相，如果那确实是时间旅行，我们或许就能因此掌握时间旅行的奥秘，然后前往过去和未来！

旋转宇宙 + 宇宙弦：卷曲的宇宙，让我们总能旅行到过去吗

物理定律允许时空旅行的第一个预示，来自数学家、逻辑学家库尔特·哥德尔。

作为一名数学家，哥德尔因证明了不完备性定理而名震天下。该定理说，不可能

证明所有真的陈述，哪怕你仅仅去证明像算术一样显然枯燥乏味的学科中的所有真的陈述。像不确定性原理一样，哥德尔的不完备性定理也许是我们理解和预言宇宙能力的基本极限。不过，迄今为止它还未成为我们寻求大统一理论的障碍。

后来，哥德尔和爱因斯坦在普林斯顿高级学术研究所里一起共度了晚年。就在那时，他通晓了广义相对论。随后的 1949 年，哥德尔发现了爱因斯坦方程的一个新解，即广义相对论允许新的时空。我们知道，虽然宇宙的很多不同的数学模型都满足爱因斯坦方程，但这并不表明它们对应于我们生活其中的宇宙。要决定它们能否对应于我们的宇宙，我们必须检查这些模型的物理预言。

简单来讲，哥德尔的时空有一个看似古怪的性质：整个宇宙都在旋转。可以想见，旋转意味着不停地转下去。可这难道不表明存在一个固定的参考点吗？对此，人们肯定会问："它相对于何物旋转呢？"这个答案大体来说是这样的：远处的物体相对于宇宙中的小陀螺或陀螺仪的指向旋转。而这，事实上导致了一个附加的数学效应，即如果一个人从地球出发到远距离之外的星球去旅行，然后再返回，那么他将会在出发之前即已回到地球。

在爱因斯坦看来，广义相对论是不允许做时间旅行的。然而，他的方程实实在在存在着这种可能性。不过，因为我们的观测显示我们的宇宙并没有旋转，或者至少没有很明显地旋转。因此，哥德尔宇宙不对应于我们生活的宇宙。另外，哥德尔宇宙也没有在膨胀，而我们的宇宙却在膨胀。不过，科学家随后又从广义相对论中找到了其他一些更合理的时空，它们允许旅行到过去。

允许旅行到过去的时空，其一是旋转黑洞的内部，另一个就是包含两根快速穿越的宇宙弦的时空。宇宙弦是弦状的物体，它具有长度但截面很小。具体来说，它们看起来更像是在巨大张力下的橡皮筋，其张力大概是 1 亿亿亿吨。举例来说，如果把一根宇宙弦系到地球上，它会把地球在 1/30 秒的时间里从速度为零加速到每小时约 96 千米。初听起来，宇宙弦似乎是科学幻想的产物，但我们有理由相信，它可能在早期宇宙中由对称破缺机制产生。要知道，由于宇宙弦具有非常大的张力，且可以从任何形态开始，因此一旦它们伸展开来，就会加速到非常高的速度。

综上所述，一旦宇宙弦时空开始扭曲，就能旅行到过去。然而，微波背景以及诸如氢和氦元素的丰度观测表明，早期宇宙并不具有这些模型中允许时间旅行的那种曲率。且如果无边界理论是正确的，那么从理论上也能推导出这个结论。这样一来，问题就变成了：如果宇宙初始并没有时间旅行所必需的曲率，那我们随后能否把时空的局部区域卷曲到这种程度，以至于能够允许时间旅行呢？

旋转黑洞：在旋转中变化而又充满力量的黑洞内外时空

我们知道，星球或银河等天体旋转的情形是很普遍的。那么，假设黑洞也在旋转，它内外两侧的时空会变成什么样子呢？

如前文所述，黑洞正是旋转中天体的重力被崩坏而形成的。因此，把黑洞想象成也在旋转就不会不自然了。另外，如果黑洞确实在旋转，那么它内外两侧的时空就会变得非常有趣，并拥有不可思议的力量。对此我们可以假设，在正在旋转的黑洞附近，光朝着四面八方射出来。这样一来，随着光因重力而被拉向黑洞内部，黑洞的旋转方向也会因其拉扯周围的时空而旋转，这时候，就算光本来是朝着黑洞的中心笔直地飞进去的，仍会在不知不觉间远离中心。

简单来讲，旋转黑洞也叫克尔黑洞，具有两个不重合的视界和两个无限红移面。前文讲过，视界是黑洞的边界，而无限红移指的是光在这个面上发生了无限红移，即光从一个边界射出后发生了引力红移。对此，如果红移之后的频率是零，那么这个边界就是无限红移面。

根据彭罗斯的推理，能量较低的粒子穿入能层后，会从能层中获得能量，并以很高的能量穿出能层。这些能量是黑洞的转动动能。这样一来，如果粒子获得能量的过程不断反复，粒子就会提取到黑洞的能量，从而使能层变得很薄。慢慢地，黑洞转动的动能就减少了。到最后能层消失时，克尔黑洞会退化成不旋转的施瓦西黑洞。此时，粒子就不能再继续提取黑洞的能量了。

需要说明的是，在克尔黑洞中的中心区的是一个奇环，而非一个奇点。这个奇环是由奇点围成的一条圆圈线。随着旋转黑洞越转越快，黑洞的内外视界可能会合二为一，此时的黑洞被称为极端克尔黑洞。当旋转速度再加快一点，视界就会消失，奇环会裸露在外面。不过，这个说法跟彭罗斯的宇宙监督假设相矛盾。因此，在此前提下，黑洞的转速是受限的。此时，若飞船从外部飞入黑洞，就一定会穿过内外视界的区域，并在进入内视界内部后在其中运动而非停在奇环上。与此同时，飞船还可以从这里进入其他的宇宙中，并从其他宇宙的白洞中出来。

宇宙监督定律，是英国科学家彭罗斯提出的一个设想，即每一个奇点外都该有一个视界范围，以防奇点被抛到整个宇宙中。而除了上述情况，在另一种情况下，宇宙监督定律可能会这样认为：由于内视界内部的区域不稳定，因此飞船或许会在到达该区域之前就撞向奇环。所以说，宇宙监督不仅不允许我们所处的宇宙受到奇点的干扰，甚至也封住了一切可能穿越虫洞的入口，完全不允许我们去发现其他的宇宙。

我们已经知道，黑洞的表面叫作事象的地平面。如果黑洞没有旋转，那么在地平面的外侧，如与重力取得平衡的架好的火箭，对黑洞而言就可能处于静止中。然而，一旦黑洞旋转，周围的时空本身就会被黑洞拉出。这时，即便在地平面的外侧，在逐渐接近某个距离的过程中，不管再怎么努力，都无法使它静止下来。看起来，这就像被黑洞的旋转拉着一样不停运动起来。

不过，黑洞内部发生的情形更为有趣。在旋转的影响下，黑洞内部又出现了一个事象的地平面。那些朝外面射出的光，明明停留在它的位置上，却又同时出现在外侧的事象地平面。如果黑洞没有旋转，事象的地平面就只有一个，一旦落入其中，就连朝着外部射出的光线也只能朝着内部行进。然而，一旦黑洞处于旋转状态，其因旋转而产生的离心力就会发挥作用，看起来仿佛要抵消重力。此时，朝外射出的光虽变成了朝内行进，但随着它越来越接近中心，它的速度也会越来越慢，直到某个地方速度减小为零。这里的"某个地方"就被称为内部的事象地平面。在内部的地平面中，只有当离心力超过了重力，朝外射出的光线才能朝外行进。但是，一旦落入了内部的地平面，光线就再也没有机会逃到外面来了。

连接平行宇宙的通道：旋转黑洞即是时光隧道吗

如上一节所说，旋转中的黑洞会出现两个地平面，且一旦光线飞入外侧的地平面，也必然会落入内部的地平面中。

不过，由于黑洞内部离心力的作用，黑洞内部地平面的奇点不是点状而是轮状。那么，由于在内部地平面中重力和离心力取得了平衡且影响不大，因此可能会产生和奇点发生碰撞的情况，并能因此做运动。但无论怎样，光线仍然无法逃到内部地平面的外面。这样一来，刚才我们说的做运动，又是往哪里做呢？

事实上，这种情况下会发生一些不可思议的现象，也就是地平面的性质会突然发生改变。换句话说就是，在此之前原本被吸入的一方，现在忽然变成了吐出的一方。其实这正是朝内射出的光线看起来仿佛停在这个场所内的原因——即便以光速朝内行进，也只能停留在那儿，因为已经耗尽最大的努力而枯竭了。

这样一来，情况就变了，即原本是在内部地平面中的人，突然被抛到内部地平面之外，然后又到了外部地平面之外。然而，他们到达的已不再是原来的宇宙，而是其他的宇宙。这样看来，旋转中的黑洞恰恰就是通往其他宇宙的捷径，可以作为时光隧道来使用。

理论上，存在着与黑洞相反的物质——白洞。从定义上来说，白洞和黑洞都是物理学家们根据广义相对论所提出的"假想"物体，或一种数学模型。在物理学上，白

▲时光隧道

洞被定义为一种超高度致密的物体，其性质与黑洞完全相反。具体来说，白洞并不吸收外部物质，而是作为宇宙中的一种喷射源不断向外围喷射各种星际物质和宇宙能量。而简单来讲，白洞可说是时间呈现反转的黑洞，即进入黑洞的物质，最终应该从白洞出来并出现在另外一个宇宙。当然，之所以叫"白"洞，一方面是因为它有着和"黑"洞完全相反的性质，另一方面是因为黑洞的引力使光无法逃脱，而白洞却和黑洞完全相反（连光也会被排斥掉）。此外，白洞有一个封闭的边界，聚集在白洞内部的物质，只能向外运动而无法向内运动。因此，白洞可以向外部区域提供物质和能量，但无法吸收外部区域的任何物质和能量。从引力方面来说，白洞是一个强引力源，它外部的引力性质和黑洞相同。因此，白洞可以把它周围的物质吸到边界上而形成物质层。目前，天文学家还没有找到白洞，它只作为一个理论上的名词而存在，用来解释一些高能天体现象。

据推测，其他宇宙中也存在着旋转黑洞，一旦有东西飞入那里，就会穿越时光隧道，跑到下面的宇宙中去。事实上正是这种旋转着的黑洞，使无数宇宙彼此相连。不过，我们需要知道的是，上述所说的理论都是基于对旋转黑洞的性质所作的数据调查，现实中究竟是否有旋转黑洞这种情况，我们还不清楚。

虫洞是宇宙中 "瞬间转移" 的时空隧道

逆时旅行的瓶颈：打不破的光速壁垒——我们无法超越光速

由于时间和空间是相关的，因此一个和逆时间旅行密切相关的问题就是，你能否行进得比光还快。要知道，时间旅行就意味着超光速旅行，即在你的旅程的最后阶段做逆时间旅行，这样你就能使你的整个旅程在你希望的任意短时间内完成。当然，这样做其实就是让你以不受限制的速度行进！就像我们看到的一样，这个结论反过来依然成立：如果你能以不受限制的速度行进，你就能逆时间旅行。

同科学家一样，科学幻想作家也非常关心超光速旅行的问题。在他们看来，假设我们向着离我们最近的恒星 α–半人马座发送速度达光速的星际飞船，由于它离我们大概有 4 光年那么远，所以预计飞船上的旅行者至少要到 8 年之后才能返回地球向我们报告他们的发现。但如果到更远的银河系中心去探险，就需要更长的时间——大约 10 万年。这样一来，对那些想要写一场星际大战的科幻作家来说，前景似乎就不太乐观了！

但相对论提出时间不存在唯一的标准，这样每一位观察者都拥有他自己的时间测量。这样一种时间是用观察者自己所携带的钟表来测量的。对时空旅行者来说，这个旅程可能就比留在地球上的人的感觉要短得多。不过，对那些只老了几岁的回程空间旅行者来说，这种情况无疑凄惨了许多，因为他们会发现留在地球上的亲友们已经死去了几千年。也正因为如此，科幻作家为了使人们对他们的故事更有兴趣，必须设想有朝一日我们能够运动得比光还快。可在此过程中，他们没意识到的是，如果你能运动得比光还快，即你能向着时间的过去运动，你势必要面临像下面这首打油诗一样的情况：

年轻的小姐名叫怀特，

她行得比光还快。

她以相对性的方式，

在当天刚刚出发，

却早已于前晚到达。

关键问题在于，相对性理论认为不存在让所有观察者同意的唯一时间测量。与此相反，它认为每位观察者都有自己的时间测量，且在一定情况下，观察者们甚至在事件时序上的看法也不必一致。也就是说，如果两个事件 A 和 B 在空间上相隔得非常远，一个火箭必须以行进得比光还快的速度才能从 A 到达 B。

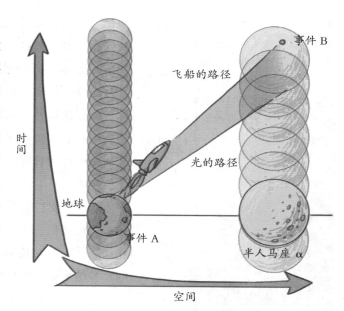

那么两个以不同速度运动的观察者，就会对事件 A 和事件 B 究竟谁发生在谁前面争论不休。现在，假设把 2012 年奥运会 100 米决赛的结束作为事件 A，把比邻星议会第 100000 届会议的开幕式作为事件 B。假设对地球上的一名观察者来说，事件 A 先发生，一年后的 2013 年事件 B 才发生。我们知道，地球和比邻星相距 4 光年左右，因此这两个事件必须满足上述的判断，即虽然 A 在 B 之前发生，但你必须行进

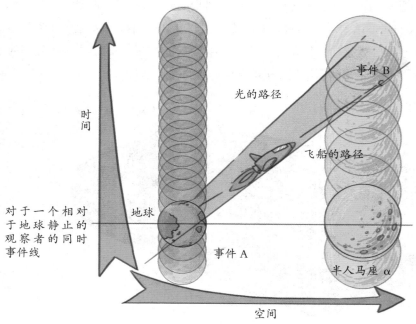

▼狭义相对论的另一个结论是：当物体的速度接近光速的时候，它的质量趋向无限大，并且其长度缩减至零。正是由于这种原因，科学家认为任何物体的速度都不可能超过光速。

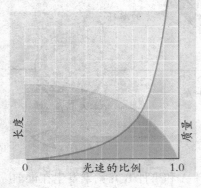

得比光速还快才可能从 A 到达 B。这样一来，对身处比邻星、在离开地球方向以接近光速旅行的观察者来说，事件 B 就在事件 A 之前发生。

他会这样对你说：如果你可以超光速运动，你就能够从事件 B 到达事件 A。事实上，如果你旅行得真的够快，你甚至来得及在赛事开始之前从 A 地赶回到比邻星，并在得知谁是赢家的基础上投注成功。

然而，要打破光速壁垒还存在一个问题。相对论告诉我们，宇宙飞船的速度越接近光速，对它加速的火箭的功率就必须越来越大。对此我们的实验结果是，我们可以在诸如粒子加速器的装置中将粒子加速到光速的 99.99%，但无法使它们达到或者超过光速。而空间飞船的情形也是如此，无论火箭的功率多大，它都不可能达到光速以上。

连接不同时空的隧道：虫洞——宇宙中"瞬间转移"的工具

无法打破光速壁垒，是否就表明没办法进行时间旅行了？答案是否定的。

事实上，人们还可以把时空卷曲起来，使得 A 和 B 之间出现一条近路。在 A 和 B 之间创生一个虫洞，就是一个很好的法子。顾名思义，虫洞就是时空中一条细细的管道，它能把两个几乎平坦的、相隔遥远的区域连接起来。

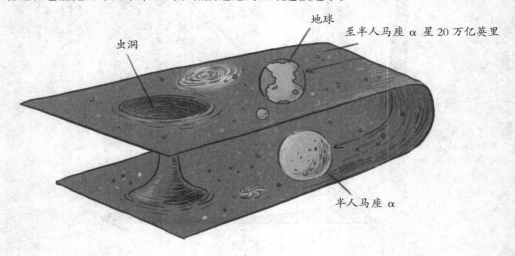

虫洞，又称爱因斯坦－罗森桥，是宇宙中可能存在的连接两个不同时空的狭窄隧道。1916 年，奥地利物理学家路德维希·弗莱姆首次提出了虫洞的概念。1930 年，爱因斯坦和纳珍·罗森在研究引力场方程时有了新发现，他们认为通过虫洞可以做瞬时间的空间转移或者时间旅行。不过迄今为止，科学家还没有观察到虫洞存在的证据，人们通常认为这是因为虫洞和黑洞很难区别开。事实上，虫洞也分很多种类，如量子态的量子虫洞和弦论上的虫洞。我们通常所说的"虫洞"应该被称为"时空虫洞"，而量子态的量子虫洞被称为"微型虫洞"，两者并不一样。

黑洞其实有一个特性，即会在另一边得到所谓的"镜射宇宙"。但因为我们无法由此通行，所以爱因斯坦并不重视这个解。于是，连接两个宇宙的"爱因斯坦－罗森桥"一开始只被认为是一个数学伎俩。但 1963 年，新西兰数学家罗伊·克尔研究发现，假设任何崩溃的恒星都会旋转，那么形成黑洞时，就会成为动态黑洞。也就是说，史瓦西的静态黑洞并不是最佳的物理解法。然而事实上，恒星会变成扁平的结构，而不会形成奇点。换言之，重力场并非无限大。这样一来，我们就得到了一个惊人的结论：如果我们让物体或太空船沿着旋转黑洞的旋转轴心发射进入，原则上它可能会熬过中心的重力场而进入镜射宇宙。由此，爱因斯坦－罗森桥就好像一个连接时空两个区域的通道，也就是"虫洞"。

虫洞到底是什么呢？假设时空是一个苹果的表面，那么要连接苹果表面上的两个点，一只小虫子必须从一点开始啃咬，直到渐渐咬出一个洞穴。这个洞穴对应的其实就是连接时空中相异两点的捷径。广义相对论指出，只要准备充分适当的物质，就能把时空扭曲成任意形状。因此，这样就会使时空中相异的地方凹陷，并如同管子似的被拉长。将这样的两条管子连接起来，就形成了虫洞。这就仿佛是将这两个黑洞避开内部的奇点而连接形成的。不过，就黑洞的情况来说，由于其表面是时空的地平面，因此一旦落入其中就再也出不来了。此时，就好比能连接黑洞的虫洞无法穿越了。不过，如果你能以比光速还快的速度运动，你还是可以穿越过去的。当然，比光还快的速度在相对论中是被禁止的。

那么，穿越虫洞到底可能吗？如果在时光机器中使用虫洞，而虫洞却无法穿越，那就太难办了。对此，人们认为使事象的地平面无法在入口处形成，进而缓慢地扭曲时空或许就行了。可这样一来，人们就必须了解某种迄今为止仍属未知的物质。通常来讲，普通的物质都具备正能量，所以重力才成为引力，时空才能够逐渐无边地扭曲。但如果使时空不太扭曲的物质存在，我们就能通过使用该物质制造出能轻易穿越的虫洞。遗憾的是，这样一种物质究竟是什么，人们至今还不清楚。

如何让时空卷曲：负能量密度——可以透支的能量

乍看之下，时空不同区域之间虫洞的思想似乎是科幻作家的发明。然而，它的起源事实上非常令人尊敬。

1935 年，爱因斯坦和纳珍·罗森合写了一篇论文。在该论文中他们指出，广义相对论允许一种他们称之为"桥"而现在被称为虫洞的东西。不过，这个被称为爱因斯坦－罗森桥的东西并不能维持很久，飞船根本来不及穿越，因为虫洞会缩紧，而飞船会因此撞到奇点上去。有人因此提出，一个更先进的文明或许可以使虫洞维持开放状态。人们还可以把时空以其他任何方式卷曲，以便能允许时间旅行。但可以证明的是，你必须需要一个负曲率的时空区域，就像一个马鞍面。通常，物质都具有正能量密度，赋予时空以正曲率，就像一个球面。

因此，为使时空能卷曲成允许时间旅行到过去的样子，人们需要拥有负能量密度的物质。

这又是什么意思呢？事实上，能量很像金钱，如果你有正能量，你就能以不同的方法分配。但根据经典定律，能量不允许透支。这样一来，经典定律就排除了负能量密度，即逆时间旅行的可能性。然而，正如前面几章所讲的，以不确定性原理为基础的量子理论已超越了经典定律。比较起来，量子定律更加慷慨，只要你总的余额是正的，你就能从一个或者两个账户里投资。换言之，量子理论允许一些地方的能量密度为负，只要它能由其他地方的正能量密度所补偿，使总能量保持为正。

所谓的卡西米尔效应即是量子定律允许负能量密度的一个典型例子。如我们之前所讲的，我们认为是"空"的空间其实也充满了虚粒子和虚反粒子对，它们一起出现并分开，然后再返回一起并相互湮灭掉。现在，假设我们有两片相距很近的平行金属板。金属板对虚光子起着类似镜子的作用。这样一来，它们事实上形成了一个空腔。这有点像风琴管，只对指定的音阶共鸣。而这意味着，只有当平板之间的距离是虚光子波长的整数倍时，虚光子才会在平板中的空间出现。且如果空腔的宽度是波长的整数倍再加上部分波长，

▲为允许旅行到过去，时空必须有负的曲率，就像一个马鞍面。

那么在反射多次后，一个波的波峰就会和另一个波的波谷相重合，波动也就因此抵消。

其实，由于平板之间的虚光子只能具有共振的波长，而在平板之外的虚光子可具有任意波长，所以平板间虚光子的数目要比在平板之外的区域略少些。于是，可以预料，这两片平板会遭受到把它们往里挤压的力。而这个力，我们不但已测量到，还发现它和预言值相符。如此一来，我们就得到了虚粒子存在并具有实在效应的实验证据。

当然，在平板之间存在更少虚光

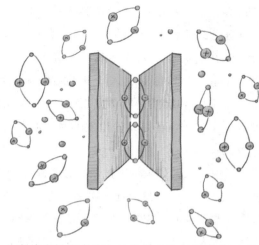

▲空的空间"充满"了虚粒子和虚反粒子，对于这些粒子，一对金属板的作用犹如镜子，在它们之间只允许具有一定共振波长的虚对。这就是所谓的卡西米尔效应。

子的事实还意味着，它们的能量密度比其他地方更小。不过，在远离平板的"空的"空间的总能量密度必须为零，否则能量密度就会把空间卷曲起来，而无法保持几乎平坦。这样一来，如果平板间的能量密度比远处的能量密度更小，它就必须是负的。

时光机器的制造原理：虫洞 + 弯曲的时空

用狭义相对论中的"双生子吊诡"事件可以说明，使用能被穿越的虫洞，我们是可以轻易地制造出时光机器的。那么，时光机器的制造原理是什么呢？

首先，我们应该尽量将虫洞的两个入口 A 和 B 缩小。这样一来，为起到简单的示范作用，我们先假设虫洞的两个入口是在同一时刻连接的。这会产生跟"双生子吊诡"一样的情形，即入口 B 的时间晚了，就会同时产生两个拥有不同时刻的虫洞入口。

举例来说，如果早上 8 点从入口 B 出发，那么当再次回到入口 B 时，入口 A 的时间正好是晚上 8 点，而此时入口 B 的时间却是早上 10 点。实际上，就算以接近光速的速度行动，也要花费多得多的时间才能做到这样。所以，这么快回来是根本不可能的。

现在，让我们举个更简明扼要的例子来说明问题。一个位于入口 A 附近的人，在晚上 8 点的时候来到了入口 B，并从那里飞了进去。假设他抵达入口 B 所要花费的时间是一个小时，那么当他抵达入口 B 时，时间应该是晚上 9 点。我们知道，入口 B 是以自己的钟表来计量的，假如在早上时间回到原来的场所后就静止不动，那么此后入口 B 的钟表时刻就应该和入口 A 的钟表时间保持一致。照此推算，之前的那个人在抵达入口 B 时，入口 B 的时间应该是上午 11 点。而又因为入口 B 的 11 点和入口 A 的 11 点是相连的，因此那个人飞进入口 B 后，应该会在上午 11 点再从入口 A 飞出来。可是，他出发的时间明明是在晚上 8 点的。这样一来，他不就回到过去了吗？

话说回来，如果你因此就欢呼雀跃时间机器制造成功了，那就有点为时过早了。事实上，要完成制造时光机器的任务，你必须将所有的问题都考虑清楚，并且保证每个问题都有解答。然而，实际情况是所有问题都还是一团糟，完全没有清晰明了的思路。首先，最大的疑问就是，现实中我们究竟是否能制造出可以被穿越的虫洞。另外，就算我们确实能造出这种虫洞，我们又是否有能力将它拓宽为人类可以穿越的大小，以及是否有能力操纵它。当然，其他的问题诸如是否虫洞还有另一方面的入口等，也足够让人们操心费神许久了。

怎样用宇宙绳制造时光机器

"宇宙绳"时光机器：大爆炸产生了无数充斥宇宙的"绳子"

既然虫洞迄今还是空想产物，使用它制造时间机器就难免让人觉得不切实际。那么，还有其他更现实的方法可以完成时光机器的制造吗？

当然有！经过诸多科学家的缜密思考和反复斟酌，一种全新的理论浮出水面，它就是宇宙绳。

前面我们讲过，关于宇宙起源的学说有很多种，其中最有影响力的就是大爆炸理论。一些科学家对此预言，大爆炸曾涌现出成群的磁单极粒子，且它们至今仍在宇宙中游荡；另一些科学家认为，宇宙初期产生了许多密集的小黑洞；其他一些学者提出，宇宙初期形成的是一种夸克和胶子组成的宇宙糊；另一些学者则宣称，我们的宇宙是变化多端、沸腾多泡的大宇宙中的一个泡泡。到了今天，一些科学家又提出了一种新的可能性，即宇宙中充满着绳，也就是宇宙绳理论。

宇宙绳到底是什么呢？根据1981年该理论的创始人之一维伦金的观点，宇宙大爆炸所产生的力量，应该会形成无数细而长且能量高度聚集的管子，这样的管子就叫作"绳"。维伦金还指出，这种绳的性质是异乎寻常的。它看起来像蜘蛛丝，但比原子还要细小，你甚至可以穿过它走路而丝毫发现不了它。可与此同时，一英寸这样长的绳子，却几乎拥有科罗拉多山脉加在一起的质量。它还有一种奇特的性质，即拥有巨大的质量但缺乏通常物质所熟知的性质，如不对其他物质施加引力作用。另外，它的强度非常大，如果你把它拴在地球上，它可以很轻松地把地球拖到半人马星座 α 星那里而毫发无损。

宇宙绳包括犹如橡皮圈的封闭绳以及无限长的开放绳两种。虽然它们都是绳，但跟我们知道的橡皮绳比起来，宇宙绳有着截然不同的性质。首先，确切来说它仅仅有 10^{-30} 厘米那么细，其原子的大小也只有大约 10^{-8} 厘米左右。这样的尺寸是根本看不到的，它却异常重，据猜测1厘米宇宙绳大约相当于1亿吨重。生活中，如果你将普通橡皮圈拉直它会因为张力而缩小，而对宇宙绳来说，由于绳的张力非常强，因此几

283

乎需要光速才能使其剧烈地振动起来。

维伦金还认为，根据复杂的理论计算，宇宙绳在宇宙中的分布是非常稀疏的，也许每隔200亿光年左右的距离才会有一根。然而，如果有某根无尽的宇宙绳碰巧在几十亿光年远的地方绕过了我们宇宙的一角，那么我们是肯定能观测到的。观测方式之一是基于这样的事实：如果宇宙绳真的是宇宙初期扰动阶段形成的，那么它们就会猛烈地振动，且由于巨大的质量，这种振动会发射出丰富的引力能量周期性脉冲——引力波。这些引力波，自产生起就一直在衰减着，并在地球绕日过程中出现缓慢的规律性的扰动。因此，维伦金认为天文学家可能检测出这种效应，同时也为我们提供了宇宙中是否存在宇宙绳的线索。

事实上，如果找到这一线索，将有助于解决宇宙学长期存在的谜团。例如，宇宙初期稀薄而同质的气体是如何在它们原来的位置上凝聚成星系的呢？用宇宙绳思想来设想就是，一根质量极大的绳通过气体的运动，严重扰乱了气体的平静分布而形成了一些致密的"凹谷"，并开始自行坍塌形成了星系。而在过了一段时期后，这种绳还拖住了数量众多、能坍缩为黑洞的物质。以这样的推论来看，宇宙中每个星系中似乎都可能存在一个黑洞。如此一来，粒子物理学家和宇宙学家将会得出一个令人难以置信的结论——星系可能正是被这种宇宙绳拖曳在一起的。当然，这个结论是否正确，还有待进一步验证。

宇宙绳的来源：宇宙创生时，旧真空和新真空相互转化了

人们分析认为，假设宇宙绳真的存在，那么一定是在宇宙创始时的真空互换过程中形成的。这里所说的"真空互相转换"，听起来非常生涩，事实上并不难理解。

什么是互相转换呢？举例来说，水变成冰，或者冰变成水，都可称为互相转换。因为不论是水、水蒸气还是冰，其化学分子式都是 H_2O。当水分子处于完全自由的盘旋飞翔状态时它就是水蒸气。而当温度下降，水分子间的力变得重要，彼此间无法再像之前那样自由运动时，其状态就是水。再进一步，当温度继续下降，水分子间就会以某种特定的并排方式聚集在一起而完全无法自由运动，这种状态就是冰。像水分子这样，由于温度等的影响而导致状态突然发生变化的情况，就叫作互相转换。而各种状态只有在指定的温度下，能源才是最低而且最呈现安定的状态。

事实上，宇宙创始时发生的事情，跟水蒸气变成水的转换过程非常像。不过，刚创始时由于温度极高，宇宙被分解到了零零散散的分子程度，甚至连最简单的基本粒子都没有。也正因为如此，我们讨论的并不是宇宙中物质的互相转换，而是真空本

身。真空听起来似乎是空无一物的状态，然而事实并非如此，它其实指的是能源处于最低的状态。

前面说过，宇宙刚创始时温度极高，连最简单的基本粒子都没有。而这种什么都没有的状态正是能源最低的状态。随后，由于宇宙膨胀导致温度下降，被称为"希格斯玻色子"（粒子物理学的标准模型所预言的一种基本粒子）的分子开始均匀地布满空间，这种状态下的宇宙能源开始逐渐变低。这样的一种现象就被称为真空的互相转换，同时这种现象还是造成影响"希格斯玻色子"的特别力量存在的原因。

以上面这种互相转换作为分界线，旧真空和新真空的能源并不相同。在新真空一方，只有希格斯玻色子们相互作用部分的能源才会逐渐减低。此外，如果存在一些没能成为新真空的部分，由于这部分仍旧维持着旧真空状态，因此与四周的状态相比，其能源就会变得比较高。这样，没能成为新真空的这一部分，因为它呈现出绳状形态，因此就被称为宇宙绳。

神奇的时空：宇宙绳周围的时空，具有不可思议的性质

如上文所述，为了寻找能制造时光机器的方法，人们在大爆炸理论的基础上提出了宇宙绳的思想。而在上一节讲述了宇宙绳产生的原因之后，这一节我们将讲述宇宙绳周围不可思议的时空。事实上，正是这些不可思议的时空使得时光机器的制造成为可能！

极尽所能去想象，你能想出宇宙绳是什么样子的吗？看起来，理解宇宙绳已经很困难了，更别说想象出来了。当然，人类早已发明了比文字更直观的方式——图画，来描述我们无法说明白的东西。用图画来描述宇宙绳，有助于我们充分了解它。这里，为方便起见，我们先把宇宙绳想象成一条笔直延伸的绳子。然后，让我们试着把这个宇宙绳绕它周围转一圈。我们知道，如果没有宇宙绳，转一圈的结果就如同小学课本中学到的绕一点四周角度是 360°。然而，由于正中间有宇宙绳，所以绕行它的周围所需的角度是要小于 360° 的。

为何会出现这种情况呢？原因就在于宇宙绳的四周存在角度残缺部分。事实上，宇宙绳的质量越大，其角度残缺的部分也越大。如果我们能试着将宇宙绳周围的空间，用一张垂直的纸张来表示，并假设笔直延伸的宇宙绳和纸张成垂直形状，那么此时将由纸张和以宇宙绳为顶点所构成的三角剪下来，所得到的缺口就正好相当于宇宙绳角度缺损的部分。

你可以验证一下上述结论。按照上述方式剪下来之后，再绕着宇宙绳周围转一

圈，你会发现的确是只少了被剪掉的部分，而且其度数确实要比 360° 小一点。然而，假如我们此时把一边的切口和另一边的切口相互连接，也就是说一旦到达一边的切口，下一个瞬间就能移到另一边的切口。要观察宇宙绳四周究竟会发生什么样的事情，你需要试着做下面的想象。

想象一下远方有两条平行的光线经过，并且从宇宙绳的两侧穿了过去。那么，此时宇宙绳周围的时空，就会存在角度残缺情况。也就是说，原本你认为在远方平行行走的光线，一旦经过宇宙绳，两条光线的路径就会渐渐逼近并最终交叉。这样一来，宇宙绳事实上就扮演了透镜的角色。而这个角色，成为它能被用来制造时光机器的关键部分。

制作时光机器：如何用宇宙绳制造时光机器

真正的试验时间到了！接下来我们就运用宇宙绳思想制造一个时光机器！

假设宇宙绳的四周有 A、B 两点。前提是由 A 处出发然后到达 B 处，而且假设没有宇宙绳，速度一定是在光速以下的，且不管再怎么快，也需要花上某个最低限度的时间，这里就假设这个时间是 3 小时。不过，如果有宇宙绳，且选择通过它四周被剪掉的部分，可以比笔直地行进快很多。也就是说，比如以光速以下的速度行进，就可以在比 3 小时更短的时间内到达。

再次举例，从 A 点到 C 点要花费 1 小时，而从 D 点到 B 点也需要花费 1 小时。在此假设，一旦 C 点与 D 点的时刻相同，那么从 A 点到 B 点所花费的时间就只需要 2 个小时。这里的 C 点和 D 点时刻相同，是在宇宙绳处于静止状态下才会有的情况。所以，如果宇宙绳是处于运动状态，情况就会大大不一样。例如，如果宇宙绳是朝着 A 点方向运动的，那么在静止的人看来，C 点的时刻就会比 D 点的时刻更晚。这其实也属于狭义相对论的说明范畴。这种情况下，哪怕在某人看来两点的时刻是相同的，对于静止的那个人来说，他看到的结果和运动中的人看到的结果也是不同的。所以说，在此种情况下，对静止的人来说，从 C 点去往 D 点的过程，看起来就似乎是在回到过去。

另一方面，假如适当地调整宇宙绳的速度，使从 C 点到 D 点回到过去所花费的时间在两个小时以上，结果就是在从 A 点出发之前的时刻到达 B 点。而一旦再回到原来出发的地点，时光机器就算完成了。由此可见，我们需要另外准备一条宇宙绳，才能使同样的事情再次发生。不过，这一回我们可以改为先是朝向 B 点方向运动的宇宙绳四周经过，然后再返回到 A 点。这样一来，返回到原起点的时刻，就会比原来出发的时刻更早，也就产生了回到过去的现象。

　　你一定猜不到，这样一个机械论其实是由美国的一个名叫高特的人提出来的。虽然这个机械论看起来条理清晰、有理有据，但人们不应忘记的是，宇宙绳是否存在迄今仍然是个谜。也就是说，即便我们可以以理论在想象中建造出时光机器，但由于宇宙绳本身的存在并没有被确定，再加上人们并不知道该怎样操纵它，所以制造时光机器的问题仍然任重而道远。

你能回到过去，但无法改变历史

时间旅行的限制：为何没有来自未来的时间旅行者

影视剧或小说中常有这样的情节：主人公进入时光隧道回到了过去，告诉了当时的人们一些对他们来说未来才会发生的事情。这些虽然都是虚构的，但在我们从理论上明白时光机器的确存在之后，也就显得很正常了。事实上人们真的可以做这样的设想，即未来的人们掌握了制造时光机器的方法，可以自由地在时间中穿行。然而，这样一来，一个无法被回避的问题就应运而生：既然人们可以逆时间旅行，那么我们为什么从未见到来自未来的人？更进一步来说，为什么生活在未来的人不穿越回来告诉我们时光机器的制造方法呢？

诚实一点说，我们有充分的理由可以这样认为，鉴于我们正处于初级发展阶段，因此让我们分享时间机器的秘密是非常不明智的。无论怎样，人类的本性是不会彻底改变的，而这就导致不可能有某位来自未来的人飘飘然降临并泄露天机告诉我们答案。当然，我们经常听到一些人宣称他们发现了 UFO 或者发现了来自未来的人类的拜访。在霍金看来，任何来自外星或者来自未来的人的造访应该更加"显眼"，或者更加令人不安。因为如果他们要"显灵"，为何只对那些被认为不太可靠的证人显灵，而不对名人政客或者某些科学家显灵？换种思维来想，即便他们确实存在并试图警告我们要大难临头，找一些不太可靠的证人也并非明智和有效的方法。

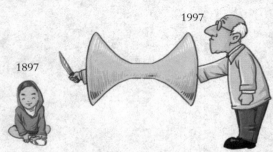

1997

1897

▲可以假定你回到以前，当你的先祖父还是小孩时将他杀死吗？

实际上，没有来自未来的人类的拜访，或许可以用这样的方式来解释：因为我们观察了过去，发现它并没有允许从未来旅行返回所需的那种卷曲，因此过去是固定的。从另一方面来说，由于未来是未知的、开放的，因此它很可能就具有所需要的曲率。这其实就意味着，任何时间旅行都只被局限于未来。如果你寄希望于未来的访客，那你就会失望地发现星际航船没有机会出现了。

以上论述，或许可以解释当今世界为何还没有被来自未来的游客所充斥。然而，如果确实可以回到过去并改变历史，则仍然无法回避另一类因此而来的问题。例如，假设某人可以回到过去并将原子弹的制造秘密泄露给纳粹，或者是回到过去在其曾祖父很小的时候杀死他。

那么，问题就会随之出现：现在的和平时代还会出现吗？杀死曾祖父的人自身是怎么存在的？像这样的佯谬还可以说出很多，但它们都从根本上说明了一个问题：如果我们有改变过去的自由，我们就会遇到不可调和的矛盾！

解决时间旅行的佯谬：你能回到过去，但无法改变历史

你无法回到过去杀死你的祖父，因为那样一来，你就不可能出现在这世界上了。这样的佯谬为时间旅行平添了诸多雾瘴。然而，经过仔细研究分析，霍金发现了两种方法可以解决由时间旅行导致的佯谬。

第一种方法，被霍金称为协调历史方法。它是说，就算时空被卷曲得能进行逆时间旅行，在时空中所发生的也必须是物理定律的协调的解。也就是说，根据这个观点，除非历史已经表明你曾经回到过去，并且当时并未杀死你的祖父，或未采取任何和到达你现状的历史相冲突的行为，你才能在时间中回到过去。而且，当你回到过去时，你不能改变任何已被记载的历史，你只能跟随着它。由这一点出发可以得出结论：过去和未来是注定的，你没有任何自由意志可以随意改变。

当然，人们也可以拥有这样的观点，即自由意志终归是虚幻的。这样的话，如果真的存在一套制约万物的完整的统一理论，它也似乎能决定你的行动。但显而易见的是，对类似人类这样复

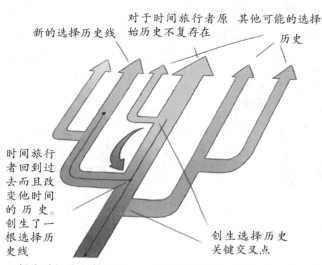

新的选择历史线　对于时间旅行者原始历史不复存在　其他可能的选择历史

时间旅行者回到过去而且改变他时间的历史。创生了一根选择历史线

创生选择历史关键交叉点

▲解决时间旅行佯谬的一种方法是假定存在选择历史整个系列，它们在某些关键事件处相互分叉。

杂的机体来说，其制约和决定方式是不可能被计算出来的，而且这里还存在着量子力学效应引起的随机性。事实上，我们之所以说人类具有意志，就在于我们无法预言他们未来的行动。可是，如果一个人搭乘太空飞船出发并在这之前已经回返，我们就将能预言他未来的行为，因为那会被历史记录在册。这样一来，此种情形下的时间旅行者就没有了自由意志。

另一种解决时间旅行佯谬的方法是选择历史假想。它说的是，一旦时间旅行者回到过去，他就能进入和记载的历史不同的另外历史中去。

这样一来，他就可以自由地行动，不受和其原先历史相一致的约束。在影片《回归未来》中，玛提·马克弗莱就返回过去把他父母恋爱的历史更改得令人满意。

听起来，选择历史假想和理查德·费曼把量子理论表达成历史求和的方法极其类似。也就是说，宇宙不仅仅有一个单独的历史，它具有每一种可能的历史，且每个历史都有各自存在的概率。但仔细观察会发现，费曼的设想和选择历史假设之间有一个重要的差别。在费曼的求和中，每一种历史都是由完整的时空和其中的每一件东西组成的，时空可以被卷曲成搭乘火箭回到过去的程度。不过，想让火箭留在同一时空，即留在同一历史中，历史必须是协调一致的。这样看来，费曼的历史求和设想似乎支持协调历史假想，但并不支持选择历史假想。

微观尺度下的时间旅行：从黑洞中逃逸的虚粒子，逆时间旅行了

事实上，费曼的历史求和允许在微观尺度下旅行到过去。前面我们讲过，科学定律在 CPT 联合对称下是不变的。这其实就表明，一个在逆时针方向自旋并且从 A 运动到 B 的反粒子，还能被认为是在时钟方向自旋并且从 B 运动回到 A 的通常粒子。

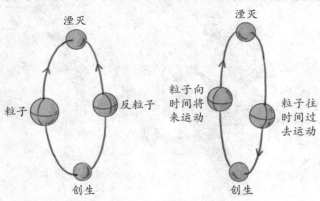

湮灭　　湮灭
粒子　反粒子　粒子向时间将来运动　粒子往时间过去运动
创生　　创生

▲一个反粒子可被认为是一个往时间过去运动的粒子。所以，虚粒子/反粒子可被认为是一个粒子在时空的闭合环中运动。

与此类似，一个在时间中向前运动的普通粒子也可以被看作是在时间中往后运动的反粒子。正如前文所讲，"空"的空间充满了虚的粒子和反粒子对，它们一起出现、分离，然后再回到一块并相互湮灭。按照费曼的数学方法，人们可以把这对粒子看作是时空中沿着一个闭

圈运动的单独粒子。

为看到这一点，我们可以先以传统方式来想象这个过程。假设在某一时刻 A 创生了一对虚粒子/反粒子，两者都在时间中向前运动，即做顺时运动。在接下来的时刻 B，它们相互作用并且互相湮灭。这样，在 A 之前及 B 之后，两个粒子都是不存在的。然而，按照费曼的理论，你可以用不同的观点来看待这个事件。一个单独虚粒子在时刻 A 被创生，它顺时运动到了 B，之后再逆时回到 A。可以看到，取代虚粒子和反粒子一道的顺时运动，只有一个单独粒子沿着"圈环"从 A 运动到 B 再返回。这样一来，当该物体顺时运动（从它出现的事件出发到它湮灭的事件），即从 A 到 B 运动时，它就被称为虚粒子。而当该物体逆时运动（从对湮灭事件出发到它出现的事件），也就是从 B 到 A 运动时，它显然就可以被作为一个顺时旅行的反粒子。

与以往不同，这样的时间旅行能产生观测效应。例如，假设虚粒子/反粒子中的一个成员反粒子落入了黑洞中，留下虚粒子没有伙伴可与之湮灭。那么，被遗弃的这个虚粒子也可以落入黑洞，但它也可以从黑洞附近逃逸。若事实如此，那么对远处的观察者来说，它就好像一个从黑洞发射出的虚粒子。然而，你还可以这么理解：把落入黑洞的粒子对的这个成员反粒子当成是从黑洞中出来做时间旅行的虚粒子。这样一来，当它到达虚粒子/反粒子对一起出现的那一点时，它就会被黑洞的引力场散射成向时间正方向运动的虚粒子，并从黑洞逃逸。

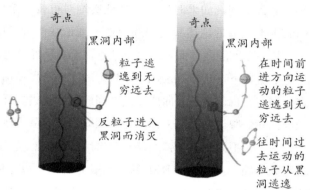

▲ 两种黑洞辐射的图景，左侧是虚对中的反粒子落入黑洞而留下的粒子自由逃逸；右侧是一个反粒子落入黑洞而被认为是粒子往时间的过去运动并从黑洞逃逸。

反过来也是如此。如果粒子对中的成员虚粒子落入了黑洞，你也可以把它当成在时间中往回运动的反粒子，并从黑洞出来。由此可见，黑洞辐射显示出，量子理论在微观尺度上是允许在时间中往回运动，即做时间旅行的。

宏观尺度下的时间旅行：虚粒子的阻隔，让时间旅行成谜

你或许不知道，时光机器之所以成为物理学家们讨论的热门话题，根由竟是一部科学幻想小说。

美国著名天文学者卡尔·萨根曾经写过一部名为《接触》的科幻小说。萨根在该书中写道，他在试着解读来自某个天体的电波信号时，发现那竟然是一张设计图，图中描绘着一种能把相距几百光年空间上的两点做瞬间移动的装置。借着这样一种装置，萨根让虫洞登场了。然而，关于使用虫洞及诸如此类宇宙物质所制造的装置是否有可能实现的问题，书中并未给出明确答案。当时，萨根将自己的小说原稿寄给了美国相对论代表学者奇普·逊。奇普·逊指出，萨根所创造的虫洞正是连接两个黑洞而"咬"的，因此左边的入口处会形成事象地平面而导致无法穿越。于是，奇普·逊开始认真思考怎样制造出在入口处无法形成事象地平面的虫洞。随后的 1989 年，奇普·逊联合其他学者在学术杂志上发表了一篇使用虫洞的时光机器的论文，由此揭开了时光机器讨论的序幕。

毫无疑问，如果时间旅行被证实绝对可行，至少在原则上制造时间机器是可行的。由上一节的论述我们得知，量子理论在微观尺度上允许向过去做时间旅行。那么，另一个问题随即而来：量子理论在宏观尺度上允许时间旅行吗？

乍看之下，这个答案似乎是肯定的。毕竟费曼历史求和的设想是针对所有的历史进行的，它也包括被卷曲成允许时间旅行到过去的样子。可这样一来，问题再次回到了前面我们曾讨论过的方面：为什么我们没有受到历史的骚扰？例如，假设有人回到了过去，并把制造原子弹的秘密提供给了纳粹？或者你回到过去，杀死了你的祖父？

如果霍金称作时序防卫的猜测成立的话，以上问题就能避免。时序防卫猜测指的是，物理定律防止宏观物体将信息传递到过去。跟宇宙监督猜测一样，时序防卫猜测还未被证明，然而我们有充分理由相信它是成立的。这是因为，当时空被卷曲得可以旅行到过去时，在时空中的闭合圈子上运动的虚粒子，在时间前进方向上以等于或低于光速的速度运动时，就会变成实粒子。由于这些虚粒子可以任意多次地绕原子运动，因此它们会通过路途中的每一点许多次。

通过闭圈给定的一点增加了那一点的能量密度。

▲在允许时间旅行的时空中，虚粒子可能会成为实的。它们会多次通过时空中的同一点并且使能量密度变得很大。

这样的话，它们的能量就会被一次又一次地计算，使能量密度变得非常大。而这可能会赋予时空以正的曲率，从而抵消允许时间旅行的曲率。事实上，这些粒子会引起正曲率还是负曲率，或者由某种粒子产生的曲率是否会被别种粒子产生的曲率抵消，我们并不知道。这样一来，时间旅行的可能性仍然是悬而未决的。不过，如果你坚信它存在，你可以为此打个赌——反正结果揭晓的时间是未知的。

第十章

物理学的统一

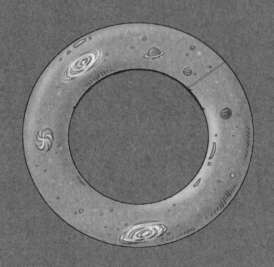

我们在寻找宇宙终极定律

自然终极定律：物理学的统一——协调所有理论的统一理论

想要一蹴而就地建立一个包括宇宙中每一件东西的完整而统一的理论，无疑非常困难。取而代之，现在的物理学在寻求描述发生在有限范围的部分理论方面取得了进步。也就是说，科学家忽略了其他效应，或者只是把它们用一定的数字来近似。我们知道的是，科学定律包含许多数，如电子电荷的大小和质子电子的质量比，但目前，我们还无法从理论上把它们一一预言出来。于是，我们只能通过观测将它们找出来，然后将它们放到方程中去。这样的一些数被某些人称为"基本常数"，另一些人则称它们为"胡说因素"。

无论你持何种观点，以下的事实确实值得你注意，这些数值似乎都被精确地调整到了适合生命发展的地步。例如，如果电子的电荷数稍有不同，它就会破坏恒星电磁力和引力的平衡，从而使恒星要么没有燃烧氢和氦，要么从未爆发过。无论发生哪种情况，生命都无法生存。归根结底，我们都希望找到一个完美而协调的统一理论——它能包容作为其近似表述的所有那些局部性理论，而不需要选取特定的任意值去符合事实。科学家对此类统一理论的探究，就被称为"物理学的统一"。

晚年的爱因斯坦用了大部分时间来探索统一理论，但终未成功。这一方面是因为当时的时机尚未成熟——人们虽然知晓了引力和电磁力的部分理论，但对核力所之甚少。另一方面是因为爱因斯坦一直拒绝相信量子力学的真实性，尽管他曾对其发展做出了重要贡献。但不可否认的是，量子力学的不确定性原理似乎正是我们生活其中的宇宙的一个基本特征，因此一个成功的统一理论必须将其包括进去。

今天，鉴于我们对宇宙的认识已经取得了长足进步，寻求统一理论的前景似乎也好了很多。然而，考虑到过去我们对成功的错误期望，我们还不能太过沾沾自喜。例如，20世纪初，人们曾以为任何东西都可按连续物质如弹性和热导的性质予以解释，然而随后原子结构和不确定性原理的发现使之彻底破产。1928年，物理学家、诺贝尔奖获得者马克斯·玻恩对一群来格丁根大学的访问者说出了这样的话："据我们所知，物理学将在 6 个月内结束。"当时，他的信心来源于狄拉克最新发现的能够制约电子的方程。人们认为，当时仅知的另一种粒子质子就服从这样的方程，而这就是理论物理的终结。然而，中子和核力的发现给持有这种观念的人当头一棒。

综上所述，我们不能对寻求统一理论的前景过于自信，然而也不必对此太过悲观。对此，霍金的看法是，我们仍可以以一种谨慎乐观的态度去相信，现在的我们可能已经接近了探索自然终极定律的终点。

广义相对论和量子力学的结合：黑洞，奇点，宇宙无边界理论

今天的物理学走到哪一步了呢？事实上，今天的我们已经掌握了若干个局部性的理论，除了有关引力的局部性理论广义相对论，我们还拥有了支配弱力、强力和电磁力的局部性理论。其中，后三种理论可以合并成所谓的大统一理论，即 GUT。但这个理论并不令人满意，因为它不但没有把引力包含在内，还包含了一些不能从这个理论预言而必须人为选择以适合实验的参数。

简单来说，找到一种能将引力和其他几种力统一起来的理论的困难之处就在于，广义相对论乃是一个经典理论。换言之，广义相对论并不包容量子力学的不确定性原理。而与此相反，其他三种理论都与量子力学紧密相连。因此，要找到统一理论，我们必须先把广义相对论和不确定性原理结合起来，也就是找到一种量子引力论。正如我们已看到的，这样的结合能产生一些非常显著的推论，如黑洞不黑、宇宙没有任何奇点及宇宙无边界理论。

事实上，创造量子引力论的真正困难在于，不确定性原理意味着甚至在"空虚的"空间也充满了虚的粒子/反粒子对。但如果情形并非如此，也就是说如果"空虚的"空间真的是完全空虚的，那就意味着所有的场，如引力和电磁场必须精确为零。然而我们知道，场的值及其随时间的变化率和粒子的位置和速度（即位置的改变）极为相似。由不确定性原理可知，我们越是精确地知道这些量中的一个，就只能越不精确地知道另一个量。因此，如果空的空间中的一个场被精确地固定在了零上，那么它就既有了准确的值（零），又有了准确的变化率（仍是零），这无疑违反了不确定性原理。所以说，在这样的场中必须有不确定性或者量子涨落的某个最小量。

严格来说，人们可以把这些涨落看成许多在某一时刻同时出现，运动分开，然后又走到一起，并相互湮灭掉的粒子对。这些粒子对看起来像携带力的粒子一样是虚粒子，而不像实粒子一样可以被粒子检测器直接观测到。不过，它们的间接效应，例如电子轨道能量的微小改变，是可以观测到的，而且这些数据看起来和预言精确符合。

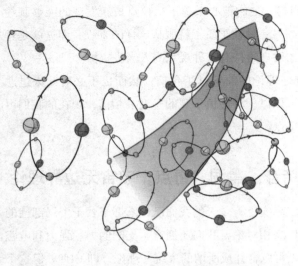

▲虚粒子反粒子对甚至可以赋予空的空间以无限的能量密度并且将其弯曲到无穷小。这一无限能量必须被消除或者对消。

这样一来，在电磁涨落的情形下，这些粒子就是虚粒子，而在引力场涨落的情形下，它们就是虚引力子。不过，在弱力场和强力场涨落的情形下，虚粒子对是物质粒子对，如电子或夸克及它们的反粒子。

唯一的问题在于，虚粒子是具有能量的。也就是说，因为具有无数的虚粒子对，它们看似应该具有无限的能量。因此，由爱因斯坦的著名方程 $E=mc^2$ 可知，这些粒子也应具有无限的质量。这样一来，根据广义相对论，它们的引力吸引将会把宇宙卷曲到无限小的尺度。显然这种情况并没有发生！

与此类似，在其他部分理论——强、弱和电磁力的理论，也发生类似的似乎荒谬的无限大。然而，所有这些情形下的无限大都能用被称为重正化的过程消除掉。只不过，看起来重正化存在一个严重的缺陷，以至于无法完全消除无限大。

"超引力"的诞生：将引力和其他力结合起来的最佳办法

重正化，是克服量子场论中的发散困难，使理论计算能顺利进行的一种理论处理方法。简单来说就是，重正化牵涉到引入新的无限大，具有消除理论中产生的无限大的效应。不过，这些无限大并不需要被准确地消除。我们可以选择新的无限大以便留下小的余量，这些小的余量被称为重正化的量。

从数学角度来看，重正化的技巧看起来十分可疑。然而，实际运用中它不但确实行得通，而且能用来和强、弱及电磁力的理论一起做出预言，而这些预言又极其精确地跟观测相一致。但无论怎样，从企图找到一个完备理论的观点看，重正化还存在着一个严重的缺陷——一旦我们从无限大中扣除无限大，那么你想要什么答案就能取得什么答案。这意味着，质量和力的强度的实际值不能从该理论中得到预言，而必须被人为选择以适合观测。不幸的是，在试图利用重正化从广义相对论中消除量子的无限大时，我们只有两个可调整的量：引力的强度和宇宙常数的值。前文已述，爱因斯坦相信宇宙不再膨胀，因此他将宇宙常数项引进了他的方程。可结果是，调整它们并不足以消除所有的无限大。因此人们得到这样一个理论：它似乎预言了诸如空间—时间的曲率的某些量真的是无限大的，然而观察和测量却表明它们的确是有限的。

这个合并广义相对论和不确定性原理的问题困扰了人们许久，直到 1972 年才被仔细的计算所证实。在此基础上，四年之后人们提出了一种可能的解答——超引力。本质上来说，超引力理论就是广义相对论，只不过补充了一些粒子。

在广义相对论中，引力可被看作是起因于一种自旋为 2 的粒子，即引力子。而超引力理论的思想是，我们应增加自旋为 3/2、1/2 和 0 的其他几种新粒子，并将它们与自旋为 2 的引力子结合在一起。这样一来，从某个意义上说，所有这些粒子都可被认为是同一种"超粒子"的不同侧面。

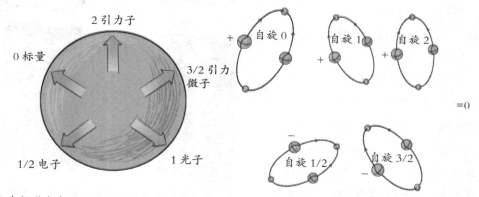

▲在超引力中，不同自旋的粒子可认为是一个单独粒子的不同方面。

▲自旋 1/2 和 3/2 的虚对的能量是负的，并把自旋 0、1 和 2 的对的正能量抵消，这就排除了大多数的无限大。

这其中，自旋为 1/2 和 3/2 的虚粒子／反粒子具有的负能量往往会和自旋为 0、1 和 2 的虚粒子对的正能量相抵消。

这会使许多可能的无限大被抵消掉。但人们仍怀疑，某些无限大依然存在。事实上，人们可以通过计算来确认是否真的留下了某些无限大未被消除掉。然而，这计算是如此之冗长和困难，以至于根本没人会着手去做。人们预计，即便使用计算机来计算，也要至少 4 年才能算出来，且计算机犯一次错误或更多错误的概率是很高的。而要想证明一个人的计算结果是正确的，必须另有其他人做重复的计算，并得到同样的答案。很明显，这是不可能的。

客观来讲，尽管存在以上问题，尽管超引力理论中的粒子似乎跟观察到的粒子并不相符，但多数科学家仍然相信，超引力可能是对物理学统一问题的正确答案，或者说它看起来似乎是将引力和其他力统一起来的最佳办法。

弦理论中竟然存在十维时空

弦理论的出炉：把粒子看作是一根无限细的弦

鉴于超引力理论中还存在着诸多疑窦，人们不久后就将注意力转移到了另一个看似更完备的理论上，那就是弦理论。

在弦理论之前，人们认为每个基本粒子都占据着空间中一个单独的点。而在弦理论中，基本对象不再是点粒子，而是某种具有长度但不具有其他维、犹如一条无限细的弦的东西。这些弦可以有端点，也就是所谓的开弦，也可以自身首尾相连形成闭合的圈环，即闭弦。

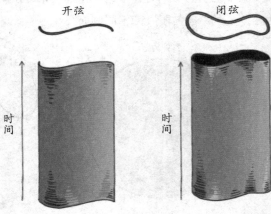

▲开弦的世界片

▲闭弦的世界片

通常，一个粒子在每一时刻占据空间中的一点，因此它的历史可以用时空中的一条线来表示，被称为"世界线"。另一方面，一根弦在每一时刻占据了空间中的一条线，因此它的历史可以用时空中的一个二维曲面来表示，被称为"世界面"。像这样

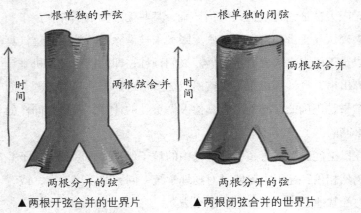

▲两根开弦合并的世界片

▲两根闭弦合并的世界片

的世界面上的任意一点，都可以用两个数来描述，一个表征时间，另一个表征点在弦上的位置。由此可见，弦的世界面是一个圆柱体，或者说是一根管子——管子的截面是一个圆，它代表某一特定时刻弦

所处的位置。

　　两段弦可以连接起来合并成一条弦：在开弦的情况下，只需将它们的端点连接在一起即可；在闭弦的情况下，合并情形就仿佛两条裤腿连接在一起形成了一条裤子。同样的道理，一条单独的弦也可以分解成两条弦。

　　试想，如果弦是宇宙中的基本对象，那么在实验中我们观测到的点粒子又是什么呢？在弦理论中，这些原先被认为的点粒子，现在被描绘成了弦上的各种波，就像振动着的风筝线上的波。不过，弦及沿着它的振动非常微小，以至于我们最好的技术都无法识别它的形状——在实验中，它们看起来就像微小的没有特征的点在行为。这就好像你正凝视一个小尘埃：当你靠近它或在显微镜下观察它时，它会呈现出无规则的甚至弦类的形状，而一旦你远离它，它看起来就是一个无特征的点。

　　此外，弦论中一个粒子被另一个粒子发射或吸收，跟弦的分解与合并是相对应的。例如，在粒子理论中，太阳作用到地球上的引力被描绘成是由引力子引起的，即太阳上的一个物质粒子发射出引力子被地球的一个粒子吸收。放到弦理论中来看，这个过程就相应于一个 H 形状的管。

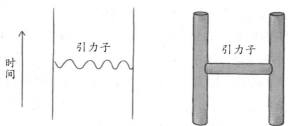

▲在粒子理论中，长程力被描绘成由交换一个携带力的粒子引起的，但是在弦理论中它们被认为是由连接的管引起的。

　　在 H 形结构的两个竖直管道上的波，对应于太阳和地球上的粒子，而水平连接管上的波，对应的则是在它们之间运动的引力子。

　　作为发展中的理论物理学的一支，弦理论受到了人们的普遍关注。其原因就在于，人们认为它很有可能会成为大一统理论。事实上，弦理论可能是量子引力的解决方案之一。而除了引力，它还能很自然地成功描述其他各种作用力，如电磁力和自然界存在的其他各种作用力。那么，弦理论究竟能不能成功解释基于目前物理界已知的所有作用力和物质所组成的宇宙？这个问题的答案，就像我们对待其他一些理论时的看法一样，目前仍是未知数。

弦理论的问题：十维或者二十六维时空？这是科学幻想吗

　　事实上，弦理论有一段异乎寻常的历史。20 世纪 60 年代后期，它先是作为一个描述强作用的理论被虚构出来。当时的构想是：像质子和中子这样的粒子，可被看作是一根弦上的波动。这些粒子之间的强作用力对应于一些弦段，它们游走在其他一些弦段之间——正如蜘蛛网一样。而为了用这种理论来说明粒子间的观测值，这些弦必须像胶带一样能承受大约 10 吨左右的拉力。

时间继续往前走。1974 年，巴黎的朱勒·谢尔克和加州理工学院的约翰·施瓦兹在他们共同发表的一篇论文中指出，弦理论可以用来描述引力，条件是它的张力必须非常大，大约是 10^{39} 吨。他们证明了，

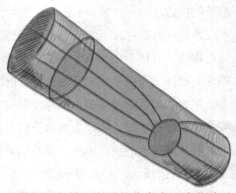

▲我们用这样一个圆柱体来表示多维的世界，那么，我们生存的三维空间在其中不过是一条线而已。

在常见的尺度范围内，弦理论所做的一些预言跟广义相对论的预言完全一致，然而在非常小的距离（小于 10^{-33}）上，两者差别很大。遗憾的是，他们的工作并没有引起太多人的注意，因为当时多数人都抛弃了原先强作用力的弦理论，转而研究跟观测更加符合的夸克和胶子理论。几年后，谢尔克饱受糖尿病的折磨，在周围没有人为他注射胰岛素的情况下悲惨死去。这样一来，弦理论的支持者就只剩下了施瓦兹。

到了 1984 年，出于两个明显的原因，人们再次对弦理论产生了兴趣。原因之一

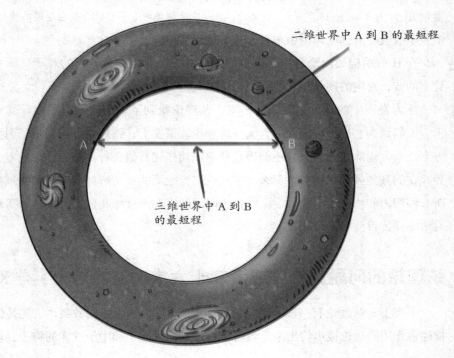

二维世界中 A 到 B 的最短程

三维世界中 A 到 B 的最短程

是，在证明超引力是有限的和解释我们观察到的粒子的种类方面，人们并未取得实质性的进展。另一个原因则是，约翰·施瓦兹和伦敦玛丽皇后学院的麦克·格林在他们共同发表的一篇论文中指出，弦理论也许可以用来解释内禀左旋性粒子的存在——我们观察到的一些粒子就具有这种特征。当你将实验装置完全对调成像它在一面镜子里反射的那样时，多数粒子的行为是相同的。但内禀左旋性粒子的行为却会改变，看起来就像左撇子或者右撇子一样。总之，不管出于什么原因，很多人开始对弦理论进行研究，并且发展出了被称为杂化弦的新形式，它似乎能解释我们观测到的粒子类型。

看起来，弦论还会导致无限大，但人们认为，它们在一些像杂化弦的形式中会消除掉（这一点还没被确认）。可是，弦理论中还存在着更大的问题：看起来似乎只有当时空是十维或二十六维，而不是我们通常理解的四维时它们才会是协调的！当然，额外的时空维度对科幻小说来说是司空见惯，甚至不可或缺的内容——它们提供了克服广义相对论的通常限制的理想方法，即人们无法行进得比光更快或旅行到过去的限制。科幻小说中的构思是，人们可以借助较高的纬度找到一条捷径。对此我们可以这么想象：假设我们生活的空间只有二维，并弯曲成像锚环的表面，你身处环的某一边上，打算去另一边的某一点上。

那么，你必须绕着环内侧边缘上的圈圈走。然而，如果你能做到在第三维空间中旅行，那么你就能离开环抄近路笔直地穿过去。这样一来，不就可以进行时间旅行了吗？

为何我们只能感受到四维：生命，只能存在于四维时空里

如上一节所讲，如果弦论导致的额外维度确实存在，我们为什么没有觉察到它们呢？为什么我们只看到三维空间和一维时间呢？

人们普遍的看法是，其他的维被弯卷到了范围极小的空间内，其尺度大约为1英寸的100万亿亿亿分之一。这样的尺度实在是太小了，以至于人们根本觉察不到。通常，我们只能看到一维时间和三维空间，而且在这些维中的时空是相当平坦的。这种情况有点像橙子的表面：如果你近距离观察橙子表面，你会看到它是弯曲的，布满皱纹，然而如果你从远距离看，你就完全看不到那些隆起的结构，只会看到一个很平滑的表面。时空其实也是如此。在非常小的尺度上它是十维的，且高度弯曲，而在较大的尺度上，你就看不到弯曲，也就是说看不到额外的维。

可以想象，如果这个图像正确无误，那对自愿参加空间旅行的人来说就是个坏消息。因为这额外附加的维实在太小了，根本不允许空间飞船通过。然而，这又引起

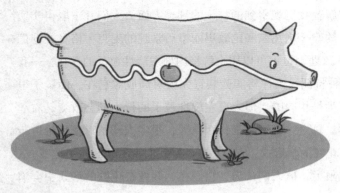

▲具有消化道的二维动物会被分解成两部分。

了一个重要问题：为何是其中一些维被卷曲成了一个小球，而不是所有的维都被卷成了一个小球？有人推测，也许在宇宙的极早期所有的维都曾非常弯曲。那么，为何一维时间和三维空间被摊平开来，其他的维却仍然紧紧卷曲着？

仔细想想，似乎人存原理能为此提供一个解答。事实上，二维空间似乎根本不足以允许像我们这样的复杂生命体发展。例如，对生活在一维地球上的两维人来说，如果其中两个人想要彼此穿越而过，其中一个人就必须从另一个人的身上攀爬过去。而且，如果一个二维动物吃东西时无法将其完全消化，它就必须将食物残渣从吞下食物的同一个通道中再吐出来。这是因为，如果有一条贯穿该动物全身的管道，它就会将这个动物的身体分割成两个不相连的部分，这样我们的二维动物也就解体了。

依此类推，我们其实也很难看出在二维动物身上怎么可能有血液循环。

此外，当空间维度大于三时也会产生问题。这时候，两个物体之间的引力随距离衰减的速度，将会比在三维空间中更快（在三维空间中，如果距离加倍，引力会减小到 1/4。在四维空间中会减小到 1/8，在五维空间中会减小到 1/16）。这个结论的意义在于，它会导致像地球这样围绕太阳的行星的轨道变得很不稳定，诸如其他行星的引力所造成的极其微小的扰动，都会使地球沿着螺旋形轨道向外离开或向内落到太阳上去。这样一来，我们就会被冻死或者被烧死。

事实上，这样一种引力随距离变化的特性还意味着，太阳不可能由于压力和引力相平衡而处在一个稳定的状态。它或许会分崩离析，或者会经历坍缩最后形成黑洞。无论哪种情况，它都无法为地球上的生命提供光和热。而在较小的尺度上，使原子中的电子绕核运动的电力，也会表现出跟引力相同的变化特性。由此，所有的电子要么会从原子中逃逸出去，要么会以螺旋的轨道落到原子核内部去。无论出现哪种情况，我们现在所知道的原子都不会存在。

总之，看起来生命——至少是我们所知道的生命，似乎只能存在于一维时间和三维空间没被卷曲得很小的时空里。也就是说，我们之所以只能感受到四维时空，就因为我们只能生活在四维时空中。

多种弦理论：为何自然只挑选了适合生命诞生的弦理论

生命只能生活在四维时空中！应用人存原理得出的这个结论同时也表明了，只要人们可以证明弦理论至少允许存在宇宙这样的区域——似乎弦理论已经做到了这一点——那么我们就可以应用弱人存原理。此外，宇宙中很可能还存在其他的区域或别的宇宙，在那里所有的维都被卷曲得很小，或其中多于 4 个以上的维度是近乎平直的。但在这样的区域内，智慧生物根本不可能存在，也就不可能去观察不同数目的有效维了。

除了时空所表现出的维度数目问题外，弦理论的另一个问题是，至少存在 5 种不同的弦论（两种开弦和三种不同的闭弦理论），且弦论还预言可以用极其繁多的方式来卷曲额外维。这样一来问题就出现了：为何自然只选择了一种弦理论和一种卷曲方式？这个问题一度没有答案，直到 1994 年所谓的对偶性的发现。

大约从 1994 年开始，人们发现了所谓的对偶性，即不同的弦论及额外维的不同卷曲方式会导致四维时空中的同样结果。不仅如此，如同在空间中占据一点的粒子也像空间中线状的弦一样，还存在另一种被称为 p- 膜的东西，它在空间占据着二维或者更高维的体积。通常，粒子可被认为是 0- 膜，弦为 1- 膜，但还存在 p 从 2 到 9 的 p- 膜。2- 膜可认为是像二维薄膜的东西，而更高的膜的描述更加困难。这似乎说明了，在超引力、弦及 p- 膜理论中存在着某种"民主"，它们似乎是和平相处的，没有一种比另一种更基本。相反，他们似乎都是对某种更基本的理论的不同近似，且均在不同的情形下成立。

人们曾探索过这个基本理论，但一无所获。哥德尔曾说："不可能用单独的一组公理系统来表述算术。"与此类似，基本理论看起来也不可能存在单独的表述。这就像你不可能只用一张单独的地图去描述地球的表面或锚圈的表面一样——对地球来

A. 经典模型

B. 量子模型

C. 弦模型

D. 膜模型

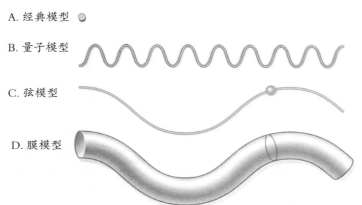

◀ 根据粒子物理的"经典"模型，所有基础粒子都是点状物体（A）。但是根据波粒二象性，粒子能够表现为波状（B）。在弦理论中，一条振动的"弦"（C）取代了粒子。在 M 理论中，额外的维度使得弦变成圆柱状的结构，称为膜（D）。

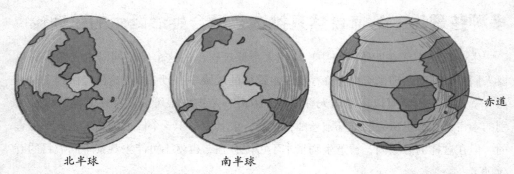

北半球　　　　　　南半球　　　　　　　　　　赤道

▲从数学的观点看，地球的表面不能只用一幅地图将其覆盖，至少需要两幅部分重叠的地图。类似地，人们也许不可能为理论物理提供单一的基本表述，在不同情形下必须使用不同的表述。

说，你至少需要两张地图才能覆盖其上的每一点；而对于锚圈，你则需要四张地图。经验告诉我们，每张地图都只对某一个有限的区域有效，但不同的地图会有一个交叠的区域。这样一来，整组地图就为该表面提供了非常完整的描述。

　　同样的道理，在物理学不同的情形下需要使用不同的表述，但两种不同表述在它们都适用的情形下必须保持一致。

　　果真如此的话，那么整套不同的表述就可以被认为是完备的统一理论，尽管它不再是能依照单独的一组假设来表达的理论。然而，确实存在这样一个统一理论吗？或者，这些仅仅只是海市蜃楼？

科学的终极胜利是"认识上帝"

统一理论是否存在：三种关于统一理论的可能

统一理论确实存在还是只是我们的想象，这里存在三种可能性：

1. 完备的统一理论（或者一大堆交叠的表述）确实存在。对此，如果我们足够聪明，终有一天会找到它。

2. 并不存在所谓的宇宙终极理论，存在的只会是一个越来越精确，但不可能完全准确地描述宇宙的无限的理论序列。

3. 根本不存在宇宙的理论。超出一定范围的事件是不可预知的，它们只会以一种随机而任意的方式发生。

一些人赞同第三种可能性，原因是：如果真的存在一套完整的定律，那将会侵犯上帝改变主意对世界进行干涉的自由。可既然上帝是无所不能的，那么只要他乐意，他就可以任其所愿地改变自己的自由。这就像那个古老的悖论：上帝是否有能力创造出一个重到连他自己都举不动的石头？

事实上，上帝可能要改变主意的构想，就像圣·奥古斯丁所说，是把上帝想象成存在于时间中的生物的谬误。而真实情况是，时间只不过是上帝创造出的宇宙的一个性质。我们几乎可以这样想，当上帝创造宇宙时，他完全知道自己到底要干什么。

另一方面，量子力学的出现也让我们意识到，一定程度的不确定性导致我们不可能完全精确地预言事件。当然，有人或许会把这种随机性归结为是上帝的干涉。然而，这

▲满头大汗的上帝正用手举着一块硕大的石头。

种干涉看起来非常奇怪，因为没有任何证据表明它是有目的性的。正常情况是，如果他确实有目的地干涉，那就绝不会是随机的。如今，我们已重新明确了科学的目标，即我们的目的只在于建立起一套用公式表示的定律，从而使我们可以在不确定性原理的极限内对事做出预言。鉴于这一点，上述第三种可能性实际上已被排除。

第二种可能性，即存在一个无限的越来越精确的理论序列，迄今为止与我们的所有经历都符合。许多场合，我们都尽力提高工作的灵敏度，或开展新种类的观测，以揭示新的、现有理论无法预言的现象。鉴于此，我们必须发展出更为高级的理论。而对现有的大统一理论来说，如果它们经更大、更强的粒子加速器检验不再成立，我们也不必为此大惊小怪。例如，现有的大统一理论预言，在约 100 吉电子伏的弱电统一能量和约 1000 万亿吉电子伏的大统一能量之间，并没有什么本质上的新现象发生。如果这个预言错了，人们并不感到很惊讶，因为我们有更高级的预料——我们可以找到比夸克和电子这些"基本"粒子更基本的结构层次。

一个问题是，引力似乎为这种"盒子套盒子"的序列设下了某种限制。如果有一

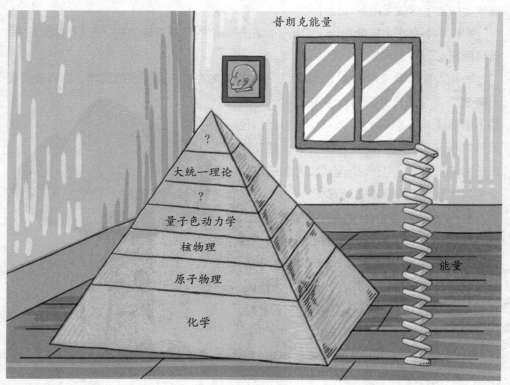

▲对越来越小尺度的观测导致直至量子色动力学的在越来越高能量下成立的物理理论序列，甚至可能还要超过大统一理论。然而，普朗克能量可以提供一个切断，并且暗示存在一个终极理论。

个粒子，它的能量超过了所谓的普朗克能量（1000亿亿吉电子伏），它的质量便会高度密集，最终导致其脱离宇宙的其他部分而形成一个小黑洞。由此可见，当我们往越来越高的能量去的时候，这种不断精确的理论序列也应当有一个极限，也就是说一定存在宇宙的某种终极理论。

不过，目前我们在实验室里能产生的最大能量离普朗克能量还非常远，而要跨越这之间的鸿沟，我们大约需要一台比太阳系还要大的粒子加速器。显然，在目前的经济水平下，这是不可能做到的。

可以想象，这样大的能量必定在宇宙极早期阶段登上过舞台。而在霍金看来，当下正是获得统一理论的绝好时机。人们对早期宇宙的研究，以及对数学一致性的要求，极有可能引导某些人得出一种完美的统一理论。当然，这种情况出现的前提是我们不会因某些原因自行毁灭。

无法确定的终极理论：无法被证明，所以永远不确定

如果我们真的发现了宇宙的终极理论，那又意味着什么呢？事实上，正如我们在第一章已解释过的，我们将永远不能肯定这个结果。因为我们无法证明这个理论一定是正确的。不过，如果我们得出的这个理论在数学上相协调，并且总能做出与观察相一致的预言，我们便有理由相信它是正确的。那时候，它将作为一个光辉的篇章，为人类智慧理解宇宙的长期历史画上句号。与此同时，它还会变革常人对制约宇宙的定律的理解。

回顾历史，在牛顿时代，一个受过教育的人至少可以大致地掌握人类知识的整体。然而自那以后，科学发展的步伐便不再被普通人所掌握。因为理论总是为了说明新的观测结果而不断变化，以至于它们从未被适当地消化以达到常人能理解的程度。换言之，即便你是一个专家，你也只能做到适当地掌握科学理论的一小部分，而不能掌握其全部。另外，科学发展的速度非常快，以至于学生在中学和大学学到的东西总是处于过时状态。事实上，只有很少一部分人可以跟上知识快速前进的步伐，但他们要为此投入自己全部的时间，且只能局限在某个很小的领域里。至于其余的大多数人，则对科学不断取得的进展和由此引发的激情所知甚少。

爱丁顿曾说，世上只有两个人可以理解广义相对论。时至今日，数以万计的大学毕业生都理解了它，且另外几百万人至少熟悉它的思想。那么，如果科学家真的发现了一套完备的统一理论，按照同样的方法来将其消化并简化，也只是时间问题而已。届时，学校就可以授其理论，使学生至少知其梗概；众多普通人就能理解制约宇宙的

定律，并对我们的存在负责。

　　然而，即便我们发现了完备的统一理论，也并不表明我们可以一般性地预言事件。一个原因是不确定性原理给我们的预言能力设置了极限，而我们对此毫无办法。另一个更为严厉的限制来自以下事实：除了非常简单的情形，我们多数时候不能准确地解出这样一种理论的方程。实际情况是，我们甚至不能解出包含一个核和多于一个电子的原子的量子方程。即便在最简单的牛顿引力理论中，我们也无法准确地求解物体运动问题，且随着物体的数目和理论复杂性的增加，求解难度会越来越大。虽然说，实际运用中我们可以使用近似解来参与计算，但当近似解遭遇"万物统一理论"这个术语时，就显得太不精确且完全不匹配了！

回顾不同的世界图：无厘头的龟理论和数学化的超弦理论

　　今天，除了在一些最极端的条件下，我们事实上已经知晓了规范物体在所有条件下行为的定律。尤其是，我们已经知道了作为所有化学和生物的基础的基本定律。然而，这些学科还不能被完全归为已解决学科的范畴。与此同时，迄今为止我们在根据数学方程预言人类行为方面，也只是获得了一些微乎其微的成功。所以说，即便未来我们找到了这些基本定律的完整集合，我们依然面临着智慧上的挑战。我们需要发展出更好的近似方法，使得在现实复杂的情形下，能完成对可能结果的有用预言。这样看来，一个完全的、协调的统一理论仅仅是我们的第一步，我们的目标是完全理解发生在我们周围的事件及我们自身的存在。

　　看起来，我们身处一个非常令人困惑的世界。我们需要理解在我们周围的一切事物的含义，同时还要发出这样的询问：宇宙的本质是什么？我们究竟在其中的哪个位置上？我们自身和宇宙从何而来？宇宙为何是这个样子而不是其他样子？

　　综观整本书，从第一章开始我们就在讲这些问题，或者说回答这些问题。我们曾试图采用某种被称为"世界图"的东西来作解答。这其中就包含无厘头的"龟理论"。

　　据说，在某次天文学演讲中，当演讲者详细地讲述完地球和太阳的关系及太阳和星系的关系后，一位老妇人发出了抗议。她站起来对演讲者说："真是一派胡言。实际

▶物理学家使用加速器来研究亚原子粒子。在弗吉尼亚杰弗逊实验室中的粒子加速器中，电子在品红色的建筑物里产生，然后用绕着黄色轨道的磁铁加速。五圈之后，电子离开轨道，进入三个绿色实验场地之一。一些轨道通过蓝色的"计数"屋。超弦理论和超对称理论要求存在一种比所有已知的基本粒子大得多的超粒子。为了使它们产生，粒子加速器需要有更高的能量。但至今仍然没有确切地生成过一种超粒子。

上，我们的世界不过是驮在一只巨大乌龟背上的平板罢了，没什么复杂的！"对此，演讲者马上反问道："那么这只乌龟站在哪里呢？"老妇人随即答道："那其实是一只驮着一只、一直驮下去的乌龟塔呀！"

　　这种恰如无限的乌龟塔背负着平坦地球的图像，就是所谓的"龟理论"。而与其相同，超弦理论也是一种图像。超弦理论也被称为狭义的弦理论，属于弦理论的一种，其中指物质的基石是十维时空中的弦，也就是一种引进了超对称的弦论。比起"龟理论"，超弦理论似乎更数学化、更精确。然而两者都是宇宙的理论，也都缺乏观察的证据，没有人看到过一只背负地球的乌龟，同样也没人看到过超弦。不过，理性分析会发现，龟理论是不能作为一个好的科学理论而存在的，因为它显示出人类最终会从世界的边缘掉下去。所以，除非我们能证明百慕大三角神秘消失的人跟它有关，否则它是站不住脚的。

当"灵魂"遭遇科学决定论：上帝会选择，让宇宙如何开始

　　最初，在理论上描述和解释宇宙的企图是这样一种思想：具备人类情感的灵魂控制着事件和一切自然现象，它们的行为跟人类很像但无法被预言。人们认为，这些灵

魂栖息在自然物体之中，对象包括河流、山川及太阳和月亮等。人们必须通过向他们祈祷并供奉，来得到土壤肥沃和四季循环的保证。而随着时间流逝，人们逐渐发现了一些规律，如太阳总是东升西落，无论我们是否供奉了太阳神。进一步来说，太阳、月亮和其他行星都围绕着事先被预言得相当精确的轨道穿过苍穹。人们由此认为，太阳和月亮可以仍然是神祇，但它们都属于服从严格定律的神祇。事实上，如果你不把圣经中预言的"太阳会停止运行"的话当真，那这一切就毫无例外。

关于太阳和月亮等天体运行的规律，一开始只在天文学和其他一些情形下才显而易见。但随着文明不断发展，尤其是最近 300 年的发展，越来越多的规则和定律得到了发展。这些定律的成功，导致拉普拉斯在 19 世纪初提出了科学决定论。他宣称，存在一组定律，只要给定宇宙在某一时刻的结构，我们就能根据这些定律精确决定宇宙的演化。

拉普拉斯的决定论在两个方面很不完整。一是它没讲清楚该如何选择定律，二是它没有指定宇宙的初始结构。他似乎把这些都留给了上帝，让上帝来选择宇宙如何开始并要服从什么定律，而一旦开始后它将不再干涉宇宙。由此可见，在 19 世纪的科学领域，上帝属于不能被理解的范畴。

现在我们知道，拉普拉斯对决定论的希望，至少在他所想的方式上，是无法实现的。量子力学的不确定性原理意味着，某些成对的量，如粒子的位置和速度，无法被同时精确地预言。因此，量子力学通过一组量子理论来处理此种情形，即不使用定义得很好的位置和速度来表示粒子，取而代之的是一个波。这些量子理论给出了波随时间演化的定律，从这个意义上来说，这些量子理论是从属于宿命论的。据此，如果我们知道某一时刻的波，我们就可以将它在任一时刻的波推算出。看起来，只有当我们试图按照粒子的位置和速度对波作解释时，不可预见性的随机要素才会出现。但这也许是我们自己的错误——也许根本就不存在粒子的位置和速度，只有波。也就是说，粒子的位置和速度的观念太过先入为主，以至于我们总想把波硬套到它们上面。而这种硬套导致的不协调就是表面上不可预见性的原因。

膨胀或收缩的宇宙：统一理论背后，是谁在操控

如上文所说，我们已经重新定义了科学的任务，即发现能使我们在由不确定性原理设定的极限内预言事件的定律。不过，依然存在一个问题：宇宙的统一定律和初始条件是如何选择并且为何选取的？

在本书前几章，我们曾着重讲了引力的定律。这是因为，正是引力使得宇宙的大

尺度结构得以成形，虽然看起来它是四类力中最弱的一种力。正如我们在第一章中讲过的一样，引力定律和直到近代人们还深信不疑的宇宙在时间中不变的观念是不相协调的。引力总是吸引的事实意味着，宇宙的演化方式必居其一，要么正在膨胀，要么正在收缩。根据广义相对论，宇宙在过去的某一时刻必定有一个无限密度的状态，即大爆炸，这也是时间的有效起始。与此类似，如果整个宇宙坍缩，那么在将来也必定有另一个无限密度的状态，即大挤压，这也是时间的终点。另一方面，就算将来整个宇宙并不坍缩，在任何坍缩形成黑洞的局部区域内也都会有奇点。对任何一个落入黑洞中的人来说，这些奇点就是他们的时间终点。而在大爆炸或其他奇点，所有的科学定律都失效。从这点上来说，上帝仍然有充分的自由去选择发生了什么及宇宙是如何开始的。

当科学发展到将量子力学和广义相对论相结合时，似乎产生了前所未有的新可能性：空间和时间结合在一起可以形成一个有限的、四维的、没有奇点或任何边界的空间，这就像地球的表面，但包含更多的维数。这样一种思想有助于解释宇宙中已被观察到的诸多特征，如它在大尺度上的一致性、星系、恒星甚至人类等在小尺度上对此均匀性的偏离，甚至是我们观察到的时间箭头。可反过来说，如果宇宙是完全自足、没有奇点或边界、并且由统一理论所完全描述的，那么上帝作为造物主的作用就意义深远了。

对此现象，爱因斯坦曾问："在构建宇宙之时，上帝有多大的选择性？"可以这么说，如果无边界设想是正确的，那么上帝在选择宇宙初始条件时就没有任何自由可言。话说回来，上帝依然有选择宇宙要服从何种定律的自由。不过，这一点上的选择余地仍然不多，很可能只有一个或数目很少的完备的统一理论，如弦论，它们是自洽的，并允许像人类这样的复杂结构存在，而这些结构又能够研究宇宙的定律并询问上帝的本性。

事实上，即便只存在一个可能的统一理论，且这种理论只不过表现为一组规律或方程，我们依然可以质疑上帝的本性。例如，究竟是什么因素给这些方程注入灵感以使它们能创造出一个被它们所描述的宇宙？而且，那些通常用于构筑某种数学模型的科学途径，并不能回答这些问题：为何必须存在一个能用来描述宇宙的模型？为什么宇宙要克服种种麻烦而存在？难道说，这个统一理论非常咄咄逼人，以至于其自身的实现是不可避免的？或者说，它确实需要一个造物主？若果真如此，那我们依然可以追问：它对宇宙还有其他的效应吗？又是谁创造了造物主呢？

人类理性的终极胜利：哲学＋科学＝每个人都能知道上帝的精神

人类因何诞生，从何而来，又将去往何处？宇宙因何诞生，从何而来，又将去往何处？回望整本书，我们要讲的也不过就是这些问题。而这些问题，不仅是当今乃至以后整个人类科学将要面临和解决的最大问题，也是困扰古往今来哲学家们的最大谜题。

人们普遍认为，古希腊时期的自然哲学派即是西方最早的哲学家。当时，古希腊哲学家把他们的研究课题锁定在三个方面：关于宇宙和人生的基本思想问题；关于我们如何知道或认识真理的问题；关于生命的意义与道德实践的问题。这三个方面，此后就成了西方历代哲学家们不断研究的课题。而在中国，近代学者关于哲学的定义是，关于宇宙和人生的基本思想。胡适在其《中国哲学史大纲》中着重指出"凡研究人生且要的问题，从根本上着想，要寻求一个且要的解决"这样的学问叫作哲学。

由此可见，"人类和宇宙的命运"一开始就是哲学探讨的范围。而根据西方学术史，在不断发展的过程中，哲学衍生出了科学。爱因斯坦曾说："如果把哲学理解为在最普遍和最广泛的形式中对知识的追求，那么它显然就能被认为是全部科学之母。"哲学和科学一直是相辅相成的，哲学以认识、改造世界的方法论为研究内容企图对世界的终极意义作出解释。在这个解释的过程中，我们可以了解世界，使世界在我们的意识中合理化并为我们的心灵提供慰藉。而近代科学，则是以培根倡导的实证主义和伽利略为实践先驱的实验方法为基础，以获取关于世界的系统知识的研究。

哲学和科学对宇宙命运关注和探讨的一致性，使霍金倾向于将他们紧密联系在一起。因为相比于科学的小众化、实证主义和科学性，哲学显得更具有思考上的意义和普遍性，因为每个人都可以通过思考来理解哲学命题。由此霍金提出，如果某天我们从科学上研究出了大统一理论，那势必也需要哲学为其帮衬，使其在普通意义上能被普通人所了解。

然而，现实的实际情况却是，迄今为止的多数科学家都埋头苦干于发展描述宇宙为何物的理论，而没有多余的时间静下心想一想为什么。另一方面，以探求宇宙为何如此的哲学家们因为跟不上科学理论的步伐，而选择"避开"对生命和宇宙的质疑。18 世纪时，哲学家把包括科学在内的整个人类知识都当作他们的研究领域，并认真讨论过诸如"宇宙是否有开端"之类的问题。然而，到了 19 世纪和 20 世纪，除少数科学家外，对哲学家或其他任何人来说，科学在学术内容和数学方法上都变得过于深奥。因此，哲学家开始把他们的质疑范围大大缩小，甚至完全远离了对宇宙命运的探讨。对此，20 世纪最著名的哲学家维特根斯坦曾发出这样的感慨："哲学仅余下的任务就是语言分析了。"这几乎是从亚里士多德到康德以来哲学伟大传统的最大堕落！这一切造成的结果就是，即便我们有一天发现了宇宙终极定律，那也只是少数人的胜利，多数人并不知晓或者理解这一点。

以霍金的观点来看，一旦人人都理解了宇宙的所有性质，人们就都具备了参与关于"为什么存在这个宇宙"的讨论资格。而如果我们对此问题找到了答案，我们也就达到了人类理性的终极胜利，因为到那时每个人都知道了上帝的精神。

显而易见，仅就目前的状况来说，这对许多人都是不小的挑战。毕竟，我们当中千千万万的人不但从未涉及过对宇宙本质的探索，而且可能根本无法理解深奥而复杂的科学理论。然而我们应该明白，霍金是一位研究宇宙的科学家，但他给千千万万的普通人写出了通俗的《时间简史》，让大家知道并理解宇宙的奥秘。与此相同，在大统一理论的问题上，霍金也希望每个普通人都能靠近晦涩的科学，而不仅仅让科学和宇宙保留在少数科学家的脑海中。仅此一点，我们就该对这位科学家致敬，并对未来充满希望！

附 录

附录一：不可不知的物理名词

绝对零度：能达到的最低温度，在此温度下物体不包含热能。

能量守恒：关于能量既不能产生也不能消灭的科学定律。

加速度：物体速度改变的速率。

原子：物质的基本单元，由很小的原子核和围着它转动的电子构成。

反粒子：每个类型的物质粒子都有与其相对应的反粒子，当一个粒子和它的反粒子碰撞时，它们会相互湮灭，只留下能量。

人存原理：我们之所以看到宇宙是这个样子，只是因为如果它不是这样，我们就不会在这里去观察它。

电磁力：带电荷粒子间的相互作用力，四种基本力中第二强的力。

电子：带负电荷并绕原子核转动的粒子。

正电子：电子的反粒子（带正电荷）。

弱电统一能量：约为 100 吉电子伏的能量，比这能量更大时电磁力和弱力之间的差别消失。

基本粒子：被认为不可能再分的粒子。

磁场：引起磁力的场，和电场合并为电磁场。

中微子：只受弱力和引力作用的极轻的（可能无质量）基本物质粒子。

中子：一种不带电、和质子很类似的粒子，大多数原子核中大约一半的粒子都是中子。

质子：构成多数原子核中大约一半数量的、带正电的粒子。

中子星：一种由中子之间的不相容原理排斥力所支持的冷的恒星。

虚粒子：量子力学中，一种永远不能直接检测到，但其确实存在具有可测量效应的粒子。

惯性参考系：牛顿运动定律成立的参考系，简称惯性系。

宇宙学：对整个宇宙的研究。

大爆炸：宇宙开端的奇点。

大挤压：宇宙终结的奇点。

黑洞：空间－时间的一个区域。那里引力非常强，以至于任何东西甚至光都不能从该处逃逸出。

太初黑洞：在极早期宇宙中产生的黑洞。

史瓦西黑洞：所谓的"寻常黑洞"，直接由较大的恒星演化而来，其设定是不带电不自旋的黑洞，黑洞中心为奇点，黑洞的外圈为事件穹界又称史瓦西半径。

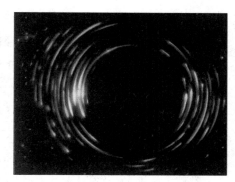

▲这是一幅关于黑洞的构想图，没有任何东西——甚至光线——可以逃离黑洞，全被它吸收。

克尔黑洞：不随时间变化的绕轴转动的轴对称黑洞。这类黑洞的中心是一个奇环，有内、外两个视界，两个视界之间是单向膜区，洞外还带有能层，属于旋转黑洞中的一种。

爱因斯坦－罗森桥：连接两个黑洞的时空细管，参见虫洞。

事件：由其时间和空间所指定的空间—时间中的一点。

事件视界：黑洞的边界。

昌德拉塞卡极限：一个稳定冷星最大可能的质量的临界值，比这个质量大的恒星会坍缩成一个黑洞。

卡西米尔效应：真空中两片平行的平坦金属板之间的吸引压力。这种压力由平板间空间中的虚粒子的数目比正常数目减小所造成。

坐标：指定点在空间—时间中的位置的一组数。

宇宙常数：爱因斯坦用的一个数学方法，该方法使空间—时间有一个固有的膨胀倾向。

暗物质：存在于星系、星系团及星系团之间的，无法被直接观测到，但能利用它的引力效应检测到的物质。宇宙中 90% 的物质可能是暗物质。

对偶性：表观上很不同但导致相同物理结果的理论之间的对应。

不相容原理：两个相同的自旋为 1/2 的粒子不能同时具有相同的位置和速度。

场：某种充满空间和时间的东西，与其相反的是，在一个时刻，只存在于空间—时间中的一点的粒子。

频率：一个波在 1 秒钟内完整循环的次数。

γ 射线：波长非常短的电磁波，由放射性衰变或由基本粒子碰撞产生。

广义相对论：爱因斯坦的基于科学定律对所有的观察者（不管他们如何运动）必须是相同的观念的理论。它将引力按照四维空间—时间的曲率来解释。

测地线：两点之间最短（或最长）的路经。

大统一能量：比这能量更大时，电磁力、弱力和强力之间的差别消失。

大统一理论（GUT）：一种统一电磁力、强力和弱力的理论。

虚时间：用虚数测量的时间。

光锥：空间—时间中的面，在上面标出光通过一给定事件的可能方向。

光秒（光年）：光在 1 秒（1 年）时间内走过的距离。

微波背景辐射：起源于早期宇宙的灼热的辐射，如今它受到很大的红移，以至于不以光而以微波的形式呈现出来。

裸奇点：不被黑洞围绕的空间—时间奇点。

无边界条件：宇宙是有限但无界的（在虚时间里）思想。

核聚变：两个核碰撞并合并成一个更重的核的过程。

核：原子的中心部分，只包括由强作用力将其束缚在一起的质子和中子。

粒子加速器：一种利用电磁铁将运动的带电粒子加速，并给它们更多能量的机器。

相位：对一个波，特定时刻在它循环中的位置，即是否在波峰、波谷或它们之间的某点的标度。

光子：光的一个量子。

普朗克量子原理：光（或任何其他经典的波）只能被发射或吸收其能量与它们频率成比例的分立的量子的思想。

比例："X 比例于 Y" 表示当 Y 被乘以任何数时，X 也是如此；"X 反比例于 Y" 表示，当 Y 被乘以任何数时，X 被同一个数除。

量子：波可被发射或吸收的不可分的单位。

量子力学：从普朗克量子原理和海森堡不确定性原理发展来的理论。

夸克：感受强作用力的带电的基本粒子，每个质子和中子都由三个夸克组成。

雷达：利用脉冲无线电波的单独脉冲到达目标并折回的时间间隔来测量对象位置的系统。

放射性：一种类型的原子核自动分裂成其他的核。

红移：因为多普勒效应，从离开我们而去的恒星发出的光线的红化。

奇点：空间—时间中空间—时间曲率变成无穷大的点。

奇点定理：在一定情形下奇点必须存在，特别是宇宙必须开始于一个奇点。

时空：四维的空间，上面的点即为事件。

空间维：除了时间的维之外的三维的任一维。

狭义相对论：爱因斯坦的基于科学定律对所有进行自由运动的观察者（不管他们的运动速度）必须相同的观念。

谱：构成一个波的分频率。如电磁波对它的分量频率的分解。

稳态：不随时间变化的态：一个以固定速率自转的球是稳定的，因为就算它不是静止的，在任何时刻它看起来都是等同的。

弦理论：物理学的一种理论，其中粒子被描述成弦上的波。

强力：四种基本力中最强的、作用距离最短的一种力。它在质子和中子中将夸克束缚在一起，并将质子和中子束缚在一起形成原子。

弱力：四种基本力中第二弱的、作用距离非常短的一种力。它作用于所有的物质粒子，而不作用于携带力的粒子。

不确定性原理：人们永远不能同时准确知道粒子的位置和速度；对其中一个知道得越精确，则对另一个就知道得越不准确。

波/粒二象性：量子力学中的概念，指在波动和粒子之间没有区别；粒子有时会像波动一样行为，而波动有时可像粒子一样行为。

波长：对于一个波，在两相邻波谷或波峰间的距离。

白矮星：一种由电子之间不相容原理排斥力所支持的稳定的冷的恒星。

虫洞：连接宇宙遥远区域间的时空细管。

附录二：不可不知的科学名人

欧几里得（约公元前 325 年~前 265 年）：古希腊数学家，被称为"几何之父"。他活跃于托勒密一世（公元前 323 年~前 283 年）时期的亚历山大里亚，最著名的著作《几何原本》是欧洲数学的基础，提出五大公设，欧几里得几何被认为是历史上最成功的教科书。

尼古拉·哥白尼（1473 年 2 月 19 日~1543年 5 月 24 日）：波兰天文学家，第一位提出太阳为中心——日心说——的欧洲天文学家。通常认为，他著的《天体运行论》是现代天文学的起步点。

伽利略·伽利雷（1564 年 2 月 15 日~1642

▲哥白尼

年1月8日）：意大利物理学家、数学家、天文学家及哲学家，科学革命中的重要人物。其成就主要包括改进望远镜和其所带来的天文观测，以及支持哥白尼的日心说。伽利略被誉为"现代观测天文学之父"、"现代物理学之父"、"科学之父"及"现代科学之父"。史蒂芬·霍金说："自然科学的诞生要归功于伽利略。"

约翰内斯·开普勒（1571年12月27日～1630年11月15日）：德国天文学家、数学家。作为17世纪科学革命的关键人物，开普勒最为人知的成就就是开普勒定律，这是后来的天文学根据他的著作《新天文学》、《世界的和谐》、《哥白尼天文学概要》萃取而成的三条定律。这些杰作对牛顿影响极大，启发牛顿想出了万有引力定律。

勒内·笛卡儿（1596年3月31日～1650年2月11日）：生于法国安德尔-卢瓦尔省的图赖讷拉海，法国著名的哲学家、数学家、物理学家。他对现代数学的发展作出了重要贡献，并因将几何坐标体系公式化而被称为"解析几何之父"。他还是西方现代哲学思想的奠基人，是近代唯物论的开拓者且提出了"普遍怀疑"的主张。

艾萨克·牛顿（1643年1月4日～1727年3月31日）：英格兰物理学家、数学家、天文学家、自然哲学家和炼金术士。他在1687年发表的论文《自然哲学的数学原理》里，对万有引力和三大运动定律进行了描述。这些描述奠定了此后3个世纪里物理世界的科学观点，并成为现代工程学的基础。他通过论证开普勒行星运动定律和他的引力理论间的一致性，展示了地面物体与天体的运动都遵循着相同的自然定律，为日心说提供了强有力的理论支持，推动了科学革命。牛顿的贡献还包括在力学上阐明了动量和角动量守恒的原理；在光学上发明了反射望远镜，并发展出了颜色理论；在数学上，发展出微积分学等。

弗里德里希·威廉·赫歇尔（1738年11月15日～1822年8月25日）：出生于德国汉诺威，英国天文学家及音乐家，曾作出多项天文发现，包括天王星等。被誉为"恒星天文学之父"。

詹姆斯·麦克斯韦（1831年6月13日～1879年11月5日）：英国理论物理学家和数学家，经典电动力学的创始人，统计物理学的奠基人之一。麦克斯韦被认为是对20世纪最有影响力的19世纪物理学家，他对基础自然科学的贡献仅次于艾萨克·牛顿、阿尔伯特·爱因斯坦。

阿尔伯特·迈克耳孙（1852年12月19日～1931年5月9日）：波兰裔美籍物理学家，以测量光速而闻名，特别是迈克耳孙-莫雷实验。1907年获诺贝尔物理学奖。

马克斯·卡尔·恩斯特·路德维希·普朗克（1858年4月23日～1947年10月4日）：德国物理学家，量子力学的创始人，20世纪最重要的物理学家之一。因发现能量量子而对物理学的进展作出了重要贡献，获1918年诺贝尔物理学奖。

欧内斯特·卢瑟福（1871 年 8 月 30 日 ~ 1937 年 10 月 19 日）：新西兰著名物理学家，被称为"原子核物理学之父"。学术界公认他为继法拉第之后最伟大的实验物理学家。

阿尔伯特·爱因斯坦（1879 年 3 月 14 日 ~ 1955 年 4 月 18 日）：20 世纪犹太裔理论物理学家、思想家及哲学家，也是相对论的创立者。相对论和量子力学是现代物理学的两大支柱。虽然爱因斯坦因其广义相对论、狭义相对论及质能方程 $E = mc^2$ 著称于世，但他获得 1921 年诺贝尔物理学奖却是因为他对理论物理的贡献，特别是他发现了光电效应。光电效应对量子力学的建立至关重要。此外，爱因斯坦一生共发表 300 多篇科

▲爱因斯坦画像

学论文和 150 篇非科学作品。 他的非科学作品包括《关于犹太复国主义：爱因斯坦教授言论与讲座集》（1930 年），《为什么打仗？》（1933 年，同弗洛伊德合写），《我眼中的世界》（1934 年），《我晚年的成果》（1950 年），以及一本面向大众的通俗科学读本《物理学的演化》（1938 年，与利奥波德·英费尔德合写）。爱因斯坦被誉为"现代物理学之父"及 20 世纪世界最重要科学家之一。

马克斯·玻恩（1882 年 12 月 11 日 ~ 1970 年 1 月 5 日）：德国犹太裔物理学家，量子力学的创始人之一，因对量子力学的基础性研究特别是对波函数的统计学诠释，与瓦尔特·博特共同获得 1954 年的诺贝尔物理学奖。

尼尔斯·玻尔（1885 年 10 月 7 日 ~ 1962 年 11 月 18 日）：丹麦物理学家。他通过引入量子化条件，提出玻尔模型来解释氢原子光谱，提出对应原理、互补原理和哥本哈根诠释来解释量子力学，对 20 世纪物理学的发展影响深远。此外，由于对原子结构及从原子发射出的辐射的研究，玻尔荣获 1922 年诺贝尔物理学奖。

埃尔温·薛定谔（1887 年 8 月 12 日 ~ 1961 年 1 月 4 日）：奥地利理论物理学家，量子力学的奠基人之一。1926 年他提出薛定谔方程，为量子力学奠定了坚实基础；他想出薛定谔的猫的思想实验，试图证明量子力学在宏观条件下的不完备性。1933 年，因为发现了在原子理论里很有用的新形式（即量子力学的基本方程——薛定谔方程和狄拉克方程），薛定谔和英国物理学家保罗·狄拉克共同获得了诺贝尔物理学奖。

亚历山大·亚历山大洛维奇·弗里德曼（1888 年 6 月 16 日 ~ 1925 年 9 月 16 日）：苏联数学家、气象学家、宇宙学家。1922 年弗里德曼发现了广义相对论引力场方程的一个重要的解，即弗里德曼 – 勒梅特 – 罗伯逊 – 沃尔克度规。1924 年他在

发表的论文中阐述了膨胀宇宙的思想，即曲率分别为正、负、零时的三种情况，称为弗里德曼宇宙模型。这一观点于 1924 年被美国天文学家埃德温·哈勃所证实。乔治·伽莫夫是弗里德曼的学生。

爱德温·鲍威尔·哈勃（1889 年 11 月 20 日～1953 年 9 月 28 日）：美国著名天文学家。哈勃证实了银河系外其他星系的存在，并发现了多数星系都存在红移的现象，建立了哈勃定律，是宇宙膨胀的有力证据。哈勃被公认为星系天文学创始人和观测宇宙学的开拓者，被天文学界尊称为"星系天文学之父"。

沃尔夫冈·泡利（1900 年 4 月 25 日～1958 年 12 月 15 日）：奥地利物理学家，诺贝尔物理学奖获得者，20 世纪最重要的物理学家之一。他最突出的贡献是对自旋的研究。

沃纳·海森堡（1901 年 12 月 5 日～1976 年 2 月 1 日）：德国物理学家，量子力学创始人之一，"哥本哈根学派"代表性人物。1932 年，海森堡因创立量子力学以及由此导致的氢的同素异形体的发现荣获诺贝尔物理学奖。他对物理学的贡献主要是给出了量子力学的矩阵形式（即矩阵力学），提出了"测不准原理"（又叫"海森堡不确定性原理"）和 S 矩阵理论等。其著作《量子论的物理学基础》是量子力学领域的一部经典著作。

保罗·狄拉克（1902 年 8 月 8 日～1984 年 10 月 20 日）：英国理论物理学家，量子力学的奠基者之一，并对量子电动力学早期的发展作出重要贡献。狄拉克曾主持剑桥大学的卢卡斯数学教授席位，并在佛罗里达州立大学度过他人生的最后 14 个年头。他给出的狄拉克方程预测了反物质的存在。1933 年，因发现了在原子理论里很有用的新形式（即量子力学的基本方程——薛定谔方程和狄拉克方程），狄拉克和薛定谔共同获得了诺贝尔物理学奖。

约翰·冯·诺依曼（1903 年 12 月 28 日～1957 年 2 月 8 日）：出生于匈牙利的美国籍匈牙利数学家，现代计算机创始人之一，在计算机科学、经济学、物理学中的量子力学及几乎所有数学领域都作出过重大贡献。1932 年诺伊曼将量子力学的最重要的基础严谨地公式化。在其著作《量子力学的数学基础》中，诺伊曼首次以数理分析清晰地提出了波函数的两类演化过程。

乔治·伽莫夫（1904 年 3 月 4 日～1968 年 8 月 20 日）：美籍俄裔物理学家、宇宙学家、科普作家，热大爆炸宇宙学模型的创立者，也是最早提出遗传密码模型的人。

罗伯特·奥本海默（1904 年 4 月 22 日～1967 年 2 月 18 日）：美国犹太人物理学家，曼哈顿计划的主要领导者之一。

　　苏布拉马尼扬·昌德拉塞卡（1910 年 10 月 19 日 ~ 1995 年 8 月 15 日）：印度裔美国籍物理学家和天体物理学家。1983 年，昌德拉塞卡因在星体结构和进化研究方面的贡献与另一位美国物理学家威廉·福勒共同获诺贝尔物理学奖。

　　吴健雄（1912 年 5 月 31 日 ~ 1997 年 2 月 16 日）：江苏苏州太仓人，核物理学家，"东方居里夫人"。在 β 衰变研究领域具有世界性的贡献，1944 年参加"曼哈顿计划"，1952 年任哥伦比亚大学副教授，1958 年升为教授，美国科学院院士，1975 年任美国物理学会第一任女性会长，同年获得美国总统福特在白宫授予的美国最高科学荣誉——国家科学勋章。

　　理查德·费曼（1918 年 5 月 11 日 ~ 1988 年 2 月 15 日）：美国物理学家，1965年诺贝尔物理学奖得主。费曼提出了费曼图、费曼规则和重整化的计算方法，为研究量子电动力学和粒子物理学提供了重要工具。

　　杨振宁（1922 年 10 月 1 日 ~ ）：出生于安徽省合肥县，著名的美籍华裔科学家、诺贝尔物理学奖获得者。其于 1954 年提出的规范场理论，到 70 年代发展为统合与了解基本粒子强、弱、电磁等三种相互作用力的基础。1957 年因与李政道提出的"弱相互作用中宇称不守恒"观念被实验证明而共同获得诺贝尔物理学奖。此外他还曾在统计物理、凝聚态物理、量子场论、数学物理等领域作出多项贡献。

　　李政道（1926 年 11 月 24 日 ~ ）：华人物理学家，主要物理学贡献有李模型、高能重离子物理等。1957 年，31 岁的李政道与杨振宁一起因弱作用下宇称不守恒的发现获得诺贝尔物理学奖，理论由吴健雄的实验证实。李政道和杨振宁是最早获诺贝尔奖的华人。

　　罗杰·彭罗斯（1931 年 8 月 8 日 ~ ）：英国数学物理学家与牛津大学数学系W. W. Rouse Ball 名誉教授。他在数学物理方面的工作受到高度评价，尤其是对广义相对论与宇宙学方面的贡献。同时，他还是娱乐数学家与具争议性的哲学家。

　　阿诺·彭齐亚斯（1933 年 4 月 26 日 ~ ）：德国出生的美国射电天文学家，犹太人，1964 年与罗伯特·威尔逊一起发现了微波背景辐射，并因此获1978 年诺贝尔物理学奖。

　　罗伯特·威尔逊（1936 年 1 月 10 日 ~ ）：美国射电天文学家，1964 年与阿诺·彭齐亚斯一起发现了微波背景辐射，并因此获得 1978 年诺贝尔物理学奖。

▲阿诺·彭齐亚斯